全国注册城乡规划师考试丛书

3

城乡规划管理与法规
真题详解与考点速记

（第二版）

白莹　魏鹏　王南　主编

中国建筑工业出版社

图书在版编目（CIP）数据

城乡规划管理与法规真题详解与考点速记／白莹，
魏鹏，王南主编. — 2 版. — 北京：中国建筑工业出版
社，2022.4
（全国注册城乡规划师考试丛书；3）
ISBN 978-7-112-27232-7

Ⅰ．①城… Ⅱ．①白… ②魏… ③王… Ⅲ．①城市规
划—城市管理—中国—资格考试—自学参考资料②城市规
划—法规—中国—资格考试—自学参考资料 Ⅳ.
①TU984.2②D922.297.4

中国版本图书馆 CIP 数据核字(2022)第 047674 号

责任编辑：陆新之　焦　扬
责任校对：张惠雯

全国注册城乡规划师考试丛书

3　城乡规划管理与法规真题详解与考点速记

（第二版）

白莹　魏鹏　王南　主编

*

中国建筑工业出版社出版、发行（北京海淀三里河路 9 号）
各地新华书店、建筑书店经销
北京红光制版公司制版
北京圣夫亚美印刷有限公司印刷

*

开本：787 毫米×1092 毫米　1/16　印张：20¼　字数：488 千字
2022 年 5 月第二版　　2022 年 5 月第一次印刷
定价：**78.00** 元（含增值服务）
ISBN 978-7-112-27232-7
（39037）

编　委　会

前　言

自 1999 年原人事部、原建设部印发《注册城市规划师执业资格制度暂行规定》确定国家开始实施城市规划师执业资格制度，至今已有 22 年。2008 年《中华人民共和国城乡规划法》开始实施，2009 年《全国注册城市规划师职业资格考试大纲》修订工作启动，随后经历多次修订，从 2014 年至 2020 年考试一直沿用《全国注册城市规划师执业资格考试大纲》（2014 版）（以下简称"2014 版考试大纲"）。2014 版考试大纲中采用"掌握、熟悉、了解"三个不同要求程度的用词明确考试备考复习的侧重点，对考试备考辅助大。同时作为专业技术人员职业资格考试来说，每年考试会有 1～2 题考查国家新政策新动向，因此在大纲之外需要关注国家层面与规划相关的新政策和新动向。

2012 年，党的十八大从新的历史起点出发，提出大力推进生态文明建设，建设中国特色社会主义"五位一体"的总布局。2013 年，党的十八届三中全会通过《中共中央关于全面深化改革若干重大问题的决定》，提出"建立空间规划体系，划定生产、生活、生态空间开发管制界限，落实用途管制"。

2018 年，中共中央印发了《深化党和国家机构改革方案》，组建自然资源部，为统一履行全民所有自然资源资产所有者职责、国土空间用途管制和生态保护修复职责提供了制度基础。2019 年 1 月 17 日人力资源和社会保障部公布国家职业资格目录，明确注册城乡规划师职业资格实施单位为自然资源部、人力资源社会保障部、相关行业协会。同年 5 月《中共中央 国务院关于建立国土空间规划体系并监督实施的若干意见》《自然资源部关于全面开展国土空间规划工作的通知》发布，明确指出"按照自上而下、上下联动、压茬推进的原则，抓紧启动编制全国、省级、市县和乡镇国土空间规划（规划期至 2035 年，展望至 2050 年），尽快形成规划成果"，"各地不再新编和报批主体功能区规划、土地利用总体规划、城镇体系规划、城市（镇）总体规划、海洋功能区划等"。

为适应新时期新形式的要求，2019 年注册城乡规划师考试题目中出现若干关于国土空间规划政策或技术文件题目，题目整体沿用 2014 版考试大纲。2020 年，随着构建国土空间规划体系工作不断推进，相关政策、技术规范文件陆续颁布，8 月 3 日自然资源部国土空间规划局发布《关于增补注册城乡规划师职业资格考试大纲内容的函》（以下简称"增补大纲"），提出为深入贯彻党中央"多规合一"改革精神，进一步落实《中共中央 国务院关于建立国土空间规划体系并监督实施的若干意见》，推进注册城乡规划师职业资格考试与国土空间规划实践需求相适应，决定对注册城乡规划师职业资格考试大纲增补有关内容，明确要求：熟悉国土空间规划相关政策法规；掌握国土空间规划相关技术标准；了解国土空间规划与相关专项规划关系；掌握国土空间规划编制审批及实施监督有关要求。

2020 年注册城乡规划师职业资格考试正式进入国土空间规划时代，题目大部分跳出 2014 版考试大纲限定，规划原理、规划管理与法规、相关知识、规划实务题目均出现了 50%～70% 的新考点新内容。由于当前国土空间规划编制工作仍在推进中，适应国土空间规划的相关政策法规、技术标准目前仍在推进完善中，一定程度上给备考带来了较大的难度。

2021年注规考试对大纲仍未做变动，继续延续2020年考试大纲即2014版考试大纲＋增补大纲，但实际上考题仍超出大纲范围。相比较2020年考试情况，2021年考题要稳定一些，四科考题有了相对清晰的区别：规划原理和规划实务出题考察"城乡规划"基础知识点，侧重于理解与运用；规划管理与法规考察法规政策文件，侧重于细节记忆，近三年新出法律法规政策文件出题量偏多；相关知识仍是考察规划相关学科的知识点，近几年行业应用新技术领域考点占比仍然较高。

因此，2020年与2021年两年真题对当前复习备考至关重要。丛书今年的修订着重对2020年真题进行整理和修订，补充部分缺失题目，修订相关题目的解析答案；同时对2021年全部真题进行整理，解析部分尽可能详尽，列明各题考查知识点出处，指明考题设置的错误陷阱，方便各位考生在复习备考时能快速抓住考题中的核心知识点与解题思路。

日常复习备考中，考生需要以2020、2021年真题为指引，构建起注规复习备考知识点体系。在2014版考试大纲的基础上，紧跟国土空间规划的知识体系新架构和政策标准新动向，识别出四科知识点中的变与不变是备考关键。

因此，关于注册城乡规划师考试的复习重点，有下列几项要着重说明。

1. 架构。充分了解国土空间规划体系建构要求，规划编制所涉及的不同学科跨度、理念、诉求，规划审批、实施监督方面改革，在城乡规划学科知识架构基础上，横向拓展主体功能区制度、土地管理、自然资源管理等学科知识，尤其要以近2～3年自然资源部出台的政策法规、技术标准中所涉及的内容为基准建构起国土空间规划知识架构。

规划原理、规划管理与法规、相关知识、规划实务四科的备考知识架构仍存在重合。在对这些重合内容进行整合的过程中，依据从基础理论到实际操作的层次进行分层排列，可以发现一个更清晰的架构，整体的架构分为三层：基础与相关理论、法律法规体系及工作体系。工作体系又分为编制体系和实施体系。读者在复习的过程中应重点围绕此架构对相关内容进行复习，以提高效率、加深理解。

注册城乡规划师考试的知识架构

层次		原理	相关	管理与法规	实务
基础与相关理论		城市与城市发展 城市规划的发展及主要理论与实践 国土空间规划体系 国土空间用途管制 土地管理 自然资源管理 双评价 双评估	建筑学 城市道路交通工程 城市市政公用设施 信息技术在城乡规划中的应用 城市经济学 城市地理学 城市社会学 城市生态与城市环境	国土空间规划体系 国土空间用途管制 土地管理 自然资源管理 双评价 双评估	—
工作体系	编制体系	省级国土空间总体规划 市级国土空间总体规划 详细规划 村庄规划及乡村振兴 城市综合交通规划、历史文化名城保护规划、市政公用设施规划等其他主要规划类型	第三次全国国土调查	省级国土空间总体规划 市级国土空间总体规划 详细规划 村庄规划及乡村振兴	市级国土空间总体规划 居住区规划 村庄规划 城市综合交通规划 历史文化名城保护规划

层次		原理	相关	管理与法规	实务
工作体系	实施体系	国土空间规划实施监督"多规合一""多证合一""多测合一"改革	土地利用计划管理、耕地保护占补平衡等土地资源管理工作，海洋资源管理工作等其他自然资源类型管理工作	国土空间规划实施监督 文化和自然遗产规划管理	国土空间规划实施监督 国土空间规划法律责任
法律法规体系		—	—	国土空间规划相关法律、法规 国土空间规划技术标准与规范 城乡规划法	—

2. 核心。 由于国土空间规划编制工作尚未结束，国土空间规划体系考试内容侧重考查新政策、规范和标准，而中心城区规划，城市综合交通规划、历史文化名城保护规划、市政公用设施等专项规划，控制性详细规划，居住区规划等编制技术仍为现有的城乡规划内容（教材及近十年新出技术标准导则），本书在后半部分增补了国土空间规划体系及其相关文件等内容，考生可以结合真题对其进行复习。

3. 真题。 对于任何考试，真题都是极为重要的，可以说知识架构是对考点的罗列，而考点的形式及重要性是在考题中具体呈现的。本书收集了包括最近三次大纲修订的历年真题（2011～2021年，其中2015～2016年停考），将历年考试题目中涉及的考点进行表格化处理，放于真题后，并通过真题编号体系与考点表格建立检索关联，方便读者查阅考点表格时，直观看到真题出现的频率，了解其重要性，并可以即看即做，巩固所学考点，做到即时反馈、步步为营。

4. 互动。 为了能与读者形成良好的即时互动，本丛书建立了一个QQ群，用于交流读者在看书过程中产生的问题，收集读者发现的问题，以对本丛书进行迭代优化，并及时发布最新的考试动态，共享最新行业文件，欢迎大家加群，在讨论中发现问题、解决问题，相互交流并相互促进！

规划丛书交流QQ群
群号：648363244

微信服务号
微信号：JZGHZX

目　录

第一章　考试趋势变化分析及复习建议

第二章　历年真题训练

第三章　考　点　速　记

第一章 考试趋势变化分析及复习建议

一、历年知识板块考频分析

城乡规划管理与法规科目的考试题型分为单项选择题和多项选择题。单项选择题每题1分，共有80题；多项选择题每题1分，少选错选都不得分，共有20题。相较多项选择题而言，单项选择题得分的难度较小，是考生们在复习和考试时应重点攻克的。

为了使考生对历年管理与法规科目考查的内容有所了解，我们对历年的考试题目在各知识板块的分布进行了统计和分析。管理与法规科目的较为重要的几个知识板块主要有行政法学基础，公共行政学基础，一法规两条例（此处代指《城乡规划法》《历史文化名城名镇名村保护条例》和《风景名胜区条例》），法律、法规，技术规范、标准以及国土空间规划相关知识。近年来各个知识板块的考频统计分析见图1-1-1。

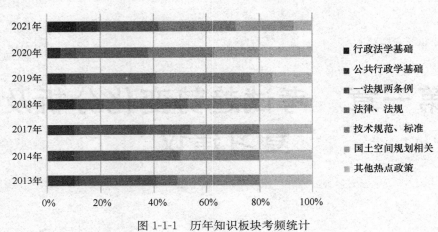

图1-1-1 历年知识板块考频统计

在2017年以前，管理与法规科目的考试会较多考查与《城乡规划法》相关的知识点。而2018年空间规划改革开始，与《城乡规划法》相关的考点有所减少，除了以往常考的法律、技术标准，还考查了很多当年新出的政策条文。在2019年的考试中，《城乡规划法》的相关内容继续减少，与国土资源、空间规划相关的考点则增加了许多，同时也更多地考查了由自然资源部出台的政策文件。到了2020年，与国土空间规划相关的考题数量继续增多。通过对2020年真题的统计，可以发现2020年管理与法规科目前18道题考查的基本都是国土空间规划新文件中的要点内容。

二、2022年考情变化分析

近年来，随着国家机构和空间规划体系的改革，城乡规划行业领域发生了重大变化。其中，城乡规划的实施主体由住房和城乡建设部变为自然资源部。注册城乡规划师职业资格的实施单位也由2019年以前的住房和城乡建设部、人力资源社会保障部变为了现在的自然资源部、人力资源社会保障部和行业协会。国土空间规划体系仍在逐步地建立和完善中。

2022年管理与法规科目的考试预计将出现以下三个方面的变化：第一，《城乡规划法》中与国土空间规划相矛盾的知识点将不会再出现在考试中；第二，国土资源管理、自然资源领域、增补大纲等重要的政策和技术内容将成为考查的重点；第三，随着近年来中央对于生态文明建设与文化遗产保护的重视，该领域的时政热点和相关的政策文件也有可能会成为考查内容；第四，国土空间规划相较于城乡规划考查范围更大，据不完全统计，2021年考查的法规和规范多达近70本，2022年预计将会保持这个趋势。

总的来说，在向空间规划过渡的年份里，考试的难度可能将有所提升。直接以考试大纲（2014版）中的知识点来出题的比例将会进一步减少。另外，考生还需注意的是，近年来官方教材和考试大纲中所涉及的法律、法规和技术标准、规范大多已经过修订，考生在备考的过程中要留意以最新的法律、法规和技术标准、规范为准。本书在第三章考点速记的部分对常考的、最新修订的法律、法规和技术标准、规范的目录进行了汇总，并对个别重点篇目的重要条文进行了摘录，以方便考生复习。

三、真题类型和出题思路分析

1. 对法规条文的直接考查

应对策略：对重要的法律、法规和技术标准、规范条文进行针对性的记忆。

真题举例：2017-044、2018-015。

例题 2017-044. 据《历史文化名城名镇名村保护条例》，对历史文化名城、名镇、名村的保护应当(   )。

    A. 整体保护   B. 重点保护   C. 分类保护   D. 异地保护

【答案】A

【解析】根据《历史文化名城名镇名村保护条例》第二十一条，历史文化名城、名镇、名村应当整体保护。故选A。

例题 2018-015. 根据《土地管理法》，各省、自治区、直辖市划定的基本农田应当占本行政区域内耕地的比例不得低于(   )。

    A. 75%   B. 80%   C. 85%   D. 90%

【答案】B

【解析】《土地管理法》第三十三条规定，各省、自治区、直辖市划定的永久基本农田一般应当占本行政区域内耕地的百分之八十以上，具体比例由国务院根据各省、自治区、直辖市耕地实际情况规定。故选B。

2. 对相关概念理解和运用的考查

应对策略：构建起城乡规划法规的知识框架，对于考试中涉及的基础概念要能够理解、吃透，而非死记硬背。

真题举例：2019-015、2018-002。

例题 2019-015. 国务院城乡规划主管部门行文，对"违法建设"行为进行解释，应该属于(   )。

    A. 立法解释   B. 司法解释   C. 执法解释   D. 行政解释

【答案】D

【解析】行政解释指国家行政机关（包括城乡规划主管部门）在依法行使职权时，对非由其创制的有关法律、法规如何具体应用问题所作的解释。故选D。

例题 2018-002. 下列关于行政行为的连接中，不正确的是（　　　）。

A. 编制城市规划—具体行政行为　　　B. 进行行政处分—内部行政行为

C. 进行行政处罚—依职权的行政行为　　D. 行政监督—单方行政行为

【答案】A

【解析】编制城市规划属于抽象行政行为。故选A。

3. 对时政热点的考查

应对策略：对新出台的时事政策和与空间规划相关的政策文件进行关注。

真题举例：2019-001、2020-001。

例题 2019-001. 《中共中央关于全面深化改革若干重大问题的决定》提出，要坚持走中国特色城镇化道路，推进(　　　)。

A. 高质量的城镇化　　　　　　　　B. 以人为核心的城镇化

C. 城乡协调发展的城镇化　　　　　D. 绿色低碳发展的城镇化

【答案】B

【解析】根据《中共中央关于全面深化改革若干重大问题的决定》第六条，完善城镇化健康发展体制机制，坚持走中国特色新型城镇化道路，推进以人为核心的城镇化。故选B。

例题 2020-001. 根据《中共中央 国务院关于建立国土空间规划体系并监督实施的若干意见》，以下关于总体规划、详细规划和相关专项规划之间关系，不正确的是(　　　)。

A. 国土空间总体规划是详细规划的依据、相关专项规划的基础

B. 相关专项规划要相互协同，并与详细规划做好衔接

C. 相关专项规划要遵循国土空间总体规划，不得违背总体规划强制性内容，其主要内容要纳入详细规划

D. 详细规划要服从总体规划和相关专项规划

【答案】D

【解析】根据《中共中央 国务院关于建立国土空间规划体系并监督实施的若干意见》第五条，相关专项规划、详细规划要服从总体规划。故选D。

四、备考策略

1. 备考步骤——"多次滚动，加深理解记忆"

相对而言，管理与法规科目考查的知识点的难度并不算大，考生在理解和复习时并不会遇到太大的困难。但由于管理与法规科目考查的范围较广——涉及众多法律法规、规范性文件和技术标准，所以在备考的过程中，考生也容易遗忘相应的知识点。因此，建议考生采取多次滚动复习的策略，安排多轮复习，以加深对考查内容的理解和记忆。

2. 备考时长——"短期集中，提高备考效率"

多次滚动复习的策略并不等于将备考的战线拖得过长。备考的时间过长，考生的复习

效率容易下降，之前的记忆也很难再继续保持。因此，建议考生在考前抽出一段时间集中复习，这样备考的效率会更高。

3. 备考深度——"点到为止，掌握重点内容"

对于管理与法规科目而言，考试涉及的内容较为庞杂，因此考生应优先掌握基础知识，包括行政法学基础、《城乡规划法》、一法规两条例等内容。这些基础知识不但在考试中出现的概率较大，而且能帮助考生搭建起管理与法规这一科目的基本知识框架，需要重点复习。而个别知识点如难度过大，可不必深究，直接放弃。同时也应避免大范围的铺开复习，这样考生实际能掌握的其实并不多，将该拿的分数拿到手才是保证考试通过的正确方法。

4. 备考要点——"真题为纲，关注近年新文件"

以真题为纲去看教材和复习资料，能使考生更快地掌握考试的出题规律，并从真题中总结相应的答题技巧。现在市面上也有很多针对注册城乡规划师考试的模拟题，但这些题目的质量大多参差不齐。因此建议考生以历年真题为准。

另外，由于国土空间规划改革，近年来管理与法规科目在考查的内容上有较大的变化，会涉及许多新出台的政策文件。从 2020 年和 2021 年的经验来看，考试中出现新颁布的文件的概率是相对较大的。因此，考生除了要掌握几大重要的知识板块的内容，还要留意中央出台的新的政策文件，例如与自然资源相关的法律法规，如《土地管理法》，以及近年新修订的法律法规，如《行政处罚法》《行政复议法》等。

第二章　历年真题训练

第一节 2011年考试真题

一、单选题（每题四个选项，其中一个选项为正确答案）

2011-001. 科学发展观的根本方法是(　　)。

　　A. 科学发展　　　　　　　　　　　B. 全面、协调、可持续

　　C. 加快转变经济发展方式　　　　　D. 统筹兼顾

【答案】D

【解析】科学发展观的第一要义是发展，核心是以人为本，基本要求是全面协调可持续发展，根本方法是统筹兼顾。故选D。

2011-002. 根据行政体制概念，不属于"行政体制"范畴的是(　　)。

　　A. 政府组织机构　　　　　　　　　B. 国家权力结构

　　C. 行政区划体制　　　　　　　　　D. 行政规范

【答案】B

【解析】行政体制是指国家行政机关的组织制度，包括广泛的内容，例如政府组织机构、行政权力结构、行政区划体制、行政规范等。而国家权力结构不属于行政体制的范畴。故选B。

2011-003. 下列关系中，不属于行政法律关系范畴的是(　　)。

　　A. 行政管理关系　　　　　　　　　B. 行政救济关系

　　C. 行政法制监督关系　　　　　　　D. 行政权利和义务的关系

【答案】D

【解析】行政关系包括行政管理关系、行政法制监督关系、行政救济关系、内部行政关系。而行政法律关系是指经过行政法规范调整的行政关系。故选D。

2011-004. 现代程序法的核心制度是(　　)。

　　A. 听证制度　　　B. 告知制度　　　C. 回避制度　　　D. 职能分离制度

【答案】A

【解析】听证制度是现代程序法的核心。故选A。

2011-005. 我国关于城乡规划方面的第一部行政法规是(　　)。

　　A.《城乡规划法》　　　　　　　　　B.《城市规划法》

　　C.《城市规划条例》　　　　　　　　D.《城市规划编制暂行办法》

【答案】C

【解析】本题可利用排除法。从名称可以判断，A、B为法律，D为部门规章，C为行政法规。故选C。

2011-006. 下列城乡规划主管部门作出的行政行为中，属于抽象行政行为的是(　　)。

　　A. 颁布《城市、镇控制性详细规划编制审批办法》

B. 核发建设工程规划许可证

C. 对违法建设工程发出行政处罚通知单

D. 要求有关单位提供与监督事项相关的文件

【答案】A

【解析】抽象行政行为指特定的行政机关在行使职权的过程中，制定和发布普遍行为准则的行为，可以反复使用，对未来发生拘束力。编制城乡规划属于抽象行政行为。具体行政行为指特定的行政机关在行使职权的过程中，对特定的人或事件做出影响对方权益的具体决策与措施的行为。BCD 都属于具体行政行为。故选 A。

2011-007. 下列属于行政法律关系客体的是(　　)。

A. 行政相对人   B. 非行政机关的其他组织

C. 违法建设行为   D. 国家公务员

【答案】C

【解析】行政法律关系客体指行政法律关系主体的权利和义务所指向的对象。财物、行为和精神财富都可以成为客体，如违法建设行为、申请项目和图纸等。故选 C。

2011-008. 下列对建设单位与城乡规划主管部门的行政法律关系表述中，不正确的是(　　)。

A. 建设单位开始报建时即与城乡规划主管部门形成行政法律关系

B. 建设单位与城乡规划主管部门的法律关系是由法律规范预先规定的

C. 城乡规划主管部门是行政主体

D. 建设单位是行政客体

【答案】D

【解析】行政相对人是行政主体管理的对象，是行政管理中被管理的一方当事人。建设单位是行政相对人，属于行政法律关系的主体。故选 D。

2011-009. 公共行政的核心原则是(　　)。

A. 公民第一原则   B. 公众参与原则

C. 公平、公正、公开原则   D. 公共服务原则

【答案】A

【解析】公共行政的核心原则是公民第一原则。故选 A。

2011-010. 根据公共行政管理的知识，不属于公共责任的是(　　)。

A. 政治责任   B. 法律责任   C. 领导责任   D. 行政责任

【答案】D

【解析】政府的公共责任包括政治责任、法律责任、道德责任、领导责任和经济责任五个方面。故选 D。

2011-011. 编制城乡规划属于(　　)方面的公共行政活动。

A. 决策   B. 组织   C. 协调   D. 控制

【答案】A

【解析】决策指的是制定公共政策，确定行政目标，作出行政规划。编制城乡规划属于决策方面的行政活动。故选 A。

2011-012. 下列法规、规章的法律效力关系式中，不符合《立法法》规定的是(　　)。

　　A. 地方性法规＞地方政府规章

　　B. 省、自治区人民政府制定的规章＞本行政区域内较大的市的人民政府制定的规章

　　C. 部门规章＞地方政府规章

　　D. 行政法规＞地方性法规

【答案】C

【解析】部门规章与地方政府规章具有同等法律效力，在各自权限范围内施行。故选 C。

2011-013. 下表中，规范名称、编制主体、审批主体不符合相关法律规定的是(　　)。

	规划名称	编制主体	审批主体
A.	省会城市总体规划	省会城市人民政府	国务院
B.	乡、村庄规划	乡政府	县级人民政府
C.	历史文化名城保护规划	名城所在地人民政府	省级政府
D.	国家级风景名胜区规划	风景名胜区所在地人民政府	国务院

【答案】D

【解析】依据《风景名胜区条例》第十六条，国家级风景名胜区规划由省、自治区人民政府建设主管部门或者直辖市人民政府风景名胜区主管部门组织编制。第十九条，国家级风景名胜区的总体规划，由省、自治区、直辖市人民政府审查后，报国务院审批。故选 D。

2011-014. 《省域城镇体系规划编制审批办法》属于(　　)。

　　A. 行政法规　　　　B. 地方性法规　　　　C. 部门规章　　　　D. 地方政府规章

【答案】C

【解析】《省域城镇体系规划编制审批办法》属于部门规章。故选 C。

2011-015. 《城市规划基本术语标准》中，"城市在一定地域内的经济、社会发展中所发挥的作用和承担的分工"是(　　)的定义。

　　A. 城市发展战略　　　　　　　　　　B. 城市性质

　　C. 城市发展目标　　　　　　　　　　D. 城市职能

【答案】D

【解析】《城市规划基本术语标准》GB/T 50280—98 第 4.1.2 条中，城市职能指城市在一定地域内的经济、社会发展中所发挥的作用和承担的分工。故选 D。

2011-016. 下列解释中，不符合《城乡规划法》中"规划条件"规定的表述是(　　)。

　　A. 规划条件应当由城市、县人民政府城乡规划主管部门依据控制性详细规划提出

B. 规划条件包括出让地块的位置、使用性质、开发强度、所有权属、地块使用年限、出让方式、转让条件等

C. 城市、县人民政府城乡规划主管部门提出的规划条件，应当作为国有土地使用出让合同的组成部分

D. 未确定规划条件的地块，不得出让国有土地使用权

【答案】B

【解析】依据《城乡规划法》第三十八条，在城市、镇规划区内以出让方式提供国有土地使用权的，在国有土地使用权出让前，城市、县人民政府城乡规划主管部门应当依据控制性详细规划，提出出让地块的位置、使用性质、开发强度等规划条件，作为国有土地使用权出让合同的组成部分。未确定规划条件的地块，不得出让国有土地使用权。故选B。

2011-017. 根据《立法法》，较大的市是指(   )。

A. 直辖市

B. 省、自治区的人民政府所在地的市

C. 城市人口规模 50 万～100 万人口的城市

D. 行政级别为地级市的市

【答案】B

【解析】题目过时。2015 年修订前的《立法法》规定的较大的市是指省、自治区的人民政府所在地的市，经济特区所在地的市，经国务院批准的较大的市。故选B。但 2015 年修订后的现行《立法法》已无相关规定。增加了设区的市，具体可参照第七十二条。

2011-018. 2009 年北京市人民代表大会常务委员会通过的《北京市城乡规划条例》，属于(   )。

A. 行政法规   B. 地方性法规

C. 地方政府规章   D. 部门规章

【答案】B

【解析】《北京市城乡规划管理条例》属于地方性法规。故选B。

2011-019. 下表中所列标准名称与标准层次对应关系正确的是(   )。

	标准名称	标准层次
A.	城市用地分类与规划建设用地标准	基础标准
B.	城市用地竖向规划规范	专用标准
C.	村镇规划标准	基础标准
D.	城市居住区规划设计规范	通用标准

【答案】A

【解析】题目过时。A 为基础标准；B 为通用标准，该标准已废止；C 为通用标准，该标准已废止；D 为专用标准，该标准已废止。故选A。

2011-020. 根据《城市规划制图标准》，城市总体规划图标中，标示的风玫瑰图上叠加绘制的细虚线玫瑰是( )。

    A. 污染系数玫瑰   B. 污染频率玫瑰

    C. 冬季风玫瑰   D. 夏季风玫瑰

【答案】A

【解析】《城市规划制图标准》CJJ/T 97—2003 第 2.4.5 条规定，风象玫瑰图应以细实线绘制风频玫瑰图，以细虚线绘制污染系数玫瑰图。故选 A。

2011-021. 镇总体规划的内容应当包括：镇的发展布局、功能分区、用地布局、综合交通体系、( )及各类专项规划等。

    A. 禁止、限制和适宜建设的地域范围   B. 水资源和水系

    C. 基本农田范围   D. 防灾减灾

【答案】A

【解析】依据《城乡规划法》第十七条，城市总体规划、镇总体规划的内容应当包括：城市、镇的发展布局，功能分区，用地布局，综合交通体系，禁止、限制和适宜建设的地域范围，各类专项规划等。故选 A。

2011-022. 历史文化名城的申报条件中，有"在所申报的历史文化名城保护范围内还应当有 2 个以上的历史文化街区"规定的法规是( )。

    A.《城乡规划法》   B.《历史文化名城名镇名村保护条例》

    C.《文物保护法》   D.《历史文化名城保护规划规范》

【答案】B

【解析】依据《历史文化名城名镇名村保护条例》第七条，申报历史文化名城的，在所申报的历史文化名城保护范围内还应当有 2 个以上的历史文化街区。故选 B。

2011-023. 下列城市用地分类中的大类与中类代号关系式中，符合《城市用地分类与规划建设用地标准》规定的是( )。

    A. 工业用地 M＝M1＋M2＋M3＋M4   B. 居住用地 R＝R1＋R2＋R3＋R4

    C. 公共设施用地 C＝C1＋C2＋C3＋C4   D. 道路广场用地 S＝S1＋S2＋S3＋S4

【答案】无

【解析】题目已过时。依据 2012 年 2 月 1 日起实施的《城市用地分类与规划建设用地标准》GB 50137—2011 第 3.3.2 条，居住用地（R）分 3 类、工业用地（M）分 3 类，公共管理与公共服务设施用地（A）分 9 类，道路与交通设施用地（S）分 5 类。

2011-024. 根据《镇规划标准》，"农业服务设施用地"应该归为( )。

    A. 农林用地   B. 公共设施用地

    C. 工程设施用地   D. 生产设施用地

【答案】D

【解析】依据《镇规划标准》GB 50188—2007 第 4.1.3 条，农业服务设施用地属于生产设施用地。故选 D。

2011-025. 根据《物权法》，下列关于建设用地使用权表述中，不正确的是(　　)。

A. 建设用地使用权人依法对国家所有的土地享有占用、使用和收益的权利

B. 建设用地使用权不可以在土地的地表、地上或者地下分别设立

C. 设立建设用地使用权，可以采取出让或者划拨等方式

D. 建设用地使用权人有权将建设用地使用权转让、互换、出资、赠与或者抵押，但法律另有规定的除外

【答案】B

【解析】题目过时。依据《物权法》第一百三十六条，建设用地使用权可以在土地的地表、地上或者地下分别设立。新设立的建设用地使用权，不得损害已设立的用益物权。故选 B。（注：自 2021 年 1 月 1 日《民法典》实施后，《物权法》同时废止）

2011-026. 根据《城市规划基本术语标准》，下列表述中不正确的是(　　)。

A. 城市规划管理是城市规划行政主管部门依法核发选址意见书、建设用地规划许可证、建设工程规划许可证等法律凭证的总称

B. 选址意见书是城市规划行政主管部门依法核发的有关建设项目的选址和布局的法律凭证

C. 建设用地规划许可证是指经城市规划行政主管部门依法确认其建设项目位置和用地范围的法律凭证

D. 建设工程规划许可证是指城市规划行政主管部门依法核发的有关建设工程的法律凭证

【答案】A

【解析】依据《城市规划基本术语标准》GB/T 50280—98 第 3.0.16 条，城市规划管理是城市规划编制、审批和实施等管理工作的统称。故选 A。

2011-027. 《城乡规划法》规定，规划条件未纳入国有土地使用权出让合同的，则(　　)。

A. 该地块必须采用招标、拍卖方式进行出让

B. 国有土地使用权出让合同无效

C. 不得领取建设用地规划许可证

D. 建设单位直接责任人应受到行政处分

【答案】B

【解析】依据《城乡规划法》第三十九条，规划条件未纳入国有土地使用权出让合同的，该国有土地使用权出让合同无效。故选 B。

2011-028. 下列所示的出让地块建设用地规划管理的程序中，不正确的是(　　)。

A. 地块出让前：依据修建性详细规划提供规划条件→作为地块出让合同的组成部分

B. 用地申请：建设项目批准、核准、备案文件→地块出让合同→建设单位用地申请表

C. 用地审核：现场踏勘→征询意见→核验规划条件→审查建设工程总平面图→核定建设用地范围

D. 行政许可：领导签字批准→核发建设用地规划许可证

【答案】A

【解析】依据《城乡规划法》第三十八条，在城市、镇规划区内以出让方式提供国有土地使用权的，在国有土地使用权出让前，城市、县人民政府城乡规划主管部门应当依据控制性详细规划，提出出让地块的位置、使用性质、开发强度等规划条件，作为国有土地使用权出让合同的组成部分。未确定规划条件的地块，不得出让国有土地使用权。故选A。

2011-029. 商业用地的土地使用权出让，不得采取(   )方式。

A. 划拨   B. 拍卖   C. 招标   D. 双方协议

【答案】A

【解析】依据《城市房地产管理法》第十三条，土地使用权出让，可以采取拍卖、招标或者双方协议的方式。故选A。

2011-030. 通过出让获得的土地使用权转让时，受让方应当遵守原出让合同附具的规划条件，并由(   )向城乡规划主管部门办理登记手续。

A. 受让方   B. 出让方   C. 受让方与出让方   D. 中介方

【答案】A

【解析】依据《城市国有土地使用权出让转让规划管理办法》第十条，通过出让获得的土地使用权再转让时，受让方应当遵守原出让合同附具的规划设计条件，并由受让方向城市规划行政主管部门办理登记手续。故选A。

2011-031. 根据《城市规划制图标准》，下列表示"工程设施用地"图例的是(   )。

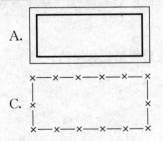

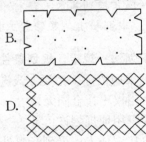

【答案】A

【解析】参考中国建筑技术研究院村镇规划设计研究所《村镇规划图例》的部分内容。故选A。

字母代码	项目	单色		彩色	
		现状	规划	现状	规划
U	公用工程设施用地				254 253

2011-032. 根据《城乡规划法》，由省、自治区、直辖市人民政府确定的镇人民政府可以依法核发( )。

A. 建设项目选址意见书
B. 建设用地规划许可证
C. 建设工程规划许可证
D. 乡村建设规划许可证

【答案】C

【解析】依据《城乡规划法》第四十条，在城市、镇规划区内进行建筑物、构筑物、道路、管线和其他工程建设的，建设单位或者个人应当向城市、县人民政府城乡规划主管部门或者省、自治区、直辖市人民政府确定的镇人民政府申请办理建设工程规划许可证。故选C。

2011-033. 某市辖镇人民政府依所辖的村庄乡镇企业的建设申请，经该镇人民政府审核，认为建设项目符合村庄规划要求，于是给该建设项目核发了乡村建设规划许可证。该市城乡规划主管部门在监督检查中发现镇人民政府的行为违法，理由是( )。

A. 未向该市城乡规划主管部门事先征求意见
B. 未向该市城乡规划主管部门备案
C. 镇政府没有核发乡村建设规划许可证的权限
D. 镇政府无权审批乡镇企业建设项目

【答案】C

【解析】依据《城乡规划法》第四十一条，在乡、村庄规划区内进行乡镇企业、乡村公共设施和公益事业建设的，建设单位或者个人应当向乡、镇人民政府提出申请，由乡、镇人民政府报城市、县人民政府城乡规划主管部门核发乡村建设规划许可证。故选C。

2011-034. 镇人民政府组织编制的村庄规划，在报送上一级人民政府审批前，应当经( )讨论同意。

A. 县人民代表大会
B. 镇人民代表大会
C. 镇城乡规划主管部门
D. 村民会议或者村民代表会议

【答案】D

【解析】依据《城乡规划法》第二十二条，乡、镇人民政府组织编制乡规划、村庄规划，报上一级人民政府审批。村庄规划在报送审批前，应当经村民会议或者村民代表会议讨论同意。故选D。

2011-035. 《城市抗震防灾规划标准》适用于( )地区的城市抗震防灾规划。

A. 地震震级为6级及以上
B. 地震震级为7级及以上
C. 地震基本烈度为6度及以上
D. 地震基本烈度为7度及以上

【答案】C

【解析】依据《城市抗震防灾规划标准》GB 50413—2007第1.0.2条，本标准适用于地震动峰值加速度大于或等于0.05g（地震基本烈度为6度及以上）地区的城市抗震防灾规划。故选C。

2011-036. 某城市位于地震基本烈度7度及7度以上地区，应该按照( )模式编制抗震防灾规划。

  A. A级   B. 甲类   C. B级   D. 乙类

  【答案】B

  【解析】依据《城市抗震防灾规划标准》GB 50413—2007第3.0.4条，城市抗震防灾规划编制模式应符合下述规定：(1) 位于地震烈度7度及以上地区的大城市编制抗震防灾规划应采用甲类模式；(2) 中等城市和位于地震烈度6度地区的大城市应不低于乙类模式；(3) 其他城市编制城市抗震防灾规划应不低于丙类模式。故选B。

2011-037. 核设施工程受地震破坏后，可能引发放射性污染的严重次生灾害，必须认真进行( )。

  A. 地震安全性评价   B. 地震破坏性评价

  C. 次生灾害评价   D. 防灾措施评价

  【答案】A

  【解析】依据《防震减灾法》第三十五条，重大建设工程和可能发生严重次生灾害的建设工程，应当按照国务院有关规定进行地震安全性评价，并按照经审定的地震安全性评价报告所确定的抗震设防要求进行抗震设防。故选A。

2011-038. 根据《城市抗震防灾规划管理规定》，( )不属于城市总体规划的强制性内容。

  A. 抗震设防标准   B. 建设用地评价与要求

  C. 抗震防灾措施   D. 抗震防灾规划目标

  【答案】D

  【解析】依据《城市抗震防灾规划管理规定》第十条，城市抗震防灾规划中的抗震设防标准、建设用地评价与要求、抗震防灾措施应当列为城市总体规划的强制性内容，作为编制城市详细规划的依据。故选D。

2011-039. 下表中城市等级指标与防洪标准的对应关系，不符合《城市防洪工程设计规范》的是( )。

	城市等级	一	二	三	四
A.	等级指标（城市人口：万人）	≥100	100～50	50～20	≤20
B.	防洪标准（河洪、海潮）（重现期：年）	≥200	200～100	100～50	50～20
C.	防洪标准（山洪）（重现期：年）	100～50	50～20	20～10	10～5
D.	防洪标准（泥石流）（重现期：年）	>100	100～50	50～20	20

  【答案】ACD

  【解析】题目过时。依据2012年12月1日起实施的《城市防洪工程设计规范》GB/T 50805—2012第2.1条，城市防洪工程等级分为四等，每一等级对应的人口数量分别为：Ⅰ等≥150万人；Ⅱ等≥50万人且<150万人；Ⅲ等>20万人且<50万人；Ⅳ等≤20万人。城市防洪工程设计标准见本规范表2.1.2。故选ACD。

城市防洪工程设计标准 表 2.1.2

城市防洪工程等级	设计标准（年）			
	洪水	涝水	海潮	山洪
Ⅰ	≥200	≥20	≥200	≥50
Ⅱ	≥100 且<200	≥10 且<20	≥100 且<200	≥30 且<50
Ⅲ	≥50 且<100	≥10 且<20	≥50 且<100	≥20 且<30
Ⅳ	≥20 且<50	≥5 且<10	≥20 且<50	≥10 且<20

2011-040. 城市详细规划的强制性内容中不包括( )。

A. 规划地段各个地块的土地主要用途　　B. 规划地段各个地块的允许人口规模

C. 规划地段各个地块允许的建设总量　　D. 特定地区地段规划允许的建设高度

【答案】B

【解析】题目过时。依据已失效的《城市规划强制性内容暂行规定》第七条，城市详细规划的强制性内容包括：（一）规划地段各个地块的土地主要用途；（二）规划地段各个地块允许的建设总量；（三）对特定地区地段规划允许的建设高度；（四）规划地段各个地块的绿化率、公共绿地面积规定；（五）规划地段基础设施和公共服务设施配套建设的规定；（六）历史文化保护区内重点保护地段的建设控制指标和规定，建设控制地区的建设控制指标。故选 B。

2011-041. 根据《城乡规划法》，乡规划应包括( )。

A. 总体规划　　B. 近期建设规划

C. 控制性详细规划　　D. 本行政区域内的村庄发展布局

【答案】D

【解析】依据《城乡规划法》第十八条，乡规划、村庄规划的内容应当包括：规划区范围，住宅、道路、供水、排水、供电、垃圾收集、畜禽养殖场所等农村生产、生活服务设施、公益事业等各项建设的用地布局、建设要求，以及对耕地等自然资源和历史文化遗产保护、防灾减灾等的具体安排。乡规划还应当包括本行政区域内的村庄发展布局。故选 D。

2011-042. 根据《城乡规划法》，临时建设和临时用地规划管理的具体办法，由( )制定。

A. 国务院城乡规划主管部门　　B. 省、自治区、直辖市人民政府

C. 城市人民政府　　D. 县人民政府

【答案】B

【解析】依据《城乡规划法》第四十四条，临时建设和临时用地规划管理的具体办法，由省、自治区、直辖市人民政府制定。故选 B。

2011-043. 根据《风景名胜区条例》，风景名胜区管理实行"科学规划、统一管理、严格保护、( )"的原则。

A. 适度开发　　　B. 合理经营　　　C. 优化生态　　　D. 永续利用

【答案】 D

【解析】 依据《风景名胜区条例》第三条，风景名胜区管理实行"科学规划、统一管理、严格保护、永续利用"的原则。故选 D。

2011-044. 根据《风景名胜区条例》，在风景名胜区规划中须划定景区范围的名称是(   )。

    A. 核心景区   B. 核心保护区

    C. 核心景区、建筑协调区   D. 核心保护区、建设控制地带

【答案】 A

【解析】 此题的题眼是依据《风景名胜区条例》，而《风景名胜区条例》通篇只出现过"核心景区"。故选 A。

2011-045. 列入世界文化与自然双重遗产的风景名胜区为(   )。

    A. 四川九寨沟和黄龙   B. 四川峨眉山和乐山

    C. 四川大熊猫栖息地   D. 湖南武陵源

【答案】 B

【解析】 4 项世界文化与自然双重遗产分别为黄山、泰山、峨眉山—乐山大佛、武夷山。故选 B。

2011-046. 下列关于"四线"的定义，符合《城市紫线管理办法》《城市绿线管理办法》《城市蓝线管理办法》或《城市黄线管理办法》规定的是(   )。

    A. 城市紫线，是指国家历史文化名城内文物古迹及其文物保护单位的保护范围线

    B. 城市绿线，是指城市规划区内风景园林和公园绿地范围的控制线

    C. 城市蓝线，是指城市规划确定的江、河、湖、库、渠和湿地等城市地表水体保护和控制的地域界线

    D. 城市黄线，是指城市规划确定的给水排水、电力电信、热力煤气等地下管线设施用地的控制界线

【答案】 C

【解析】 依据《城市紫线管理办法》第二条，本办法所称城市紫线，是指国家历史文化名城内的历史文化街区和省、自治区、直辖市人民政府公布的历史文化街区的保护范围界线，以及历史文化街区外经县级以上人民政府公布保护的历史建筑的保护范围界线。

依据《城市绿线管理办法》第二条，本办法所称城市绿线，是指城市各类绿地范围的控制线。

依据《城市蓝线管理办法》第二条，本办法所称城市蓝线，是指城市规划确定的江、河、湖、库、渠和湿地等城市地表水体保护和控制的地域界线。

依据《城市黄线管理办法》第二条，本办法所称城市黄线，是指对城市发展全局有影响的、城市规划中确定的、必须控制的城市基础设施用地的控制界线。故选 C。

2011-047. 下列各组城市名单中，全部为国家历史文化名城的一组是(   )。

    A. 北京、天津、上海、重庆、南京   B. 辽阳、岳阳、濮阳、庆阳、南阳

    C. 韩城、邹城、聊城、晋城、运城   D. 厦门、江门、荆门、海门、玉门

【答案】 A

【解析】 依据国家历史文化名城名录，本题选 A。

2011-048. 在紫线范围内确定各类建设项目，必须先经市、县人民政府城乡规划主管部门依据保护规划进行审查，组织专家论证并进行公示后核发（　　）。

A. 选址意见书

B. 建设用地规划许可证

C. 建设工程规划许可证

D. 乡村建设规划许可证

【答案】 A

【解析】 依据《城市紫线管理办法》第十四条，在城市紫线范围内确定各类建设项目，必须先由市、县人民政府城乡规划行政主管部门依据保护规划进行审查，组织专家论证并进行公示后核发选址意见书。故选 A。

2011-049. 根据《历史文化名城保护规划规范》，按照文物保护单位的保护方法进行保护的具有较高历史、科学和艺术价值的建（构）筑物称为（　　）。

A. 保护建筑　　　　B. 文化建筑　　　　C. 历史建筑　　　　D. 文物建筑

【答案】 A

【解析】 题目过时。依据《历史文化名城保护规划规范》GB 50357—2005 第 2.0.12 条，保护建筑是具有较高历史、科学和艺术价值，规划认为应按文物保护单位方法进行保护的建（构）筑物。故选 A。（注：该规范已被《历史文化名城保护规划标准》GB/T 50357—2018 替代）

2011-050. 根据《城市规划基本术语标准》，下图中建筑红线应该划在（　　）处。

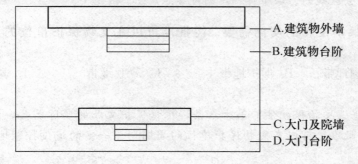

【答案】 D

【解析】 依据《城市规划基本术语标准》GB/T 50280—98 第 5.0.12 条，建筑红线是城市道路两侧控制沿街建筑物或构筑物（如外墙、台阶等）靠临街面的界线。故选 D。

2011-051. 下列连线中符合《城市绿地分类标准》的是（　　）。

A. 街旁绿地——公园绿地

B. 道路绿地——其他绿地

C. 社区公园——附属绿地

D. 郊野公园——公园绿地

【答案】 无

【解析】 题目过时。由《城市绿地分类标准》CJJ/T 85—2017 表 2.0.4-1 城市建设用地内的绿地分类和代码及表 2.0.4-2 城市建设用地外的绿地分类和代码可知，公园绿地为一单独的大类，附属绿地为一单独的大类，道路与交通设施用地属于附属绿地下的中类，郊野公园为区域绿地下的小类。

2011-052. 根据《城市规划基本术语标准》，下列表述中不正确的是(   )。

A. 居住用地是指在城市中包括住宅及相当于居住小区及小区级以下的公共服务设施、道路和绿地等设施的建设用地

B. 工业用地是指城市工矿企业的生产车间、库房、堆场、构筑物及其附属设施的建设用地

C. 道路广场用地是指城市中道路、广场的建设用地

D. 绿地是指城市中专门用以改善生态、保护环境、为居民提供游憩场地和美化景观的绿化用地

【答案】C

【解析】依据《城市规划基本术语标准》GB/T 50280—98 第4.3.7条，道路广场用地是指城市中道路、广场和公共停车场等设施的建设用地。故选C。

2011-053. 根据《城市规划制图标准》，下列表述中不正确的是(   )。

A. 城市规划图纸可分为现状图、规划图、分析图三类

B.《城市规划制图标准》不对分析图的制图作出规定

C.《城市规划制图标准》只适用于城乡总体规划和城市详细规划

D. 城市总体规划图纸应标注风象玫瑰

【答案】C

【解析】依据《城市规划制图标准》CJJ/T 97—2003 第1.0.2条，本标准适用于城市总体规划、城市分区规划。城市详细规划可参照使用。故选C。

2011-054. 根据保护文物的实际需要，经批准可以在文物保护单位的周围划出一定的(   )。

A. 建设控制地带　　B. 保护地带　　　　C. 景观地带　　　　D. 建设地带

【答案】A

【解析】依据《文物保护法》第十八条，根据保护文物的实际需要，经省、自治区、直辖市人民政府批准，可以在文物保护单位的周围划出一定的建设控制地带，并予以公布。故选A。

2011-055. 城市紫线范围内各类建设的规划审批，实行(   )制度。

A. 审查　　　　　　B. 备案　　　　　　C. 复核　　　　　　D. 预审

【答案】B

【解析】依据《城市紫线管理办法》第十六条，城市紫线范围内各类建设的规划审批，实行备案制度。故选B。

2011-056. 下列不属于近期建设规划内容的是(   )。

A. 自然遗产与历史文化遗产保护　　　B. 地下空间的开发与利用

C. 河湖水系、城市绿化等综合治理　　D. 中低收入居民住房建设

【答案】B

【解析】依据《城乡规划法》第三十四条，近期建设规划应当以重要基础设施、公共服务设施和中低收入居民住房建设以及生态环境保护为重点内容，明确近期建设的时序、发展方向和空间布局。故选 B。

2011-057. 根据《城市黄线管理办法》，不属于黄线管理范畴的是(　　)。

　　A. 城市环境质量监测站　　　　　　　　B. 城市供电设施
　　C. 城市供燃气设施　　　　　　　　　　D. 城市道路桥梁

【答案】D

【解析】依据《城市黄线管理办法》第二条，城市黄线是指对城市发展全局有影响的、城市规划中确定的、必须控制的城市基础设施用地的控制界线。本办法所称城市基础设施包括：城市供燃气设施、城市供电设施、环境质量监测站等城市环境卫生设施、城市防洪设施、城市抗震防灾设施。故选 D。

2011-058. 根据《森林法》，(　　)使用权可以依法转让，也可以依法作价入股或者作为合资、合作造林、经营林木的出资、合作条件。

　　A. 防护林地　　　　B. 实验林地　　　　C. 薪炭林地　　　　D. 母树林地

【答案】C

【解析】题目过时。之前的《森林法》第十五条规定，下列森林、林木、林地使用权可以依法转让，也可以依法作价入股或者作为合资、合作造林、经营林木的出资、合作条件，但不得将林地改为非林地：（一）用材林、经济林、薪炭林；（二）用材林、经济林、薪炭林的林地使用权；（三）用材林、经济林、薪炭林的采伐迹地、火烧迹地的林地使用权；（四）国务院规定的其他森林、林木和其他林地使用权。故选 C。2019 年修订后的现行《森林法》已无相关规定。

2011-059. 根据《城市道路交通规划设计规范》，规划城市人口超过(　　)万人的城市，应控制预留设置快速轨道交通的用地。

　　A. 50　　　　　　B. 100　　　　　　C. 150　　　　　　D. 200

【答案】D

【解析】题目过时。依据《城市道路交通规划设计规范》GB 50220—95 第 3.1.6 条，规划城市人口超过 200 万人的城市，应控制预留设置快速轨道交通的用地。故选 D。（注：该规范已被《城市综合交通体系规划标准》GB/T 51328—2018 替代）

2011-060. 下列关于城市道路设计的要求中，不符合《城市道路交通规划设计规范》的是(　　)。

　　A. 公共建筑的出入口宜设在主干路两侧
　　B. 次干路两侧可以设置机动车和非机动车停车场
　　C. 支路应该满足公共交通线路行驶的要求
　　D. 地震设防城市道路的立体交叉口宜采用下穿式

【答案】A

【解析】题目过时。依据《城市道路交通规划设计规范》GB 50220—95 第 7.3.2.2 条，主干路两侧不宜设置公共建筑物出入口。故选 A。（注：该规范已被《城市综合交通

体系规划标准》GB/T 51328—2018 替代)

2011-061. 关于居住区内中心绿地设置的要求中，不符合《城市居住区规划设计规范》的是(　　)。

    A. 至少有一个边与相应级别的道路相邻

    B. 绿化面积（含水面）不宜小于 70%

    C. 宜采用封闭式院落式布局，不影响居民使用安全

    D. 组团绿地应有不少于 1/3 的绿地面积在日照标准阴影线之外

【答案】C

【解析】题目过时。依据《城市居住区规划设计规范》GB 50180—93 第 7.0.4 条，居住区内中心绿地设置的要求包括：至少有一个边与相应级别的道路相邻，绿化面积（含水面）不宜小于 70%，组团绿地应有不少于 1/3 的绿地面积在日照标准阴影线之外。不包括 C（宜采用封闭式院落式布局，不影响居民使用安全）。故选 C。（注：该规范已被《城市居住区规划设计标准》GB 50180—2018 替代）

2011-062. 下列定义中，不符合《城市道路绿化规划与设计规范》的是(　　)。

    A. 道路绿地：城市道路红线范围内的绿地

    B. 交通岛绿地：可绿化的交通岛绿地

    C. 道路绿地率：道路红线范围内各种绿带宽度之和占总宽度的百分比

    D. 行道树绿带：布设在人行道与车行道之间，以种植行道树为主的绿带

【答案】A

【解析】依据《城市道路绿化规划与设计规范》CJJ 75—97 第 2.0.1 条，道路绿地指道路及广场用地范围内的可进行绿化的用地。第 2.0.4 条，行道树绿带指布设在人行道与车行道之间，以种植行道树为主的绿带。第 2.0.6 条，交通岛绿地指可绿化的交通岛用地。第 2.0.11 条，道路绿地率指道路红线范围内各种绿带宽度之和占总宽度的百分比。故选 A。

2011-063. 某居住小区拟按照标准进行停车位改造，现状登记拥有的车辆见下表。按照车辆换算系数进行换算后，小区应该建设的标准停车位是(　　)。

车型	数量（辆）
机动三轮车	5
小卧车	28
面包车	1
中型客车	1

    A. 40～50 个   B. 30～40 个   C. 20～30 个   D. 10～20 个

【答案】B

【解析】题目过时。依据《城市居住区规划设计规范》GB 50180—93 第 11.0.2.7 条，各车型停车位折算系数如下：微型客货汽车机动三轮车为 0.7；卧车、2t 以下货运汽车为 1.0；中型客车、面包车、2～4t 货运汽车为 2.0；铰接车为 3.5。由此计算得 5×0.7＋

$28 \times 1 + 1 \times 2 + 1 \times 2 = 35.5$。故选 B。（注：该规范已被《城市居住区规划设计标准》GB 50180—2018 替代）

2011-064. 根据《人民防空法》，不属于重要的经济目标的是(　　)。

　　A. 工矿企业　　　　B. 科研基地　　　　C. 通讯枢纽　　　　D. 加油站

【答案】D

【解析】依据《人民防空法》第十六条，重要的经济目标，包括重要的工矿企业、科研基地、交通枢纽、通信枢纽、桥梁、水库、仓库、电站等。不包括加油站。故选 D。

2011-065. 根据《城市道路交通规划设计规范》，下列表述中不正确的是(　　)。

　　A. 机动停车场的出入口应右转出入车道

　　B. 机动停车场的出入口距离人行过街天桥需大于 50m

　　C. 机动停车场的出入口距离地道、隧道需大于 50m

　　D. 机动停车场的出入口距离桥梁需大于 60m

【答案】D

【解析】题目过时。依据《城市道路交通规划设计规范》GB 50220—95 第 8.1.8 条，机动车公共停车场出入口的设置应符合下列规定：（1）出入口应符合行车视距的要求，并应右转出入车道；（2）出入口应距离交叉口、桥隧坡道起止线 50m 以上。故选 D。（注：该规范已被《城市综合交通体系规划标准》GB/T 51328—2018 替代）

2011-066. 根据《城市用地竖向规划规范》，下列表述中不正确的是(　　)。

　　A. 市中心区用地的自然坡度宜小于 15%

　　B. 居住用地的自然坡度宜小于 30%

　　C. 工业用地的自然坡度宜小于 20%

　　D. 仓储用地的自然坡度宜小于 15%

【答案】C

【解析】题目过时。依据《城市用地竖向规划规范》CJJ 83—99 第 5.0.1 条，市中心区自然坡度宜小于 15%；居住用地宜小于 30%；工业、仓储用地宜小于 15%。故选 C。（注：该规范已被《城乡建设用地竖向规划规范》CJJ 83—2016 替代）

2011-067. 根据《城市给水工程规划规范》，下列关于城市用水量的规划指标中未包括管网漏失水量的是(　　)。

　　A. 城市单位人口综合用水量指标　　　　B. 城市单位建设用地综合用水指标

　　C. 人均综合生活用水量指标　　　　　　D. 单位居住用地用水量指标

【答案】C

【解析】依据《城市给水工程规划规范》GB 50282—2016 表 4.0.3-2，综合生活用水为城市居民生活用水与公共设施用水之和，不包括市政用水和管网漏失水量。故选 C。

2011-068. 根据《历史文化名城保护规划规范》，历史城区道路系统要保持或延续原有道路格局；对富有特色的街巷，应保持原有的(　　)。

　　A. 道路等级　　　　B. 整体风貌　　　　C. 空间尺度　　　　D. 文化传统

【答案】C

【解析】题目过时。依据《历史文化名城保护规划规范》GB 50357—2005 第 3.4.1 条，历史城区道路系统要保持或延续原有道路格局；对富有特色的街巷，应保持原有的空间尺度。故选 C。（注：该规范已被《历史文化名城保护规划标准》GB/T 50357—2018 替代）

2011-069. 《城镇老年人设施规划规范》所称老年人设施是指(　　)。

A. 专为老年人服务的居住建筑和公共建筑

B. 专为老年人设立的城市公园和活动场所

C. 专为老年人方便就医的市级老年病医院

D. 专为老年人使用的城市专用道路

【答案】无

【解析】题目过时。依据《城镇老年人设施规划规范》GB 50437—2007（2018 年版）第 2.0.1 条，老年人设施指专为老年人服务的公共服务设施。

2011-070. 城市生活垃圾处理的方法中不包括(　　)。

A. 填埋　　　　　　　B. 焚烧　　　　　　　C. 堆肥　　　　　　　D. 消化

【答案】D

【解析】题目过时。依据《城市环境卫生设施规划规范》GB 50337—2003 第 4.5～4.7 条可知，ABC 中垃圾处理方法正确。故选 D。（注：该规范已被《城市环境卫生设施规划标准》GB/T 50337—2018 替代）

2011-071. 根据《城市用地竖向规划规范》，下列对城市用地竖向规划的防护工程的表述正确的是(　　)。

A. 在条件许可时，挡土墙宜以 3.0m 左右高度退台

B. 挡土墙的高度宜为 1.5～3.0m，超过 6.0m 时宜退台处理，退台宽度不应小于 1

C. 人口密度大、工程地质条件差、降雨量多的地区，不宜采用砌筑护坡

D. 土质护坡的坡比值应小于或等于 0.5～0.1；砌筑护坡的坡比值宜为 0.5

【答案】B

【解析】题目过时。依据《城市用地竖向规划规范》CJJ 83—1999 第 9.0.3 条，用地的防护工程设置，宜根据规划地面形式及所防护的灾害类别确定，主要采用护坡、挡土墙或堤、坝等。防护工程的设置应符合下列规定：(1) 街区用地的防护应与其外围道路工程的防护相结合；(2) 台阶式用地的台阶之间应用护坡或挡土墙联接，相邻台地间高差大于 1.5m 时，应在挡土墙或坡比值大于 0.5 的护坡顶加设安全防护设施；(3) 土质护坡的坡比值应小于或等于 0.5；砌筑型护坡的坡比值宜为 0.5～1.0；(4) 在建(构)筑物密集、用地紧张区域及有装卸作业要求的台阶应采用挡土墙防护；人口密度大、工程地质条件差、降雨量多的地区，不宜采用土质护坡；(5) 挡土墙的高度宜为 1.5～3.0m，超过 6.0m 时宜退台处理，退台宽度不应小于 1.0m；在条件许可时，挡土墙宜以 1.5m 左右高度退台。故选 B。（注：该规范已被《城乡建设用地竖向规划规范》CJJ 83—2016 替代）

2011-072. 修建性详细规划确需修改的，应当采取听证会等形式，听取(　　)的意见。

A. 公众   B. 专家   C. 相关部门   D. 利害关系人

【答案】D

【解析】依据《城乡规划法》第五十条，经依法审定的修建性详细规划、建设工程设计方案的总平面图不得随意修改；确需修改的，城乡规划主管部门应当采取听证会等形式，听取利害关系人的意见。故选 D。

2011-073. 行政机关违法实施行政许可，给当事人的合法权益造成损害的，应当依照( )。

    A. 国家赔偿法   B. 行政处罚法

    C. 行政诉讼法   D. 行政复议法

【答案】A

【解析】依据《国家赔偿法》第二条，国家机关和国家机关工作人员违法行使职权侵犯公民、法人和其他组织的合法权益造成损害的，受害人有依照本法取得国家赔偿的权利。故选 A。

2011-074. 当事人对行政处罚决定不服申请行政复议或者提起行政诉讼的，行政处罚( )执行，法律另有规定的除外。

    A. 不停止   B. 停止   C. 有条件地   D. 暂缓

【答案】A

【解析】依据《行政处罚法》第七十三条，当事人对行政处罚决定不服，申请行政复议或者提起行政诉讼的，行政处罚不停止执行，法律另有规定的除外。故选 A。

2011-075. 行政复议的第三人是指( )。

    A. 依法申请行政复议的公民、法人或者其他组织

    B. 同申请行政复议的具体行政行为有利害关系的其他公民、法人或者其他组织

    C. 对于申请行政复议的具体行政行为的见证人

    D. 参加行政复议机关审议的旁听人

【答案】B

【解析】依据《行政复议法》第十条，同申请行政复议的具体行政行为有利害关系的其他公民、法人或者其他组织，可以作为第三人参加行政复议。故选 B。

2011-076. 公民、法人或者其他组织向人民法院提起行政诉讼，人民法院已经依法受理的，( ) 行政复议。

    A. 必须申请   B. 可以申请   C. 暂缓申请   D. 不得申请

【答案】D

【解析】依据《行政复议法》第十六条，公民、法人或者其他组织向人民法院提起行政诉讼，人民法院已经依法受理的，不得申请行政复议。故选 D。

2011-077. 临时建设应当在( )使用期限内自行拆除。

    A. 申请的   B. 批准的   C. 法定的   D. 合理的

【答案】B

【解析】依据《城乡规划法》第四十四条，临时建设应当在批准的使用期限内自行拆除。故选 B。

2011-078. 行政机关依法对行政相对人采取的直接影响其权利、义务，或对行政相对人权利、义务的行使和履行情况直接进行监督检查的行为属于（　　）范畴。

    A. 行政监督　　　　B. 权力机关的监督　　C. 政治监督　　　　　D. 社会监督

【答案】A

【解析】主体对相对人是行政监督。故选 A。

2011-079. 《行政处罚法》中规定的行政处罚程序不包括（　　）。

    A. 简易程序　　　　B. 一般程序　　　　C. 听证程序　　　　D. 管辖程序

【答案】BD

【解析】根据 2021 年 1 月 22 日修订通过的《行政处罚法》，行政处罚程序已变更为简易程序、普通程序、听证程序。故选 BD。

2011-080. 公务员执行公务时，认为上级的决定有错误但上级不改变决定的，公务员应执行该决定，执行的后果（　　）。

    A. 由公务员负责　　　　　　　　　　B. 由上级负责

    C. 由上级和公务员共同负责　　　　　D. 上级和公务员均不负责

【答案】B

【解析】依据《公务员法》第六十条，公务员执行公务时，认为上级的决定或者命令有错误的，可以向上级提出改正或者撤销该决定或者命令的意见；上级不改变该决定或者命令，或者要求立即执行的，公务员应当执行该决定或者命令，执行的后果由上级负责，公务员不承担责任。故选 B。

二、多选题（每题五个选项，每题正确答案不少于两个选项，多选或漏选不得分）

2011-081. 下列属于行政执法行为的有（　　）。

    A. 行政许可　　　　　　　　　B. 行政确认

    C. 行政奖励　　　　　　　　　D. 行政裁决

    E. 行政复议

【答案】ABC

【解析】行政执法行为指行政机关对行政相对人采取的直接影响相对人权利和义务的行为，包括行政许可、行政确认、行政奖励等。行政司法行为是指行政机关作为第三者，按照司法程序做出的裁决行为，具体包括行政裁决、行政复议。故选 ABC。

2011-082. 在下列法规文件中，属于行政法规的有（　　）。

    A. 《历史文化名城名镇名村保护条例》　　B. 《风景名胜区条例》

    C. 《北京市城乡规划条例》　　　　　　　D. 《土地管理法实施办法》

    E. 《城市总体规划审查工作规则》

【答案】ABD

【解析】A、B 为行政法规；C 为北京市地方法规；D 为国务院制定的落实《土地管

《法》的办法，为行政法规；E 为部门规章。故选 ABD。

2011-083. 《城乡规划法》中所规定的法定规划是(   )。

A. 城镇体系规划
B. 城市发展战略规划
C. 城市土地利用总体规划
D. 乡规划
E. 详细规划

【答案】ADE

【解析】依据《城乡规划法》第二条，本法所称城乡规划，包括城镇体系规划、城市规划、镇规划、乡规划和村庄规划。城市规划、镇规划分为总体规划和详细规划。详细规划分为控制性详细规划和修建性详细规划。故选 ADE。

2011-084. 根据《城乡规划法》，由国务院审批城市总体规划的城市有(   )。

A. 直辖市
B. 省、自治区人民政府所在地的城市
C. 较大的市
D. 国务院确定的城市
E. 新建开发区的城市

【答案】ABD

【解析】依据《城乡规划法》第十四条，城市人民政府组织编制城市总体规划。直辖市的城市总体规划由直辖市人民政府报国务院审批。省、自治区人民政府所在地的城市以及国务院确定的城市的总体规划，由省、自治区人民政府审查同意后，报国务院审批。其他城市的总体规划，由城市人民政府报省、自治区人民政府审批。故选 ABD。

2011-085. 一般行政行为的生效规则是(   )。

A. 即时生效
B. 受领生效
C. 告知生效
D. 相对方同意后生效
E. 附条件生效

【答案】ABCE

【解析】一般行政行为生效的规则包括：即时生效、受领生效、告知生效、附条件生效。故选 ABCE。

2011-086. 在城市总体规划的成果中，属于附件内容的有(   )。

A. 文本
B. 图纸
C. 说明书
D. 研究报告
E. 基础资料

【答案】CDE

【解析】依据《城市规划编制办法》第三十三条，城市总体规划成果包括规划文本、图纸、附件（说明、研究报告和基础资料）。故选 CDE。

2011-087. 城乡规划管理的职能主要有(   )。

A. 引导职能
B. 控制职能
C. 协调职能
D. 经营职能
E. 应急职能

【答案】ABC

【解析】城乡规划管理的职能包括：引导职能、控制职能、协调职能。故选 ABC。

2011-088. 下列具体的建设行为中，属于现行法规和政策明令禁止的是(　　)。

A. 在建设用地范围之外设立"工业开发园区"

B. 用集体土地从事房地产开发

C. 在村庄规划区内从事乡镇企业建设

D. 在城市规划区内修建高尔夫球场

E. 利用基本农田进行绿化工程建设

【答案】ABDE

【解析】A 违反《城乡规划法》，不得在建设用地以外设立各类开发区和城市新城。

B 违反了《城市房地产管理法》，集体土地经转为国有土地后才可以出让该国有土地使用权。

D 违反了国家政策，2011 年 6 月 1 日公布的《产业结构调整指导目录（2011 年本）》（现已有 2019 年本）已将高尔夫球场项目归为限制类项目。根据《国务院关于发布实施〈促进产业结构调整暂行规定〉的决定》第十八条的规定，对属于限制类的新建项目，禁止投资。

E 违反了《国务院关于坚决制止占用基本农田进行植树等行为的紧急通知》，禁止占用基本农田发展林果业和挖鱼塘。故选 ABDE。

2011-089. 下列城乡规划技术规范中已经颁布实施的有(　　)。

A.《历史文化名城保护规划规范》　　　B.《风景名胜区规划规范》

C.《城镇老年人设施规划规范》　　　　D.《城市对外交通规划规范》

E.《城市消防规划规范》

【答案】ABCDE

【解析】题目过时。2005 年《历史文化名城保护规划规范》GB 50357—2005 颁布实施；2000 年《风景名胜区规划规范》GB 50298—1999 颁布实施；2008 年《城镇老年人设施规划规范》GB 50347—2007 颁布实施；2014 年《城市对外交通规划规范》GB 50925—2013 颁布实施；2015 年《城市消防规划规范》GB 51080—2015 颁布实施。D 和 E 在考试当时并未实施，目前各项规范均已实施且 A 和 B 已废止。故选 ABCDE。

2011-090. 下列由国务院批准征用土地的有(　　)。

A. 蔬菜生产基地　　　　　　　　　　B. 农业科研、教学试验田

C. 基本农田以外的耕地超过三十五公顷　　D. 自留山地超过三十五公顷

E. 其他土地超过七十公顷

【答案】ABCE

【解析】依据《土地管理法》第四十六条，征收下列土地的，由国务院批：（一）基本农田；（二）基本农田以外的耕地超过三十五公顷的；（三）其他土地超过七十公顷的。依据第三十三条，蔬菜生产基地、农业科研、教学试验田应划入基本农田。故选 ABCE。

2011-091. 根据《城乡规划法》，在国有土地使用权出让前，城市、县人民政府城乡规划主

管部门应当依据控制性详细规划，提出出让地块的(　　)等规划条件，作为国有土地使用权出让合同的组成部分。

    A. 位置   B. 使用性质

    C. 开发强度   D. 允许建设的范围

    E. 出让方式

【答案】ABC

【解析】依据《城乡规划法》第三十八条，在城市、镇规划区内以出让方式提供国有土地使用权的，在国有土地使用权出让前，城市、县人民政府城乡规划主管部门应当依据控制性详细规划，提出出让地块的位置、使用性质、开发强度等规划条件，作为国有土地使用权出让合同的组成部分。未确定规划条件的地块，不得出让国有土地使用权。故选 ABC。

2011-092. 某房地开发商要提高某地块的容积率指标，向市规划局提出申请，市规划局经过局办公会议研究讨论，决定调高容积率。省住房和城乡建设厅认定此决定不符合《城乡规划法》以及《关于加强建设用地容积率管理和监督检查的通知》。认定其违法的理由是(　　)。

    A. 未先行调整控制性详细规划

    B. 未组织专家对调整容积率的必要性和合理性进行论证

    C. 未进行公示和征求利害关系人的意见

    D. 未将调整容积率的有关材料报土地管理部门审核

    E. 未将需要调整容积率的有关材料报市政府批准

【答案】ABCE

【解析】题目过时。依据《城乡规划法》和已失效的《关于加强建设用地容积率管理和监督检查的通知》，国有土地使用权一经出让，任何单位和个人都无权擅自更改规划设计条件确定的容积率。确需变更规划条件确定的容积率的建设项目，应根据程序进行：(一)建设单位或个人可以向城乡规划主管部门提出书面申请并说明变更的理由；(二)城乡规划主管部门应当从建立的专家库中随机抽调专家，并组织专家对调整的必要性和规划方案的合理性进行论证；(三)在本地的主要媒体上进行公示，采用多种形式征求利害关系人的意见，必要时应组织听证；(四)经专家论证、征求利害关系人的意见后，城乡规划主管部门应依法提出容积率调整建议并附论证、公示（听证）等相关材料报城市、县人民政府批准；(五)经城市、县人民政府批准后，城乡规划主管部门方可办理后续的规划审批，并及时将依法变更后的规划条件抄送土地主管部门备案；(六)建设单位或个人应根据变更后的容积率向土地主管部门办理相关土地出让收入补交等手续。故选 ABCE。

2011-093. 城市抗震防灾规划在(　　)应进行修编。

    A. 城市总体规划进行修编时   B. 城市抗震防御目标发生重大变化时

    C. 城市功能发生较大变化时   D. 城市近期规划重新编制时

    E. 城市抗震标准发生重大变化时

【答案】ABCE

【解析】依据《城市抗震防灾规划标准》GB 50413—2007 第 3.0.12 条，城市抗震防灾规划在下述情形下应进行修编：（1）城市总体规划进行修编时；（2）城市抗震防御目标或标准发生重大变化时；（3）由于城市功能、规模或基础资料发生较大变化，现行抗震防灾规划已不能适应时；（4）其他有关法律法规规定或具有特殊情形时。故选 ABCE。

2011-094. 关于城市防洪设防标准的表述中，正确的是(   )。
    A. 城市防洪标准是指采取防洪工程措施和非工程措施后，所具有防御洪（潮）水的能力
    B. 对于情况特殊的城市，经上级主管部门批准，防洪标准可以适当提高或降低
    C. 城市分区设防时，可根据各防护区的重要性选用不同的防洪标准
    D. 沿国境界河的城市，防洪标准应当提高
    E. 临时性建筑物的防洪标准不可以降低
【答案】ABC
【解析】题目过时。依据《城市防洪工程设计规范》CJJ 50—1992 的 2.1.3 条：对于情况特殊的城市，经上级主管部门批准，防洪标准可以适当提高或降低（B 正确）。

2.1.4 条：城市分区设防时，可根据各防护区的重要性选用不同的防洪标准（C 正确）。

2.1.5 条：沿国境界河的城市，防洪标准应专门研究确定（D 错误）。

2.1.6 条：临时性建筑物的防洪标准可适当降低，以重现期在 5～20 年范围内分析确定（E 错误）。

2.1.2 条中指出城市防洪标准是指采取防洪工程措施和非工程措施后，所具有防御洪（潮）水的能力（A 正确）。

故选 ABC。（注：该规范已被《城市防洪工程设计规范》GB/T 50805—2012 替代）

2011-095. 下列表述中符合《城市环境卫生设施规划规范》的是(   )。
    A. 公共厕所应设置在人流较多的道路沿线
    B. 独立式公共厕所与相邻建筑物建议设置不小于 5m 宽的绿化隔离带
    C. 城市绿地内不应设置公共厕所
    D. 公共厕所宜与其他环境卫生设施合建
    E. 附属式公共厕所不应影响主体建筑的功能
【答案】ADE
【解析】题目过时。依据《城市环境卫生设施规划规范》GB 50337—2003 第 3.2.4 条，公共厕所位置应符合下列要求：（1）设置在人流较多的道路沿线、大型公共建筑及公共活动场所附近；（2）独立式公共厕所与相邻建筑物间宜设置不小于 3m 宽绿化隔离带；（3）附属式公共厕所应不影响主体建筑的功能，并设置直接通至室外的单独出入口；（4）公共厕所宜与其他环境卫生设施合建；（5）在满足环境及景观要求条件下城市绿地内可以设置公共厕所。故选 ADE。（注：该规范已被《城市环境卫生设施规划标准》GB/T 50337—2018 替代）

2011-096. 根据《城市道路交通规划设计规范》，在大、中城市道路的(   )交叉口必须设立体交叉设施。

A. 快速路同快速路   B. 快速路同主干路

C. 主干路同次干路   D. 主干路同支路

E. 次干路同次干路

【答案】AB

【解析】题目过时。依据《城市道路交通规划设计规范》GB 50220—95 第 7.2.14 条，快速路与快速路、快速路与主干路必须设置立体交叉口。故选 AB。（注：该规范已被《城市综合交通体系规划标准》GB/T 51328—2018 替代）

2011-097. 根据《镇规划标准》，属于"水域和其他用地"的是(　　)。

A. 特殊用地   B. 未利用地

C. 墓地   D. 防灾设施用地

E. 农林用地

【答案】ABCE

【解析】依据《镇规划标准》GB 50188—2007 第 4.1.3 条，水域及其他用地包括水域、农林用地、牧草和养殖用地、保护区、墓地、未利用地、特殊用地。故选 ABCE。

2011-098. 下列表述中符合《水法》规定的是(　　)。

A. 计划用水、节约用水

B. 开发利用水资源，应服从防洪的总体安排，实行兴利与除害相结合的原则

C. 协调好生活、生产经营和生态环境用水，工业、农业用水优先的原则

D. 新建、扩建、改建的建设项目，必须申请用水许可

E. 农业集体经济组织的水塘、水库中的水属于国家所有

【答案】AB

【解析】依据《水法》第三条，水资源属于国家所有。水资源的所有权由国务院代表国家行使。农村集体经济组织的水塘和由农村集体经济组织修建管理的水库中的水，归各该农村集体经济组织使用（E 错误）。

第八条，国家厉行节约用水，大力推行节约用水措施。第四十九条，用水应当计量，并按照批准的用水计划用水（A 正确）。

第二十条，开发、利用水资源，应当坚持兴利与除害相结合，兼顾上下游、左右岸和有关地区之间的利益，充分发挥水资源的综合效益，并服从防洪的总体安排（B 正确）。

第二十一条，开发、利用水资源，应当首先满足城乡居民生活用水，并兼顾农业、工业、生态环境用水以及航运等需要（C 错误）。

第四十八条，家庭生活和零星散养、圈养畜禽饮用等少量取水不需要申请取水许可（D 错误）。故选 AB。

2011-099. 根据《物权法》，建造建筑物，不得违反国家有关工程建设标准，妨碍相邻建筑物的(　　)。

A. 通风   B. 采光

C. 日照   D. 朝向

E. 景观

【答案】ABC

【解析】题目过时。依据《物权法》第八十九条，建造建筑物，不得违反国家有关工程建设标准，妨碍相邻建筑物的通风、采光和日照。故选 ABC。（注：自 2021 年 1 月 1 日《民法典》实施后，《物权法》同时废止）

2011-100. 下列行为中，属于行政处罚的是（　　）。

A. 宣布某部门规章作废　　　　　　　　B. 吊销建设工程规划许可证

C. 责令建设工程停止建设并限期拆除　　D. 撤销直接责任人的职务

E. 没收违法建筑物并处罚款

【答案】BCE

【解析】行政处罚的种类包括警告、通报批评、罚款、没收违法所得、没收非法财物、暂扣许可证件、降低资质等级、吊销许可证件、限制开展经营活动、责令停产停业、责令关闭、限制从业、行政拘留。故选 BCE。

第二节　2012 年考试真题

一、单选题（每题四个选项，其中一个选项为正确答案）

2012-001. 建设资源节约型、环境友好型社会是加快经济增长方式的（　　）。

A. 主攻方向　　　　　　　　　　　　　B. 根本出发点和落脚点

C. 重要着力点　　　　　　　　　　　　D. 重要支撑

【答案】C

【解析】中国共产党第十七届五中全会指出，建设资源节约型、环境友好型社会是加快经济增长方式的重要着力点。故选 C。

2012-002. 依法行政的核心是（　　）。

A. 行政立法　　　　　　　　　　　　　B. 行政执法

C. 行政司法　　　　　　　　　　　　　D. 行政监督

【答案】B

【解析】依法行政的核心是行政执法。故选 B。

2012-003. 下列法律法规的效力不等式中，不正确的是（　　）。

A. 法律＞行政法规　　　　　　　　　　B. 行政法规＞地方性法规

C. 地方性法规＞地方政府规章　　　　　D. 地方政府规章＞部门规章

【答案】D

【解析】《立法法》第九十一条规定，部门规章之间、部门规章与地方政府规章之间具有同等效力，在各自的权限范围内施行。故选 D。

2012-004. 行政合理性原则的产生是基于（　　）。

A. 公共事务责任的存在　　　　　　　　B. 行政自由裁量权的存在

C. 管理科学性的存在　　　　　　　　　D. 行政理性的存在

【答案】B

【解析】行政合理性原则的产生是基于行政自由裁量权的存在。故选 B。

2012-005. "对某一类人或事具有约束力,且具有后及力,其不仅适用于当时的行为或事件,而且适用于以后要发生的同类行为和事件"的解释是指(　　)。

 A. 具体行政行为   B. 抽象行政行为

 C. 羁束行政行为   D. 自由裁量行政行为

【答案】B

【解析】抽象行政行为,具体行政行为的对称,指特定的行政机关制定和发布普遍行为准则的行为,可以反复使用,包括制定法规、规章,发布命令、决定等。抽象行政行为不仅适用于当时的行为或事件,且具有后及力。故选 B。

2012-006. 城乡规划主管部门对于规划实施中出现的一些问题具有行政调解、复议和仲裁的权力,这些权力在公共行政管理的分类上属于(　　)。

 A. 司法参与权   B. 司法管理权

 C. 司法行政权   D. 公共司法权

【答案】C

【解析】司法行政权,指政府依据法律所拥有的司法行政方面的权力,如决定赦免,对行政活动中有争议的问题进行调解、复议和仲裁等。故选 C。

2012-007. 制定和实施城乡规划,在(　　)内进行建设活动,必须遵守《城乡规划法》。

 A. 行政辖区   B. 城乡范围   C. 规划区   D. 建设用地

【答案】C

【解析】《城乡规划法》第二条规定,制定和实施城乡规划,在规划区内进行建设活动,必须遵守本法。故选 C。

2012-008. 下列关于规划区的叙述中,不正确的是(　　)。

 A. 规划区是指城市和建制镇的建成区以及因城乡建设和发展需要,必须实行规划控制的区域

 B. 在规划区内进行建设活动,应当遵守土地管理、自然资源和环境保护等法律法规的规定

 C. 界定规划区范围属于城市规划、镇总体规划的强制性内容

 D. 城市、镇规划区内的建设活动应当符合规划要求

【答案】A

【解析】《城乡规划法》第二条规定,本法所称规划区,是指城市、镇和村庄的建成区以及因城乡建设和发展需要,必须实行规划控制的区域。故选 A。

2012-009. 经依法批准的城乡规划,是城乡建设和规划管理的依据,未经(　　)不得修改。

 A. 监督检查   B. 法定程序   C. 专家咨询   D. 技术论证

【答案】B

【解析】《城乡规划法》第七条规定,经依法批准的城乡规划,是城乡建设和规划管理

的依据，未经法定程序不得修改。故选 B。

2012-010. 《城乡规划法》中没有明确规定(   )。

    A. 经依法批准的城乡规划应当及时公布

    B. 城乡规划报送审批前，城乡规划草案应当给予公告

    C. 变更后的规划条件应当公布

    D. 城乡规划的监督检查情况和处理结果应当依法公开

    【答案】C

    【解析】《城乡规划法》第四十三条规定，城市、县人民政府城乡规划主管部门应当及时将依法变更后的规划条件通报同级土地主管部门并公示，建设单位应当及时将依法变更后的规划条件报有关人民政府土地主管部门备案。故选 C。

2012-011. 关于省域城镇体系规划的编制，不正确的是(   )。

    A. 省、自治区人民政府负责组织编制省域城镇体系规划

    B. 省域城镇体系规划的编制工作一般分为规划纲要和规划成果两个阶段

    C. 省域城镇体系规划的成果应当包括规划文本、图纸

    D. 省域城镇体系规划由国务院城乡主管部门审批

    【答案】D

    【解析】《省域城镇体系规划编制审批办法》第十五条规定，省域城镇体系规划由省、自治区人民政府报国务院审批。故选 D。

2012-012. 根据《城市规划编制办法》，(   )不属于在城市总体规划纲要阶段应当提出的空间管制范围。

    A. 禁建区   B. 限建区   C. 适建区   D. 待建区

    【答案】D

    【解析】由《城市规划编制办法》可知，城市总体规划纲要的主要内容包括提出禁建区、限建区、适建区范围。故选 D。

2012-013. 《城乡规划法》中"城乡规划的制定"一章中未包括(   )。

    A. 省域城镇体系规划   B. 城市总体规划

    C. 城市详细规划   D. 城市近期建设规划

    【答案】D

    【解析】《城乡规划法》第二条规定，本法所称城乡规划，包括城镇体系规划、城市规划、镇规划、乡规划和村庄规划。城市规划、镇规划分为总体规划和详细规划。详细规划分为控制性详细规划和修建性详细规划。故选 D。

2012-014. 根据《城乡规划法》，县级以上地方人民政府城乡规划主管部门负责(   )的城乡规划管理工作。

    A. 本行政区域内   B. 本行政区域规划区内

    C. 本行政区域建成区内   D. 本行政区域建成用地范围内

    【答案】A

【解析】国务院城乡规划主管部门负责全国的城乡规划管理工作。县级以上地方人民政府城乡规划主管部门负责本行政区域内的城乡规划管理工作。故选A。

2012-015. 下列不属于城市总体规划强制内容的是(　　)。

A. 城市性质　　　　　　　　　　B. 城市建设用地

C. 城市历史文化遗产保护　　　　D. 城市防灾工程

【答案】A

【解析】题目过时。由已失效的《城市规划强制性内容暂行规定》第六条可知，城市总体规划的强制性内容包括：（一）市域内必须控制开发的地域；（二）城市建设用地；（三）城市基础设施和公共服务设施；（四）历史文化名城保护；（五）城市防灾工程；（六）近期建设规划。城市性质是城市主要的职能，是宏观研究和限定，而不是强制性内容。故选A。

2012-016. 根据《城市居住区规划设计规范》，下列关于住宅日照标准的规定中，不正确的是(　　)。

A. 日照标准根据建筑气候分区和城市规模分别采用冬至日和大寒日两级标准

B. 旧区改建项目内新建住宅日照标准，最低不应低于大寒日日照1h的标准

C. 在原建筑外增加任何设施，不应使相邻住宅日照标准降低

D. 老年人居住建筑不应低于大寒日日照2h的标准

【答案】D

【解析】题目过时。《城市居住区规划设计标准》GB 50180—2018第4.0.9条规定，老年人居住建筑日照标准不应低于冬至日日照时数2h。故选D。（注：题述规范已被《城市居住区规划设计标准》GB 50180—2018替代）

2012-017. 下列关于详细规划的叙述中，正确的是(　　)。

A. 修建性详细规划由城市人民政府组织编制

B. 修建性详细规划是城乡规划主管部门作出建设项目规划许可的依据

C. 控制性详细规划是城乡规划主管部门作出建设项目规划许可的依据

D. 控制性详细规划应对所在地块的建设提出具体的安排和设计

【答案】C

【解析】根据《城市、镇控制性详细规划编制审批办法》第三条，控制性详细规划是城乡规划主管部门作出规划行政许可、实施规划管理的依据。故选C。

2012-018. 控制性详细规划修改涉及城市总体规划、镇总体规划(　　)内容的，应当先修改总体规划。

A. 强制性　　　　B. 控制性　　　　C. 重要性　　　　D. 关键性

【答案】A

【解析】《城乡规划法》第四十八条规定，控制性详细规划修改涉及城市总体规划、镇总体规划的强制性内容的，应当先修改总体规划。故选A。

2012-019. 根据《城市规划编制办法》，下列关于城市规划编制成果的规定中，不正确的

是( )。

    A. 近期建设规划的成果包括规划文本、图纸、附件

    B. 分区规划的成果包括规划文本、图纸、附件

    C. 控制性详细规划的成果包括规划文本、图纸、附件

    D. 修建性详细规划的成果包括规划文本、图纸、附件

【答案】D

【解析】由《城市规划编制办法》第三十七、四十、四十四条可知，近期建设规划成果包括规划文本、图纸，以及相应说明的附件。分区规划的成果包括规划文本、图件以及相应说明的附件。控制性详细规划的成果包括规划文本、图件和附件。修建性详细规划成果包括规划说明书和图纸，无附件。故选D。

2012-020. 下表中，关于城市修建性详细规划的编制主体均正确的是( )。

	城市政府	规划主管部门	规划设计编制单位	建设单位
A.	•	•		
B.		•	•	
C.			•	•
D.				•

【答案】D

【解析】《城乡规划法》第二十一条规定，城市、县人民政府城乡规划主管部门和镇人民政府可以组织编制重要地块的修建性详细规划。其他地区的修建性详细规划的编制主体是建设单位。故选D。

2012-021. 修建性详细规划可以依据控制详细规划及城乡规划主管部门提出的( )委托城市规划编制单位编制。

    A. 规划程序   B. 规划条件   C. 规划内容   D. 规划方案

【答案】B

【解析】依据《城市规划编制办法》第十一条，修建性详细规划可以由有关单位依据控制性详细规划及建设（规划）主管部门提出的规划条件，委托城市规划编制单位编制。故选B。

2012-022. 城乡规划实施管理是以依法实施( )为目标行使行政权力的形式和过程，是城乡规划编制和实施中的重要环节。

    A. 城镇化发展战略   B. 城乡规划   C. 和谐社会   D. 统一管理

【答案】B

【解析】城乡规划实施管理是一项行政职能，具有一般行政管理的特征；它是以依法实施城乡规划为目标行使行政权力的形式和过程。故选B。

2012-023. 下列不符合《城乡规划法》和《风景名胜区条例》规定的是( )。

A. 城市总体规划由城市人民政府组织编制

B. 城市近期建设规划由城市人民政府组织编制

C. 国家风景名胜区规划由所在地县级人民政府组织编制

D. 省级风景名胜区规划由所在县级人民政府组织编制

【答案】C

【解析】《风景名胜区条例》第十六条规定，国家级风景名胜区规划由省、自治区人民政府建设主管部门或者直辖市人民政府风景名胜区主管部门组织编制。省级风景名胜区规划由县级人民政府组织编制。故选 C。

2012-024. 某报建单位申请行政许可，规划主管部门与行政相对人形成了一种行政法律关系，在这种关系中，申请报建项目属于(   )。

A. 行政法律关系主体　　　　　　　B. 行政法律关系客体

C. 行政法律关系内容　　　　　　　D. 行政法律关系事实

【答案】B

【解析】申请报建项目属于行政法律关系客体。故选 B。

2012-025. 按照国家规定需要有关部门批准或者核准的建设项目，以划拨方式提供国有土地使用权的，建设单位在报送有关部门批准或者核准前，应当向城乡规划主管部门申请核发(   )。

A. 选址意见书　　　　　　　　　　B. 建设用地规划许可证

C. 建设工程规划许可证　　　　　　D. 国有土地使用证

【答案】A

【解析】《城乡规划法》第三十六条规定，按照国家规定需要有关部批准或者核准的建设项目，以划拨方式提供国有土地使用权的，建设单位在报送有关部门批准或者核准前，应当向城乡规划主管部门申请核发选址意见书。前款规定以外的建设项目不需要申请选址意见书。历史博物馆属于按照国家规定需要有关部门批准或者核准的，以划拨方式提供国有土地使用权的建设项目。故选 A。

2012-026. 下列哪项建设用地的使用权可以采用行政划拨的方式取得？(   )

A. 商住建设用地　　　　　　　　　B. 基础设施建设用地

C. 多功能影剧院用地　　　　　　　D. 酒店宾馆用地

【答案】B

【解析】《土地管理法》第五十四条规定，下列建设用地经县级以上人民政府依法批准，可以以划拨方式取得：（一）国家机关用地和军事用地；（二）城市基础设施用地和公用事业用地；（三）国家重点扶持的能源、交通、水利等基础设施用地；（四）法律、行政法规规定的其他用地。故选 B。

2012-027. 在以出让方式取得国有土地使用权的建设项目进行出让地块建设用地规划管理程序中，不符合《城乡规划法》程序的是(   )。

A. 地块出让前——依据修建性详细规划提供规划条件作为地块出让合同的组成部分

B. 用地申请——提供建设项目批准、核准、备案文件，地块出让合同，建设单位用

地申请表

    C. 用地审核——现场踏勘、征询意见、核验规划条件、核定建设用地范围、审查建设工程总平面图

    D. 行政许可——领导签字批准、核发建设用地规划许可证

【答案】A

【解析】根据《城乡规划法》，地块出让前应当依据控制性详细规划提供规划条件。故选A。

2012-028. "工业、商业、旅游、娱乐和商品住宅等经营性用地以及同一土地有两个以上用地者的，应当采取招标、拍卖等公开竞价的方式出让"的条款出自(　　　)。

    A.《城乡规划法》   B.《土地管理法》

    C.《城市房地产管理法》   D.《物权法》

【答案】D

【解析】题目过时。《物权法》第一百三十七条规定，工业、商业、旅游、娱乐和商品住宅等经营性用地以及同一土地有两个以上意向用地者的，应当采取招标、拍卖等公开竞价的方式出让。故选D。(注：自2021年1月1日《民法典》实施后，《物权法》同时废止)

2012-029. 根据我国有关法律规定，获得城乡建设用地使用权的方式不包括(　　　)。

    A. 出租   B. 划拨   C. 有偿出让   D. 协议出让

【答案】A

【解析】当前，我国建设单位的国有土地使用权的获得方式有两种，即土地使用权无偿划拨和有偿出让。《城市房地产管理法》第十三条规定，土地使用权出让，可以采取拍卖、招标或者双方协议的方式。故选A。

2012-030. 以出让方式获得土地使用权进行房地产开发的，(　　　)为动工开发，可由县级以上人民政府无偿收回土地使用权。

    A. 交付土地出让金后

    B. 超出出让合同约定的动工开发日期满二年

    C. 完成全部拆迁后

    D. 超出出让合同约定的动工开发日期满一年

【答案】B

【解析】《城市房地产管理法》第二十六条，以出让方式取得土地使用权进行房地产开发的，必须按照土地使用权出让合同约定的土地用途、动工开发期限开发土地。超过出让合同约定动工开发日期满二年未动工开发的，可以无偿收回土地使用权。故选B。

2012-031. 某开发商通过拍卖获得一块建设用地使用权，未进行投资建设就把土地转让给另一个开发单位进行开发，结果受到有关部门的查处，查处该案件所依据的法律是(　　　)。

    A.《城乡规划法》   B.《土地管理法》

    C.《城市房地产管理法》   D.《建筑法》

【答案】B

【解析】《土地管理法》第二条规定，任何单位和个人不得侵占、买卖或者以其他形式非法转让土地。故选 B。

2012-032. 应当划入基本农田保护区进行严格管理的耕地不包括(   )。

    A. 经政府批准确定的粮棉油生产基地内的耕地

    B. 农业科研、教学试验田

    C. 需要退耕还林、还牧、还湖的耕地

    D. 蔬菜生产基地

【答案】C

【解析】《基本农田保护条例》第十条规定，下列耕地应当划入基本农田保护区，严格管理：(1) 经国务院有关主管部门或者县级以上地方人民政府批准确定的粮、棉、油生产基地内的耕地；(2) 有良好的水利与水土保持设施的耕地，正在实施改造计划以及可以改造的中低产田；(3) 蔬菜生产基地；(4) 农业科研、教学试验田。故选 C。

2012-033. 下表中关于强制性内容的归类都符合《城市规划强制性内容暂行规定》的是(   )。

	总体规划强制性内容	详细规划强制性内容
A.	土地使用限制性规定	地块的土地主要用途
B.	重要地下文物埋藏区的界线	历史建筑群
C.	基本农田保护区	各类园林绿地的具体布局
D.	电厂位置	大型变电站位置

【答案】A

【解析】题目过时。已失效的《城市规划强制性内容暂行规定》第六条规定，城市总体规划的强制性内容包括：(一) 市域内必须控制开发的地域；(二) 城市建设用地；(三) 城市基础设施和公共服务设施；(四) 历史文化名城保护；(五) 城市防灾工程；(六) 近期建设规划。第七条规定，城市详细规划的强制性内容包括：(一) 规划地段各个地块的土地主要用途；(二) 规划地段各个地块允许的建设总量；(三) 对特定地区地段规划允许的建设高度；(四) 规划地段各个地块的绿化率、公共绿地面积规定；(五) 规划地段基础设施和公共服务设施配套建设的规定；(六) 历史文化保护区内重点保护地段的建设控制指标和规定，建设控制地区的建设控制指标。故选 A。

2012-034. 某村就公共设施建设项目向镇人民政府提出申请，经镇人民政府审核后核发了乡村建设规划许可证。该市城乡规划主管部门在行政监督检查中认定镇人民政府的行政行为违法，其原因是(   )。

    A. 镇人民政府未向城乡规划主管部门申报备案

    B. 镇人民政府无权核发乡村建设规划许可证

C. 村公共建设项目应直接向市城乡规划主管部门申请，由市城乡规划主管部门核发乡村建设规划许可证

D. 市城乡规划主管部门没有授权镇人民政府核发乡村建设规划许可证

【答案】B

【解析】《城乡规划法》第四十一条规定，在乡、村庄规划区内进行乡镇企业、乡村公共设施和公益事业建设的，建设单位或者个人应当向乡、镇人民政府提出申请，由乡、镇人民政府报城市、县人民政府城乡规划主管部门核发乡村建设规划许可证。故选B。

2012-035. 某村在村庄规划区内建设卫生所，按程序向有关部门提出申请，由（ ）核发乡村建设规划许可证。

    A. 省城乡规划主管部门　　　　　　　B. 城市、县人民政府城乡规划主管部门

    C. 乡、镇人民政府　　　　　　　　　D. 村委会

【答案】B

【解析】《城乡规划法》第四十一条规定，在乡、村庄规划区内进行乡镇企业、乡村公共设施和公益事业建设的，建设单位或者个人应当向乡、镇人民政府提出申请，由乡、镇人民政府报城市、县人民政府城乡规划主管部门核发乡村建设规划许可证。故选B。

2012-036. 《城乡规划法》规定的"临时建设和临时用地规划管理的具体办法，由省自治区、直辖市人民政府制定"，在行政合法性其他原则中称为（ ）。

    A. 法律优位原则　　　　　　　　　　B. 法律保留原则

    C. 行政应急性原则　　　　　　　　　D. 行政合理性原则

【答案】B

【解析】行政合法性其他原则包括法律优位原则、法律保留原则、行政应急性原则。法律保留原则指，凡属宪法、法律规定只能由法律规定的事项，必须在法律明确授权的情况下，行政机关才有权在其所制定行政规范中作出规定。故选B。

2012-037. 下列关于"容积率"的解释中符合《城市规划基本术语标准》的是（ ）。

    A. 一定地块内，总建筑面积与建筑用地面积的比值

    B. 一定地块拥有的住宅总建筑面积

    C. 每公顷建设用地上容纳的住宅建筑的总面积

    D. 每公顷建设用地上拥有的各类建筑的总建筑面积

【答案】A

【解析】《城市规划基本术语标准》GB/T 50280—98第5.0.9条规定，容积率系指在一定的地块内，总建筑面积与建设用地面积的比值。故选A。

2012-038. 下列关于规划条件的叙述，不符合《城乡规划法》的是（ ）。

    A. 城市、县人民政府城乡规划主管部门依据控制性详细规划，提出规划条件

    B. 未确定规划条件的地块，不得出让国有土地使用权

    C. 城市、县人民政府城乡规划主管部门在建设用地规划许可证中，可对作为国有土地使用权出让合同组成部分的规划条件进行调整

    D. 规划条件未纳入国有土地使用权出让合同的，该国有土地使用权出让合同无效

【答案】C

【解析】《城乡规划法》第三十八条规定，在城市、镇规划区内以出让方式提供国有土地使用权的，在国有土地使用权出让前，城市、县人民政府城乡规划主管部门应当依据控制性详细规划，提出出让地块的位置、使用性质、开发强度等规划条件，作为国有土地使用权出让合同的组成部分（A 正确）。未确定规划条件的地块，不得出让国有土地使用权（B 正确）。

《城乡规划法》第三十九条规定，规划条件未纳入国有土地使用权出让合同的，该国有土地使用权出让合同无效（D 正确）。

《城乡规划法》第三十八条规定，城市、县人民政府城乡规划主管部门不得在建设用地规划许可证中，擅自改变作为合同组成部分的规划条件（C 错误）。故选 C。

2012-039. 《城市用地分类与规划建设用地标准》属于现行城乡规划技术标准体系中的(　　)。

A. 综合标准　　　　B. 基础标准　　　　C. 通用标准　　　　D. 专用标准

【答案】B

【解析】《城市用地分类与规划建设用地标准》GB 50137—2011 属于基础标准。故选 B。

2012-040. 《城市用地分类与规划建设用地标准》中采用的"双因子"控制是指允许采用(　　)。

A. 规划城市建设用地面积指标和允许调整幅度

B. 规划城市建设用地结构指标和允许调整比例

C. 规划人均城市建设用地面积指标和允许调整幅度

D. 规划人均城市建设用地结构指标和允许调整比例

【答案】C

【解析】《城市用地分类与规划建设用地标准》GB 50137—2011 第 4.2.1 条规定，规划人均城市建设用地面积指标应根据现状人均城市建设用地面积指标、城市（镇）所在的气候区以及规划人口规模综合确定，并应同时符合允许采用的规划人均城市建设用地面积指标和允许调整幅度双因子的限制要求。故选 C。

2012-041. 根据《城乡规划法》，应当组织有关部门和专家定期对(　　)实施情况进行评估，并采取论证会、听证会或者其他方式征求公众意见。

A. 城市总体规划　　　　　　　　　B. 控制性详细规划

C. 修建性详细规划　　　　　　　　D. 近期建设规划

【答案】A

【解析】《城乡规划法》第四十六条规定，省域城镇体系规划、城市总体规划、镇总体规划的组织编制机关，应当组织有关部和专家定期对规划实施情况进行评估，并采取论证会、听证会或者其他方式征求公众意见。故选 A。

2012-042. 下列(　　)图例表示地下采空区。

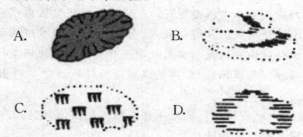

A.　　　　　　　　　　B.

C.　　　　　　　　　　D.

【答案】B

【解析】根据城市规划要素图例符号可知，A表示溶洞区，B表示地下采空区，C表示地面沉降区，D表示水源地。故选B。

2012-043. 控制性详细规划是城乡规划主管部门作出规划(　　)、实施规划管理的依据。

A. 决定　　　　　B. 行政许可　　　　C. 评估　　　　　D. 方案

【答案】B

【解析】《城市、镇控制性详细规划编制审批办法》第三条规定，控制性详细规划是城乡规划主管部门作出规划行政许可、实施规划管理的依据。故选B。

2012-044. 根据《城市居住区规划设计规范》，(　　)不属于居住区道路用地范畴。

A. 居住区（级）道路　　　　　　B. 小区（级）道路

C. 组团（级）道路　　　　　　　D. 宅间小路

【答案】D

【解析】题目过时。《城市居住区规划设计规范》GB 50180—93 第 2.0.7 条规定，道路用地是指居住区道路、小区路、组团路及非公建配建的居民汽车地面停放场地。第 11.0.2.5 条规定，宅间小路不计入道路用地面积。故选D。（注：该规范已被《城市居住区规划设计标准》GB 50180—2018 替代）

2012-045. 《城市工程管线综合规划规范》属于现行城乡规划技术标准体系中的(　　)。

A. 综合标准　　　　B. 通用标准　　　　C. 基础标准　　　　D. 专业标准

【答案】B

【解析】《城市工程管线综合规划规范》GB 50289—2016 属于通用标准。故选B。

2012-046. 在 2002 版《城市绿地分类标准》公布实施后，原来的"公共绿地"的名称改为(　　)。

A. 公共设施绿地　　　　　　　　B. 公园绿地

C. 市政设施绿地　　　　　　　　D. 专类绿地

【答案】B

【解析】题目过时。旧标准《城市绿地分类标准》CJJ/T 85—2002 将"公共绿地"改称为"公园绿地"。故选B。（注：现行标准为《城市绿地分类标准》CJJ/T 85—2017）

2012-047. 政府对全社会公共利益所作的分配利益是一个复杂的动态过程，包括(　　)。

A. 利益选择、利益划分、利益落实、利益分配

B. 利益选择、利益整合、利益落实、利益分配

C. 利益整合、利益划分、利益选择、利益落实

D. 利益划分、利益整合、利益落实、利益兑现

【答案】B

【解析】利益分配是一个复杂的动态过程，包括利益选择、利益整合、利益分配和利益落实等步骤。故选 B。

2012-048. 根据《城市蓝线管理办法》，下列不正确的是（　　　）。

A. 城市蓝线只能在城市总体规划阶段划定

B. 城市蓝线应当与城市规划一并报批

C. 城市蓝线确需调整时，应当依法调整城市规划

D. 调整后的城市蓝线应当在报批前进行公示

【答案】A

【解析】《城市蓝线管理办法》第五条规定，城市蓝线由直辖市、市、县人民政府在组织编制各类城市规划时划定。而不是只能在城市总体规划阶段划定。故选 A。

2012-049. 下列城市等别和防洪标准简表中，不符合《城市防洪工程设计规范》确定的是（　　　）。

名称		城市等级			
		一	二	三	四
A.	分等指标：城市人口（万人）	≥100	100～50	50～20	≤20
B.	河（江）洪、海潮防洪标准（重现期：年）	≥200	200～100	100～50	50～20
C.	山洪防洪标准（重现期：年）	100～50	50～20	20～10	10～5
D.	泥石流防洪标准（重现期：年）	＞100	100～50	50～20	20

【答案】ACD

【解析】题目过时。根据 2012 年 12 月 1 日起实施的《城市防洪工程设计规范》GB/T 50805—2012 第 2.1 条与表 2.1.2，本题选 ACD，详见 2011-039 解析。

2012-050. 住房和城乡建设部 2010 年发布了《城市综合交通体系规划编制导则》，该导则明确指出，城市综合交通体系规划是指导城市综合交通发展的（　　　）。

A. 综合性规划　　　　　　　　　　B. 战略性规划

C. 前瞻性规划　　　　　　　　　　D. 整体性规划

【答案】B

【解析】《城市综合交通体系规划编制导则》第 1.2.1 条规定，城市综合交通体系规划是城市总体规划的重要组成部分，也是指导城市综合交通发展的战略性规划。故选 B。

2012-051. 确定城乡道路交叉口的形式及其用地范围的因素中不包括（　　　）。

A. 相交道路等级　　　　　　　　　B. 分向流量

C. 交叉口周围用地性质　　　　　　　　　D. 门道路纵向坡度

【答案】D

【解析】题目过时。《城市道路交通规划设计规范》GB 50220—95 第 7.4.1 条规定，城市道路交叉口，应根据相交道路的等级、分向流量、公共交通站点设置、交叉口周围用地的性质，确定交叉口的形式及其用地范围。故选 D。（注：该规范已被《城市综合交通体系规划标准》GB/T 51328—2018 替代）

2012-052. 当城市干道红线宽度超过 30m 时，宜在城市干道两侧布置的管线是（　　　　）。

　　A. 排水管线　　　　B. 给水管线　　　　C. 电力管线　　　　D. 热力管线

【答案】无

【解析】题目过时。新规范《城市工程管线综合规划规范》GB 50289—2016 第 4.1.5 条的规定为，沿城市道路规划的工程管线应与道路中心线平行，其主干线应靠近分支管线多的一侧。工程管线不宜从道路一侧转到另一侧。道路红线宽度超过 40m 的城市干道宜两侧布置配水、配气、通信、电力和排水管线。

2012-053. 根据《节约能源法》，国家采取措施，对集中供热的建筑分步骤实行供热（　　　　）制度。

　　A. 梯级收费　　　　B. 标准计量　　　　C. 统一收费　　　　D. 分户计量

【答案】D

【解析】《节约能源法》第三十八条规定，国家采取措施，对实行集中供热的建筑分步骤实行供热分户计量、按照用热量收费的制度。故选 D。

2012-054. 根据《消防法》，需要进行消防设计的建筑工程，公安消防机构应该对（　　　　）进行审核。

　　A. 建设工程总平面图　　　　　　　　　　B. 建设工程扩大初步设计图

　　C. 建筑工程消防设计图　　　　　　　　　D. 建设工程方案设计图

【答案】C

【解析】《消防法》第十一条规定，国务院住房和城乡建设主管部门规定的特殊建设工程，建设单位应当将消防设计文件报送住房和城乡建设主管部门审查，住房和城乡建设主管部门依法对审查的结果负责。前款规定以外的其他建设工程，建设单位申请领取施工许可证或者申请批准开工报告时应当提供满足施工需要的消防设计图纸及技术资料。故选 C。

2012-055. 根据《城市抗震防灾规划管理规定》，下列不正确的是（　　　　）。

　　A. 城市抗震防灾规划是城市总体规划中的专业规划

　　B. 在抗震设防区的城市，在城市总体规划批准后，应单独编制城市抗震防灾规划

　　C. 城市抗震防灾规划的规划范围应当与城市总体规划相一致

　　D. 批准后的抗震防灾规划应当公布

【答案】B

【解析】依据《城市抗震防灾规划管理规定》第三条，在抗震设防区的城市，编制城市总体规划时必须包括城市抗震防灾规划。城市抗震防灾规划的规划范围应当与城市总体

规划相一致，并与城市总体规划同步实施。故选 B。

2012-056. 根据《城市规划强制性内容暂行规定》，在城市防灾工程规划中，下列哪项不是必须控制的内容(   )。

    A. 城市防洪标准   B. 建筑物、构筑物抗震加固

    C. 城市人防设施布局   D. 城市抗震与消防疏散通道

【答案】B

【解析】题目过时。依据已失效的《城市规划强制性内容暂行规定》，城市防灾工程包括：城市防洪标准、防洪堤走向；城市抗震与消防疏散通道；城市人防设施布局；地质灾害防护规定。故选 B。

2012-057. 在城市市区的河岸、江岸、海岸被冲刷的地段，影响到城市防洪安全时，应采取护岸保护。下列属于重力式护岸的是(   )。

    A. 坡式护岸   B. 桩基承台式护岸

    C. 短丁坝护岸   D. 扶壁式护岸

【答案】D

【解析】题目过时。《城市防洪工程设计规范》CJJ 50—1992 第 6.3.2 条规定，常用重力式护岸形式有：整体式护岸、空心方块及异性方块式护岸和扶壁式护岸。故选 D。2012年 12 月 1 日起实施的《城市防洪工程设计规范》GB/T 50805—2012 已无重力式护岸相关规定。

2012-058. 城市工程管线的布置，从道路红线向道路中心线方向平行布置最适宜的次序是(   )。

    A. 热力干线、燃气输气、电力电缆、电信电缆、给水输水、雨水排水、污水排水

    B. 给水输水、雨水排水、污水排水、电力电缆、电信电缆、热力干线、燃气输气

    C. 电力电缆、电信电缆、热力干线、燃气输气、给水输水、雨水排水、污水排水

    D. 热力干线、热气输气、给水输水、雨水排水、污水排水、电力电缆、电信电缆

【答案】C

【解析】依据《城市工程管线综合规划规范》GB 50289—2016 第 4.1.3 条，工程管线从道路红线向道路中心线方向平行布置的次序宜为：电力、通信、给水（配水）、燃气（配气）、热力、燃气（输气）、给水（输水）、再生水、污水、雨水。故选 C。

2012-059. 城市公共厕所的设置应符合《城市环境卫生设施规划规范》的要求，下列叙述中不符合规定的是(   )。

    A. 在满足环境及景观要求条件下，城市绿地内可以设置公共厕所

    B. 一般公共设施用地公厕的配建密度高于居住用地

    C. 公共厕所宜与其他环境卫生设施合建

    D. 小城市公共厕所的设置宜采用公共厕所设置标准的下限

【答案】D

【解析】题目过时。《城市环境卫生设施规划标准》GB/T 50337—2018 第 7.1.3 条规定，公共厕所设置应符合下列要求：公共厕所宜与其他环境卫生设施合建；在满足环境及

景观要求的条件下，城市公园绿地内可以设置公共厕所（AC 正确）。由标准中表 7.1.4 可知，B 是正确的。故选 D。（注：题述规范已被《城市环境卫生设施规划标准》GB/T 50337—2018 替代）

2012-060. 根据《城镇老年人设施规划规范》，下列符合规定的是（　　）。

  A. 老年人设施场地范围内的绿化率：新建不应低于 35%，改建扩建不应低于 30%

  B. 老年人设施场地坡度不应大于 3%

  C. 老年人设施场地内步行道宽度不应小于 1.2m

  D. 新建小区老年活动中心的用地面积不应小于 250m²/处

  【答案】无

  【解析】题目过时。规范更新，相应条款如下：第 5.3.1 条，老年人设施场地范围内的绿地率新建不应低于 40%，扩建和改建不应低于 35%；第 5.2.1 条，老年人设施室外活动场地应平整防滑、排水畅通，坡度不应大于 2.5%。对于老年人设施场地内步行道宽度及新建小区老年活动中心的用地面积已无规定。

2012-061. 下列城市名单中，全部属于国家历史文化名城的一组是（　　）。

  A. 西安、延安、泰安、淮安、集安   B. 桂林、吉林、榆林、海林、虎林

  C. 乐山、中山、佛山、巍山、鞍山   D. 聊城、邹城、韩城、晋城、增城

  【答案】A

  【解析】依据《国家历史文化名城名录》，本题选 A。

2012-062. 在历史文化街区保护范围内，"任何单位或个人不得损坏或者擅自迁移、拆除历史建筑"的规定出自（　　）。

  A.《文物保护法》   B.《历史文化名城名镇名村保护条例》

  C.《城市紫线管理办法》   D.《历史文化名城保护规划规范》

  【答案】B

  【解析】《历史文化名城名镇名村保护条例》第三十三条规定，任何单位或个人不得损坏或者擅自迁移、拆除历史建筑。故选 B。

2012-063. 根据《历史文化名城名镇名村保护条例》，中国历史文化名镇、名村由（　　）确定。

  A. 国务院

  B. 国务院建设主管部门会同国务院文物主管部门

  C. 省、自治区、直辖市人民政府

  D. 市、县人民政府

  【答案】B

  【解析】《历史文化名城名镇名村保护条例》第十一条规定，国务院建设主管部门会同国务院文物主管部门可以在已批准公布的历史文化名镇、名村中，严格按照国家有关评价标准，选择具有重大历史、艺术、科学价值的历史文化名镇、名村，经专家论证，确定为中国历史文化名镇、名村。故选 B。

2012-064. 国家历史文化名城的城市紫线由城市人民政府在组织编制历史文化名城保护规划时划定。其他城市的城市紫线由城市人民政府在组织编制（　　　）时划定。

A. 城镇体系规划　　　　　　　　B. 城市总体规划

C. 控制性详细规划　　　　　　　D. 修建性详细规划

【答案】B

【解析】《城市紫线管理办法》第三条规定，在编制城市规划时应当划定保护历史文化街区和历史建筑的紫线。国家历史文化名城的城市紫线由城市人民政府在组织编制历史文化名城保护规划时划定。其他城市的城市紫线由城市人民政府在组织编制城市总体规划时划定。故选B。

2012-065. 《历史文化名城保护规划规范》中所称的历史环境要素，是指除文物古迹、历史建筑之外，构成历史风貌的（　　　）。

A. 房屋、地面设施、长廊、亭台等建筑物

B. 塔架、桥梁、涵洞、电杆等构筑物

C. 围墙、石阶、铺地、驳岸、树木等景物

D. 山丘、水面、草原、沙漠等自然环境景观

【答案】C

【解析】题目过时。由《历史文化名城保护规划标准》GB/T 50357—2018第2.0.12条可知，历史环境要素包括反映历史风貌的古井、围墙、石阶、铺地、驳岸、古树名木等。故选C。（注：题述规范已被《历史文化名城保护规划标准》GB/T 50357—2018替代）

2012-066. 历史文化名镇名村保护规划的编制、送审、报批、修改有明确的规定，下列不正确的是（　　　）。

A. 保护规划应当自历史文化名镇、名村批准公布之日起1年内编制完成

B. 保护规划报送审批前，必须举行听证

C. 保护规划由省、自治区、直辖市人民政府审批

D. 依法批准的保护规划，确需修改的，保护规划的组织编制机关应当向原审批机关提出专题报告

【答案】B

【解析】《历史文化名城名镇名村保护条例》第十六条规定，保护规划报送审批前，保护规划的组织编制机关应当广泛征求有关部门、专家和公众的意见；必要时，可以举行听证。故选B。

2012-067. 对历史文化名镇、名村核心保护范围内的建筑物、构筑物，应当区分不同情况，采取相应措施，实行（　　　）。

A. 整体保护　　　B. 分类保护　　　C. 专门保护　　　D. 有效保护

【答案】B

【解析】《历史文化名城名镇名村保护条例》第二十七条规定，对历史文化名镇、名村核心保护范围内的建筑物、构筑物，应当区分不同情况，采取相应措施，实行分类保护。故选B。

2012-068. 在文物保护单位的建设控制地带内进行建设工程，不得破坏文物保护单位的历史风貌，工程设计方案应当根据文物保护单位的(　　)，经相应的文物行政部门同意后，报城乡建设规划部门批准。

    A. 保护需要   B. 保护措施   C. 级别   D. 要求

【答案】C

【解析】《文物保护法》第十八条规定，在文物保护单位的建设控制地带内进行建设工程，不得破坏文物保护单位的历史风貌；工程设计方案应当根据文物保护单位的级别，经相应的文物行政部门同意后，报城乡建设规划部门批准。故选C。

2012-069. 根据《历史文化名城保护规划规范》，下列有关历史城区道路交通的叙述中不正确的是(　　)。

    A. 历史城区道路系统要保持或延续原有道路格局

    B. 历史城区道路规划的密度指标可在国家标准规定的上限范围内选取

    C. 历史城区道路规划的道路宽度可在国家规定的上限范围内选取

    D. 对历史城区中富有特色的街巷，应保持原有的空间尺度

【答案】BC

【解析】题目过时。由《历史文化名城保护规划标准》GB/T 50357—2018 第3.4.1条可知历史城区应保持或延续原有的道路格局，保护有价值的街巷系统，保持特色街巷的原有空间尺度和界面，新规范无BC的规定。故选BC。（注：题述规范已被《历史文化名城保护规划标准》GB/T 50357—2018 替代）

2012-070. 国家级风景名胜区规划由省、自治区人民政府(　　)主管部门或者直辖市人民政府风景名胜区主管部门组织编制。

    A. 建设   B. 林业   C. 土地   D. 旅游

【答案】A

【解析】《风景名胜区条例》第十六条规定，国家级风景名胜区规划由省、自治区人民政府建设主管部门或者直辖市人民政府风景名胜区主管部门组织编制。省级风景名胜区规划由县级人民政府组织编制。故选A。

2012-071. 行政许可由具有行政许可权的行政机关在其(　　)范围内实施。

    A. 职权   B. 执业   C. 权利   D. 责任

【答案】A

【解析】《行政许可法》第二十二条规定，行政许可由具有行政许可权的行政机关在其法定职权范围内实施。故选A。

2012-072. 按照行政许可的性质、功能和适用条件，其中的登记程序主要适用于(　　)。

    A. 特定资源与特定区域的开发利用

    B. 基于高度社会信用的行业的市场准入和法定经营活动

    C. 确立个人、企业或者其他组织特定的主体资格、特定身份的事项

    D. 关系公共安全、人身健康、生命财产安全的特定产品检验、检疫

【答案】C

【解析】行政许可，指行政机关确立行政相对人的特定主体资格的行为。行政许可的适用范围为确立个人、企业或者其他组织特定的主体资格、特定身份的事项，如婚姻登记、房屋产权登记。故选C。

2012-073. 行政许可直接涉及申请人与他人之间重大利益关系的，行政机关在作出行政许可决定前，应当告知申请人、利害关系人享有要求听证的权利，（　　）组织听证的费用。

A. 申请人承担
B. 利害关系人承担
C. 申请人、利害关系人共同承担
D. 申请人、利害关系人都不承担

【答案】D

【解析】《行政许可法》第四十七条规定，申请人、利害关系人不承担行政机关组织听证的费用。故选D。

2012-074. 下列选项中，（　　）行政行为的时效不符合法律规定。

A. 控制性详细规划草案公告不少于30天
B. 规划行政许可审批一般自申请之日起20天
C. 规划行政复议自知道行政行为之日起60天
D. 竣工验收资料备案在竣工验收后3个月

【答案】D

【解析】《城乡规划法》第四十五条规定，建设单位应当在竣工验收后6个月内向城乡规划主管部门报送有关竣工验收资料。故选D。

2012-075. 根据行政行为的分类，城乡规划行政许可属于（　　）。

A. 依职权的行政行为
B. 依申请的行政行为
C. 双方行政行为
D. 作为行政行为

【答案】B

【解析】依申请的行政行为，指行政机关必须有相对方的申请才能实施的行政行为，如颁发营业执照、核发建设用地规划许可证、建设工程规划许可证等。城乡规划行政许可属于依申请的行政行为。故选B。

2012-076. 根据《城乡规划法》和《行政复议法》，下列行为正确的是（　　）。

A. 利害关系人认为规划行政许可所依据的控制性详细规划不合理，申请行政复议
B. 省城乡规划主管部门对市规划主管部门的行政许可直接进行行政复议
C. 行政相对人向人民法院直接提出行政复议
D. 省级城乡规划主管部门直接撤销市规划主管部门违法作出的城乡规划许可

【答案】D

【解析】根据《城乡规划法》和《行政复议法》，必须是具体的行政行为，才可以提出复议，而控制性详细规划属于抽象行政行为，不具备复议的条件（A错误）；行政复议必须是依申请的行政行为，不能直接复议（B错误）；行政相对人向法院提起的是行政诉讼而不是行政复议（C错误）。故选D。

2012-077. 下列哪项不属于行政救济的内容(　　　)。

    A. 建设单位认为规划行政主管部门行政许可违法，申请行政复议

    B. 因为修改详细规划给相对人造成损失进行行政赔偿

    C. 规划主管部门对建设行为进行监督检查

    D. 因修改技术设计总图利害关系人要求举行听证会

【答案】D

【解析】行政救济包括行政复议程序、行政赔偿程序和行政监督检查程序。故选 D。

2012-078. 下列哪项属于《国家赔偿法》规定的赔偿范畴?(　　　)

    A. 民事赔偿　　　　B. 经济赔偿　　　　C. 行政赔偿　　　　D. 劳动赔偿

【答案】C

【解析】由《国家赔偿法》的章节设定可以看出，赔偿范畴仅包括行政赔偿和刑事赔偿。故选 C。

2012-079. 根据《行政处罚法》，在下列行政处罚种类中，不属于地方性法规设定的行政处罚的是(　　　)。

    A. 警告、惩罚　　　　　　　　　　B. 没收违法所得

    C. 责令停产停业　　　　　　　　　D. 吊销企业营业执照

【答案】D

【解析】《行政处罚法》第十条规定，法律可以设定各种行政处罚。限制人身自由的行政处罚，只能由法律设定。第十一条规定，行政法规可以设定除限制人身自由以外的行政处罚。第十二条规定，地方性法规可以设定除限制人身自由、吊销营业执照以外的行政处罚。故选 D。

2012-080. 城乡规划主管部门工作人员在城市规划编制单位资质管理工作中玩忽职守、滥用职权、徇私舞弊，尚未构成犯罪的，由其所在单位或上级主管机关给予(　　　)。

    A. 行政处罚　　　　B. 行政处分　　　　C. 行政拘留　　　　D. 行政教育

【答案】B

【解析】《城乡规划编制单位资质管理规定》第四十一条规定，城乡规划主管部门及其工作人员，违反本规定，由其上级行政机关或者监察机关责令改正；情节严重的，对直接负责的主管人员和其他直接责任人员，依法给予行政处分。故选 B。

二、多选题（每题五个选项，每题正确答案不少于两个选项，多选或漏选不得分）

2012-081. 根据《立法法》，较大的市是指(　　　)。

    A. 省、自治区人民政府所在地的市

    B. 城市人口规模超过 50 万、不足 100 万人的城市

    C. 经济特区所在地的市

    D. 直辖市

    E. 经国务院批准的较大的市

【答案】ACE

【解析】题目过时。2015 年修正后的现行《立法法》已无相关规定。修订前的《立法法》第六十三条规定，本法所称较大的市是指省、自治区的人民政府所在地的市，经济特区所在地的市和经国务院批准的较大的市。故选 ACE。

2012-082. 下列哪些机关不属于公共行政的主体？（   ）

    A. 政府机关   B. 公安机关

    C. 司法机关   D. 法律授权的行政组织

    E. 人民代表大会

【答案】CE

【解析】公共行政的主体是国家行政机构，即通常所说的政府或者行政当局，不包括立法和司法机构。政府机关、公安机关和法律授权的行政组织属于公共行政的主体。故选 CE。

2012-083. 《城乡规划法》对(   )的主要规划内容作了明确的规定。

    A. 全国城镇体系规划   B. 省域城镇体系规划

    C. 城市、镇总体规划   D. 城市、镇详细规划

    E. 乡规划和村庄规划

【答案】BCE

【解析】《城乡规划法》第十三、十七、十八条分别对省域城镇体系规划，城市、镇总体规划，乡规划和村庄规划的主要规划内容作了明确的规定。故选 BCE。

2012-084. 城市总体规划、镇总体规划的强制性内容有明确规定，下列不属于强制性内容的是(   )。

    A. 禁止、限制和适宜建设的地域范围   B. 规划区内建设用地规模

    C. 规划区人口发展规模   D. 水源地

    E. 环境保护

【答案】AC

【解析】《城乡规划法》第十七条规定，规划区范围、规划区内建设用地规模、基础设施和公共服务设施用地、水源地和水系、基本农田和绿化用地、环境保护、自然与历史文化遗产保护以及防灾减灾等内容，应当作为城市总体规划、镇总体规划的强制性内容。故选 AC。

2012-085. 下列符合《城市总体规划实施评估办法（试行）》规定的是(   )。

    A. 实施评估工作的组织机关是城市人民政府

    B. 实施评估工作的组织机关是城乡规划主管部门

    C. 实施评估工作的组织机关可以委托规划编制单位承担评估工作

    D. 实施评估工作的组织机关可以委托专家组承担评估工作

    E. 城市总体规划的评估工作原则上是 5 年一次

【答案】ACD

【解析】《城市总体规划实施评估办法（试行）》第二条规定，城市人民政府是城市总体规划实施评估工作的组织机关；第三条规定，城市人民政府可以委托规划编制单位或者

组织专家组承担具体评估工作；第六条规定，城市总体规划实施情况评估工作，原则上应当每2年进行一次。故选ACD。

2012-086. 原建设部《关于贯彻〈国务院关于深化改革严格土地管理的决定〉的通知》中规定(　　)。

    A. 禁止以"现代农业园区"或"设施农业"为名，利用集体建设用地变相从事房地产开发和商品房销售活动

    B. 禁止超过国家用地指标，以"花园式工厂"为名圈占土地

    C. 禁止利用基本农田进行绿化

    D. 禁止以大拆大建的方式对"城中村"进行改造

    E. 禁止占用耕地烧制实心黏土砖

【答案】ABCE

【解析】依据《关于贯彻〈国务院关于深化改革严格土地管理的决定〉的通知》，应采取有力措施，做好"城中村"的改造。故选ABCE。

2012-087. 根据《城乡规划法》，近期建设规划的重点内容有(　　)。

    A. 生态环境保护   B. 公共服务设施建设

    C. 中低收入居民住房建设   D. 近期建设的时序

    E. 重要基础设施建设

【答案】ABCE

【解析】《城乡规划法》第三十四条规定，近期建设规划应当以重要基础设施、公共服务设施和中低收入居民住房建设以及生态环境保护为重点内容，明确近期建设的时序、发展方向和空间布局。近期建设规划的规划期限为五年。故选ABCE。

2012-088. 依据《物权法》，不动产物权的(　　)，经依法登记，发生效力；未经登记，不发生效力，但法律另有规定除外。

    A. 设立   B. 使用

    C. 变更   D. 转让

    E. 消灭

【答案】ACDE

【解析】题目过时。《物权法》第九条规定，不动产物权的设立、变更、转让和消灭，经依法登记，发生效力；未经登记，不发生效力，但法律另有规定的除外。故选ACDE。（注：自2021年1月1日《民法典》实施后，《物权法》同时废止）

2012-089. 下列属于城市抗震防灾的部门规章是(　　)。

    A.《防灾减灾法》   B.《城市抗震防灾规划管理规定》

    C.《市政公用设施抗灾设防管理规定》   D.《城市抗震防灾规划标准》

    E.《城市地下空间开发利用管理规定》

【答案】BC

【解析】A属于城乡规划相关法律，BC属于城市抗震防灾的部门规章，D属于城乡规划技术标准，E虽然属于城市规划行政法规，不属于城市抗震防灾的部门规章。

故选 BC。

2012-090. 根据《历史文化名城保护规划规范》历史文化街区应当具备的条件是( )。

  A. 有比较完整的历史风貌

  B. 有比较丰富的地下文物埋藏

  C. 构成历史风貌的历史建筑和历史环境要素基本上是历史存留的原物

  D. 历史文化街区内文物古迹和历史建筑的用地面积宜达到保护区内建筑总用地面积的 60%以上

  E. 历史文化街区用地面积不少于 $1hm^2$

【答案】ACDE

【解析】题目过时。依据《历史文化名城保护规划标准》GB 50357—2018 第 4.1.1 条，历史文化街区应具备下列条件：（1）应有比较完整的历史风貌；（2）构成历史风貌的历史建筑和历史环境要素应是历史存留的原物；（3）历史文化街区核心保护范围面积不应小于 $1hm^2$；（4）历史文化街区核心保护范围内的文物保护单位、历史建筑、传统风貌建筑的总用地面积不应小于核心保护范围内建筑总用地面积的 60%。故选 ACDE。（注：题述规范已被《历史文化名城保护规划标准》GB 50357—2018 替代）

2012-091. 根据《历史文化名城名镇名村保护条例》，历史文化名城、名镇、名村应当整体保护，( )。

  A. 保持传统格局

  B. 保持历史风貌

  C. 保持空间尺度

  D. 不得改变与其相互依存的自然景观和环境

  E. 不得改变原有市政设施

【答案】ABCD

【解析】《历史文化名城名镇名村保护条例》第二十一条规定，历史文化名城、名镇、名村应当整体保护，保持传统格局、历史风貌和空间尺度，不得改变与其相互依存的自然景观和环境。故选 ABCD。

2012-092. 根据《历史文化名城保护规划规范》历史文化街区应划定或可划定( )界限。

  A. 保护区   B. 建设控制地带

  C. 文物古迹   D. 地下文物埋藏区

  E. 环境协调区

【答案】AB

【解析】题目过时。《历史文化名城保护规划标准》第 3.2.2 条规定，历史文化名城保护规划应划定历史文化街区的保护范围界线，保护范围应包括核心保护范围和建设控制地带。对未列为历史文化街区的历史地段，可参照历史文化街区的划定方法确定保护范围界线。故选 AB。（注：题述规范已被《历史文化名城保护规划标准》GB 50357—2018 替代）

2012-093. 我国被列入世界文化遗产的古城有( )。

  A. 凤凰   B. 平遥

C. 兴城   D. 丽江

E. 镇远

【答案】BD

【解析】目前我国世界文化遗产拥有 26 处，其中古城仅有平遥和丽江两处。故选 BD。

2012-094. 根据《城市抗震防灾规划标准》，当遭受罕遇地震时，城市抗震防灾规划应达到的基本防御目标包括(　　)。

A. 城市功能基本不瘫痪   B. 无重大人员伤亡

C. 不发生严重的次生灾害   D. 重要工矿企业很快恢复生产或运营

E. 生命线系统不遭受严重破坏

【答案】ABCE

【解析】《城市抗震防灾规划标准》GB 50413—2007 第 1.0.5 条规定，当遭受罕遇地震影响时，城市功能基本不瘫痪，要害系统、生命线系统和重要工程设施不遭受严重破坏，无重大人员伤亡，不发生严重的次生灾害。故选 ABCE。

2012-095. 根据行政法知识，在城乡规划行政许可中，建设项目报建单位(　　)。

A. 是规划行政管理的对象   B. 属于行政法律关系客体

C. 是行政许可所指向的一方当事人   D. 是不具行政职务的一方当事人

E. 在行政法律诉讼中总是处于被告地位

【答案】ACD

【解析】根据行政法知识，建设项目报建单位属于行政法律关系主体中的行政相对人，属于行政许可所指向的一方当事人，是不具有行政职务的一方。故选 ACD。

2012-096. 设定行政许可，应当规定行政许可的(　　)。

A. 实施机关   B. 条件

C. 程序   D. 期限

E. 对象

【答案】ABCD

【解析】《行政许可法》第十八条规定，设定行政许可，应当规定行政许可的实施机关、条件、程序、期限。故选 ABCD。

2012-097. 县级以上人民政府及其城乡规划主管部门应当加强对城乡规划(　　)的监督检查。

A. 评估   B. 编制

C. 审批   D. 实施

E. 修改

【答案】BCDE

【解析】《城乡规划法》第五十一条规定，县级以上人民政府及其城乡规划主管部门应当加强对城乡规划编制、审批、实施、修改的监督检查。故选 BCDE。

2012-098. 住房和城乡建设部派驻某城市的城乡规划监督员发现，该市城市生态绿化隔离带内出现疑似违法建设。经查，该项目未办理任何行政许可，且仍在加紧施工，该建设项目违反了(　　)。

    A. 立法法
    B. 土地管理法
    C. 城乡规划法
    D. 城市房地产管理法
    E. 国家赔偿法

【答案】BC

【解析】《土地管理法》是为了加强土地管理，维护土地的社会主义公有制，保护、开发土地资源，合理利用土地，切实保护耕地，促进社会、经济的可持续发展而制定的。由于本题是在城市生态绿化隔离带内进行违法建设活动，所以违反了《土地管理法》和《城乡规划法》。故选 BC。

2012-099. 对违法建设行为发出加盖公章的行政处罚通知书，属于(　　)行政行为。

    A. 抽象
    B. 具体
    C. 依职权
    D. 要式
    E. 外部

【答案】BCDE

【解析】加盖公章的违法处罚通知书属于具体、依职权、要式、外部的行政行为。故选 BCDE。

2012-100. 下列不属于城乡规划管理部门的行政处罚职责范畴的是(　　)。

    A. 没收实物或者违法收入，并处罚款
    B. 限期改正，并处罚款
    C. 限期拆除
    D. 查封施工现场
    E. 强制拆除

【答案】DE

【解析】对于城镇违法建设行为所应承担的法律责任，按照《城乡规划法》第六十四条的规定，包括责令停止建设、限期改正并处罚款、限期拆除、没收实物或者违法收入亦可以并处罚款等。故选 DE。

第三节　2013 年考试真题

一、单选题（每题四个选项，其中一个选项为正确答案）

2013-001. 建设中国特色社会主义的总体布局是经济建设、政治建设、文化建设、社会建设和(　　)建设五位一体。

    A. 民主法治
    B. 生态文明
    C. 城镇化
    D. 现代化

【答案】B

【解析】党的十八大报告中指出的中国特色社会主义建设的总布局是经济建设、政治建设、文化建设、社会建设、生态文明建设五位一体。故选 B。

2013-002. 公共行政的核心原则是(　　)。

A. 公民第一原则   B. 公众参与原则

C. 公平、公正、公开原则   D. 公共服务原则

【答案】A

【解析】"公民第一"的原则是公共行政的核心原则。故选 A。

2013-003. 我国政府的经济职能不包括(   )。

A. 宏观经济调控   B. 微观政策制定

C. 国有资产管理   D. 个人财产保护

【答案】D

【解析】经济职能一般包括：宏观经济调控、区域性经济调节、国有资产管理、微观经济管制、组织协调全国的力量办大事（即规划并组织实施国家的大型经济建设项目）。没有个人财产保护。故选 D。

2013-004. 下列法律法规的效力不等式中，不正确的是(   )。

A. 法律＞行政法规   B. 行政法规＞地方性法规

C. 地方性法规＞地方政府规章   D. 地方政府规章＞部门规章

【答案】D

【解析】《立法法》第九十一条规定，部门规章之间、部门规章与地方政府规章之间具有同等效力，在各自的权限范围内施行。故选 D。

2013-005. 下列关于行政合理性原则要点的叙述中，不正确的是(   )。

A. 行政行为的内容和范围合理   B. 行政的主体和对象合理

C. 行政的手段和措施合理   D. 行政的目的和动机合理

【答案】B

【解析】行政合理性原则包括目的和动机合理、内容和范围合理、行为和方式合理、手段和措施合理。故选 B。

2013-006. 根据公共行政管理的知识，不属于公共责任的是(   )。

A. 政治责任   B. 法律责任

C. 领导责任   D. 行政责任

【答案】D

【解析】政府的公共责任包括政治责任、法律责任、道德责任、领导责任、经济责任五方面。故选 D。

2013-007. 根据《立法法》，较大的市是指(   )。

A. 直辖市   B. 省、自治区的人民政府所在的市

C. 城市人口 100 万及 100 万以上的市   D. 城市建成区面积超过 $100km^2$ 的市

【答案】B

【解析】题目过时。2015 年修正后的现行《立法法》已无相关规定。修订前的《立法法》所称较大的市是指省、自治区的人民政府所在地的市，经济特区所在地的市和经国务院批准的较大的市。故选 B。

2013-008. 下列属于行政法规的是( )。

   A.《城市规划编制办法》   B.《省域城镇体系规划编制审批办法》

   C.《土地管理法实施办法》   D.《近期建设规划工作暂行办法》

【答案】C

【解析】行政法规是由最高国家行政机关——国务院制定和颁布的，一般用条例、办法等命名，《土地管理法实施办法》属于国务院制定的行政法规。A、B、D均为城乡规划领域内的专项规范，属于部门规章与规范性文件。故选C。

2013-009. 根据《城市规划制图标准》，下列图例中表示垃圾无害化处理厂的是( )。

A.   B.   C.   D.

【答案】C

【解析】根据《城市规划制图标准》CJJ/T 97—2003 表3.2.2，A表示为雨、污泵站；B表示为污水处理厂；C表示为垃圾无害化处理厂（场），D表示为垃圾转运站。故选C。

2013-010. 根据《城市规划制图标准》，点的平面定位坐标系和竖向定位的高程系都符合规定的是( )。

	点的平面定位	竖向定位
A.	北京坐标系	相对高程
B.	西安坐标系	黄海高程
C.	WGS—84 坐标系	吴淞高程
D.	城市独立坐标系	珠江高程

【答案】B

【解析】根据《城市规划制图标准》CJJ/T 97—2003 第2.15.2条，点的平面定位，单点定位采用北京坐标系或西安坐标系定位，不宜采用城市独立坐标系定位。在个别地方使用坐标定位有困难时，可以采用与固定点相对位置定位（矢量定位、向量定位等）。第2.15.3条，城市规划图的竖向定位应采用黄海高程系海拔数值定位，不得单独使用相对高差进行竖向定位。故选B。

2013-011. 下列不属于有权法律解释的是( )。

   A. 全国人大的立法解释   B. 最高法院的司法解释

   C. 公安部的执法解释   D. 国家行政机关的行政解释

【答案】C

【解析】有权法律解释包括立法解释、司法解释、行政解释，不包括执法解释。故选C。

2013-012. 下列不属于依法行政基本原则的是( )。

   A. 合法行政   B. 合理行政   C. 程序正当   D. 自由裁量

【答案】D

【解析】 依法行政的基本原则包括合法行政、合理行政、程序正当、高效便民、诚实守信、权责统一。故选 D。

2013-013. 《城乡规划法》与《城市规划法》比较，没有出现的规划类型是（   ）。

    A. 近期建设规划   B. 分区规划

    C. 城镇体系规划   D. 详细规划

【答案】B

【解析】《城乡规划法》第二条规定，本法所称城乡规划，包括城镇体系规划、城市规划、镇规划、乡规划和村庄规划；城市规划、镇规划分为总体规划和详细规划；详细规划分为控制性详细规划和修建性详细规划；第三十四条还规定了近期建设规划。这就形成了城乡规划体系中的法定规划，其中并没有分区规划。故选 B。

2013-014. 根据《城乡规划法》，城乡规划包括城镇体系规划、城市规划、镇规划、（   ）。

    A. 村庄和集镇规划   B. 乡规划和村庄规划

    C. 乡村发展布局规划   D. 新农村规划

【答案】B

【解析】《城乡规划法》第二条规定，本法所称城乡规划，包括城镇体系规划、城市规划、镇规划、乡规划和村庄规划。故选 B。

2013-015. 《城市规划基本术语标准》中，"城市在一定地域内的经济、社会发展中所发挥的作用和承担的分工"是（   ）的定义。

    A. 城市发展战略   B. 城市性质

    C. 城市发展目标   D. 城市职能

【答案】D

【解析】 根据《城市规划基本术语标准》GB/T 50280—98 第 4.1.2 条，城市职能指城市在一定地域内的经济、社会发展中所发挥的作用和承担的分工。第 4.1.3 条，城市性质指城市在一定地区、国家以至更大范围内的政治、经济、与社会发展中所处的地位和所担负的主要职能。此处特别注意，城市性质是城市的主要职能，也就是最基本的作用和承担的分工。故选 D。

2013-016. 下列关于规划备案的叙述中，不正确的是（   ）。

    A. 镇人民政府编制的总体规划，报上一级人民政府备案

    B. 城市人民政府编制的控制性详细规划，报上一级人民政府备案

    C. 镇人民政府编制近期建设规划，报上一级人民政府备案

    D. 城市人民政府编制的近期建设规划，报上一级人民政府备案

【答案】A

【解析】 根据《城乡规划法》第十五、十九、二十、三十四条规定，县人民政府组织编制县人民政府所在地镇的总体规划，报上一级人民政府审批。其他镇的总体规划由镇人民政府组织编制，报上一级人民政府审批，无需报上一级人民政府备案（A错误）。城市

人民政府城乡规划主管部门根据城市总体规划的要求，组织编制城市的控制性详细规划，经本级人民政府批准后，报本级人民代表大会常务委员会和上一级人民政府备案（B 正确）。城市、县、镇人民政府应当根据城市总体规划、镇总体规划、土地利用总体规划和年度计划以及国民经济和社会发展规划，制定近期建设规划，报总体规划审批机关备案（CD 正确）。故选 A。

2013-017. 城市总体规划评估成果由评估报告和附件组成，其附件主要是(　　)。

　　A. 规划阶段性目标的落实情况

　　B. 各项强制性内容的执行情况

　　C. 规划委员会制度、公众参与程度等建立和运行情况

　　D. 征求和采纳公众意见的情况

　　【答案】D

　　【解析】由《城市规划编制办法》可知，城市总体规划报送审批前，城市人民政府应当依法采取有效措施，充分征求社会公众的意见。成果中的附件内容主要是关于征求和采纳公众意见的情况。ABC 均为评估报告的内容。故选 D。

2013-018. 根据《城乡规划法》，在城市总体规划、镇总体规划确定的(　　)范围以外，不得设立各类开发区和城市新区。

　　A. 规划区　　　　　B. 建设用地　　　　　C. 中心城区　　　　　D. 适建区

　　【答案】B

　　【解析】依据《城乡规划法》第三十条，在城市总体规划、镇总体规划确定的建设用地范围以外，不得设立各类开发区和城市新区。故选 B。

2013-019. 下列关于镇控制性详细规划编制审批的叙述中，不正确的是(　　)。

　　A. 所有镇的控制性详细规划由城市、县城乡规划主管部门组织编制

　　B. 镇控制性详细规划可以适当调整或减少控制指标和要求

　　C. 规模较小的建制镇的控制性详细规划，可与镇总体规划编制相结合，提出规划控制指标和要求

　　D. 县人民政府所在地镇的控制性详细规划，经县人民政府批准后，报本级人民代表大会常务委员会和上一级人民政府备案

　　【答案】A

　　【解析】城市、县人民政府城乡规划主管部门组织编制城市、县人民政府所在地镇的控制性详细规划；其他镇的控制性详细规划由镇人民政府组织编制。镇控制性详细规划可以根据实际情况，适当调整或者减少控制要求和指标。规模较小的建制镇的控制性详细规划，可以与镇总体规划编制相结合，提出规划控制要求和指标。县人民政府所在地镇的控制性详细规划，经县人民政府批准后，报本级人民代表大会常务委员会和上一级人民政府备案。其他镇的控制性详细规划由镇人民政府报上一级人民政府审批。故选 A。

2013-020. 根据《城乡规划法》，下列关于城市总体规划可以修改的叙述中，不正确的是(　　)。

　　A. 上级人民政府制定的城乡规划发生变更、提出修改规划要求的

B. 行政区划调整确需修改规划的

C. 因省、自治区政府批准重大建设工程确需修改规划的

D. 经评估需修改规划的

【答案】C

【解析】《城乡规划法》第四十七条规定，有下列情况之一的，组织编制机关方可按照规定的权限和程序修改省域城镇体系规划、城市总体规划、镇总体规划：（一）上级人民政府制定的城乡规划发生变更，提出修改规划要求的；（二）行政区划调整确需修改规划的；（三）因国务院批准重大建设过程确需修改规划的；（四）经评估确需修改规划的；（五）城乡规划的审批机关认为应当修改规划的其他情形。故选 C。

2013-021. 根据行政法学原理和城乡规划实施的实际，下列叙述中不正确的是（   ）。

A. 城乡规划法中规定的行政法律责任就是行政责任

B. 城乡规划中的行政法律责任仅是指建设单位因客观上违法建设而应承担的法律后果

C. 城乡规划行政违法主体，既可能是规划管理部门，也可能是建设单位

D. 城乡规划行政违法既有实体性违法也有程序性违法

【答案】B

【解析】行政责任，即行政法律责任，A 正确；行政违法可以表现为实体性违法和程序性违法，D 正确；承担法律责任的主体既可以是行政机关也可以是行政相对人，B 错误而 C 正确。故选 B。

2013-022. 城乡规划主管部门核发的规划许可证属于行政许可的（   ）许可类型。

A. 普通   B. 特许   C. 核准   D. 登记

【答案】B

【解析】城乡规划主管部门核发的规划许可证属于行政许可的特许类型。故选 B。

2013-023. 下列不属于建设项目选址管理内容的是（   ）。

A. 选择建设用地位置   B. 核定土地使用性质

C. 提供土地出让条件   D. 核发选址意见书

【答案】C

【解析】建设项目选址规划管理，是指城乡规划主管部门根据城乡规划及其有关法律法规对于按照国家规定需要有关部门进行批准或核准，以划拨方式取得国有土地使用权的建设项目，进行确认或选择，保证各项建设能够符合城乡规划的布局安排，核发建设项目选址意见书的行政管理工作。故选 C。

2013-024. 根据《城乡规划法》，下列关于建设用地许可的叙述中，不正确的是（   ）。

A. 建设用地属于划拨方式的，建设单位在取得建设用地规划许可证后，方可向县级以上人民政府土地管理部门申请用地

B. 建设用地属于出让方式的，建设单位在取得建设用地规划许可证后，方可签订土地出让合同

C. 城乡规划主管部门不得在建设用地规划许可证中擅自修改作为国有土地使用权出

让合同组成部分的规划条件

D. 对未取得建设用地规划许可证的建设单位批准用地的，由县级以上人民政府撤销有关批准文件

【答案】B

【解析】《城乡规划法》第三十八条规定，以出让方式取得国有土地使用权的建设项目，建设单位在取得建设项目的批准、核准、备案文件和签订国有土地使用权出让合同后，向城市、县人民政府城乡规划主管部门领取建设用地规划许可证。所以B前后顺序颠倒。故选B。

2013-025. 下表中的数据为Ⅰ、Ⅱ、Ⅵ、Ⅶ建筑气候区内的"住宅净密度"和"住宅建筑面积净密度"的数值，都符合《城市居住区规划设计规范》规定的是（   ）。

	住宅层数	住宅建筑净密度（%）	住宅建筑面积净密度（万 m²/hm²）
A.	低层	35	1.2
B.	多层	30	1.7
C.	中高层	25	2.2
D.	高层	20	3.5

【答案】D

【解析】题目过时。由《城市居住区规划设计规范》中表5.0.6-1、表5.0.6-2可知，本题选D。（注：该规范已被《城市居住区规划设计标准》GB 50180—2018替代）

住宅建筑净密度控制指标（%）　　　　　　　　　　表 5.0.6-1

住宅层数	建筑气候区划		
	Ⅰ、Ⅱ、Ⅵ、Ⅶ	Ⅲ、Ⅴ	Ⅳ
低层	35	40	43
多层	28	30	32
中高层	25	28	30
高层	20	20	22

住宅建筑面积净密度最大值控制指标（万 m²/hm²）　　　　　　　　　　表 5.0.6-2

住宅层数	建筑气候区划		
	Ⅰ、Ⅱ、Ⅵ、Ⅶ	Ⅲ、Ⅴ	Ⅳ
低层	1.10	1.20	1.30
多层	1.70	1.80	1.90
中高层	2.00	2.20	2.40
高层	3.50	3.50	3.50

2013-026. 根据《城市规划制图标准》，下图中单色用地图例中居住用地图式和说明，其中 *b* 为线粗，@表示绘图者自定的(   )。

	图式		说明
			居住用地 $b/4+@$

A. 线条密度　　　　B. 线条宽度　　　　C. 需要增加的项目　　D. 线条间距

【答案】D

【解析】依据《城市规划制图标准》表 3.1.4 可知，本题选 D。

单色用地图例　　　　　　　　　　　表 3.1.4

代号	图式	说明
R		居住用地 $b/4+@$　*b* 为线粗，@为间距由绘者自定

2013-027. 在进行城市居住区规划时，需要综合考虑多方面因素确定住宅间距，应以满足(   )要求为基础。

A. 日照　　　　　　B. 采光　　　　　　C. 消防　　　　　　D. 防灾

【答案】A

【解析】根据《城市居住区规划设计标准》GB 50180—2018 第 4.0.8 条，住宅建筑与相邻建、构筑物的间距应在综合考虑日照、采光、通风、管线埋设、视觉卫生、防灾等要求的基础上统筹确定。住宅间距，应以满足日照为基础。故选 A。

2013-028. 根据《城市给水工程规划规范》，城市有地形可供利用时，宜采用(   )系统。

A. 重力输配水　　　B. 分区给水　　　　C. 分质给水　　　　D. 分压给水

【答案】A

【解析】依据《城市给水工程规划规范》GB 50282—2016 第 6.1.7 条，有地形可供利用的城市，宜采用重力输配水系统。故选 A。

2013-029. 根据《城市用地分类与规划建设用地标准》，下列用地类别代码大类与中类关系式中正确的是(   )。

A. R＝R1＋R2＋R3＋R4　　　　　　　B. M＝M1＋M2＋M3＋M4
C. G＝G1＋G2＋G3＋G4　　　　　　　D. S＝S1＋S2＋S3＋S4

【答案】D

【解析】依据《城市用地分类与规划建设用地标准》GB 50137— 2011 第 3.3.2 条 R＝R1＋R2＋R3，M＝M1＋M2＋M3，G＝G1＋G2＋G3，S＝S1＋S2＋S3＋S4。故选 D。

2013-030. 根据《城市房地产管理法》，下列关于土地使用制度叙述中正确的是(   )。

A. 以划拨方式取得土地使用权的，除法律、行政法规另有规定外，没有使用期限的

限制

B. 土地使用权出让行为不属于市场行为

C. 土地使用权是国有土地使用权和集体土地使用权的简称

D. 土地使用权出让合同由市、县人民政府与土地使用者签订

【答案】A

【解析】《城市房地产管理法》第二十三条规定，依照本法规定以划拨方式取得土地使用权的，除法律、行政法规另有规定外，没有使用期限的限制。故选 A。

2013-031. 根据《物权法》，国家对(　　)实行特殊保护，严格限制农用地转为建设用地，控制建设用地总量。

A. 国有土地　　　B. 集体土地　　　C. 宅基地　　　D. 耕地

【答案】D

【解析】题目过时。《物权法》第四十三条规定，国家对耕地实行特殊保护，严格限制农用地转为建设用地，控制建设用地总量。不得违反法律规定的权限和程序征收集体所有的土地。故选 D。（注：自 2021 年 1 月 1 日《民法典》实施后，《物权法》同时废止）

2013-032. 城乡规划主管部门核发建设用地规划许可证，属于 (　　) 行政行为。

A. 作为　　　B. 不作为　　　C. 依职权　　　D. 依申请

【答案】D

【解析】核发规划许可证属于依申请的行政行为。故选 D。

2013-033. 下列以出让方式取得国有土地使用权的建设项目规划管理程序中，不正确的是(　　)。

A. 地块出让前——提供规划条件作为地块出让合同的组成部分

B. 用地申请——建设项目批准、核准、备案文件；地块出让合同；建设单位用地申请表

C. 用地审核——现场勘查；征询意见；核验规划条件；审查建设工程总平面图；核定建设用地范围

D. 行政许可——领导签字批准；核发建设工程规划许可证

【答案】D

【解析】建设工程规划许可证的核发需要经城乡规划主管部门依法审核。故选 D。

2013-034. 每公顷建筑用地上容纳的建筑物的总建筑面积是指(　　)。

A. 建筑密度　　　B. 建筑面积密度　　　C. 容积率　　　D. 开发强度

【答案】B

【解析】根据《城市规划基本术语标准》GB/T 50280—98 第 5.0.8 条，建筑面积密度是指每公顷建筑用地上容纳的建筑物的总建筑面积（选项 B）；第 5.0.10 条，建筑密度是指一定地块内所有建筑物的基底总面积占用地面积的比例（选项 A）；第 5.0.9 条，容积率是指一定地块内，总建筑面积与建筑用地面积的比值（选项 C）。故选 B。

2013-035. 通过出让获得的土地使用权进行转让时，受让方应遵守原出让合同附具的规划

条件，并由（　　）向城乡规划主管部门办理登记手续。

A. 出让方　　　　　B. 受让方　　　　　C. 中介方　　　　　D. 委托方

【答案】B

【解析】《城市国有土地使用权出让转让规划管理办法》第十条规定，通过出让获得的土地使用权再转让时，受让方应当遵守原出让合同附具的规划设计条件，并由受让方向城市规划行政主管部门办理登记手续。受让方如需改变原规划设计条件，应当先经城市规划行政主管部门批准。故选B。

2013-036. "建设工程选址，应当尽可能避开不可移动文物"的规定出自（　　）。

A.《文物保护法》　　　　　　　　B.《历史文化名城名镇名村保护条例》
C.《城市紫线管理办法》　　　　　D.《历史文化名城保护规划规范》

【答案】A

【解析】《文物保护法》第二十条规定，建设工程选址，应当尽可能避开不可移动文物；因特殊情况不能避开的，对文物保护单位应当尽可能实施原址保护。故选A。

2013-037. 根据《城镇老年人设施规划规范》，下列符合场地规划规定的是（　　）。

A. 老年人设施场地内建筑容积率不宜大于1.0
B. 老年人设施场地坡度不应大于5%
C. 老年人设施场地范围内的绿地率：新建不应低于40%，扩建和改建不应低于35%
D. 集中绿地面积应按每位老年人不低于1m² 设置

【答案】C

【解析】由《城镇老年人设施规划规范》GB 50437—2007（2018 年版）第5.3.1条可知，老年人设施场地范围内的绿地率：新建不应低于40%，扩建和改建不应低于35%。故选C。

2013-038. "工业、商业、旅游、娱乐和商品住宅等经营性用地以及同一土地有两个以上用地者的，应当采取招标、拍卖等公开竞价的方式出让"的条款出自（　　）。

A.《城乡规划法》　　　　　　　　B.《土地管理法》
C.《城市房地产管理法》　　　　　D.《物权法》

【答案】D

【解析】题目过时。《物权法》第一百三十七条规定，工业、商业、旅游、娱乐和商品住宅等经营性用地以及同一土地有两个以上意向用地者的，应当采取招标、拍卖等公开竞价的方式出让。故选D。（注：自2021年1月1日《民法典》实施后，《物权法》同时废止）

2013-039. 下列行政行为中，不属于建设工程规划管理审核内容的是（　　）。

A. 审核建设工程申请条件
B. 审查使用土地的有关证明文件和建设工程设计方案总平面图
C. 审核修建性详细规划
D. 审核建设工程设计人员资格

【答案】D

【解析】建设工程规划管理审核内容包括：(1) 审核建设工程申请条件；(2) 审核修建性详细规划；(3) 审定建设工程设计方案；(4) 审查工程设计图纸文件等。对建设工程设计人员资格认定，一般属于施工图审查阶段事项，属于审定修建性详细规划后进一步进行施工图设计任务。故选 D。

2013-040. 根据《近期建设规划工作暂行办法》，近期建设规划的强制性内容不包括( )。

A. 确定城市近期发展区域

B. 对规划年限内的城市建设用地总量进行具体安排

C. 提出对历史文化名城、历史文化保护区等相应的保护措施

D. 提出近期城市环境综合治理措施

【答案】D

【解析】题目过时。依据已失效的《近期建设规划工作暂行办法》第七条，近期建设规划必须具备的强制性内容包括：(一) 确定城市近期建设重点和发展规模；(二) 依据城市近期建设重点和发展规模，确定城市近期发展区域，对规划年限内的城市建设用地总量、空间分布和实施时序等进行具体安排，并制定控制和引导城市发展的规定；(三) 根据城市近期建设重点，提出对历史文化名城、历史文化保护区、风景名胜区等相应的保护措施。故选 D。

2013-041. 下表中关于建制镇人民政府的职能都符合《城乡规划法》规定的是( )。

	镇职能名称	县城所在地镇	省级政府确定的镇	其他镇
A.	总体规划编制	○	○	—
B.	控制性详细规划编制	—	○	○
C.	建设工程规划行政许可证	—	○	○
D.	乡、村庄违法建设的行政处罚	○	○	—

注：○为具有的职能，—为不具有职能。

【答案】B

【解析】县城所在地镇的总体规划由县人民政府组织编制，其他镇的总体规划由镇人民政府组织编制；县城所在地镇的控制性详细规划由县人民政府城乡规划主管部门编制，其他镇的控制性详细规划由镇人民政府组织编制；建设工程规划行政许可证由城市、县人民政府城乡规划主管部门或者省、自治区、直辖市人民政府确定的镇人民政府办理；乡、村庄违法建设的行政处罚由县级以上地方人民政府城乡规划主管部门实施。故选 B。

2013-042. 城市规划区内集体所有土地上建设学校，须经( )后，方可办理有关手续。

A. 2/3 以上的村民同意

B. 依法征用转为国有土地

C. 房地产交易

D. 有关部门办理划拨手续

【答案】B

【解析】《城市房地产管理法》第九条规定，城市规划区内的集体所有的土地，经依法征用转为国有土地后，该国有土地的使用权方可有偿出让。故选 B。

2013-043. 根据《城镇老年人设施规划规范》，老年服务中心是指(   )。

A. 为老年人集中养老提供独立或半独立家居形式的居住建筑

B. 为接待老年人安度晚年而设置的社会养老服务机构

C. 为老年人提供各种综合性服务的社区服务机构和场所

D. 为短期接待老年人托管服务的社区养老服务场所

【答案】无

【解析】题目过时。新规范《城镇老年人设施规划规范》GB 50437—2007（2018 年版）已无此定义。

2013-044. 下表不同建筑气候区内的城市中，住宅建筑日照标准日不符合《城市居住区规划设计规范》的是(   )。

	建筑气候区	小城市	中等城市	大城市
A.	Ⅰ、Ⅱ、Ⅲ	大寒日	大寒日	大寒日
B.	Ⅳ	冬至日	冬至日	大寒日
C.	Ⅴ、Ⅵ	冬至日	冬至日	冬至日
D.	Ⅶ	冬至日	冬至日	冬至日

【答案】D

【解析】题目过时。依据《城市居住区规划设计规范》GB 50180—93 中表 5.0.2-1 住宅建筑日照标准可知，本题选 D。（注：该规范已被《城市居住区规划设计标准》GB 50180—2018 替代）

住宅建筑日照标准　　　　　　　　　　　　　　　　表 5.0.2-1

建筑气候区划	Ⅰ、Ⅱ、Ⅲ、Ⅶ气候区		Ⅳ气候区		Ⅴ、Ⅵ气候区
	大城市	中小城市	大城市	中小城市	
日照标准日	大寒日				冬至日
日照时数（h）	≥2		≥3		≥1
有效日照时间带（h）	8～16				9～15
日照时间计算起点	底层窗台面				

2013-045. 可以接受建设申请并核发建设工程规划许可证的镇是指(   )。

A. 国务院城乡规划主管部门确定的重点镇人民政府

B. 省、自治区、直辖市人民政府确定的镇人民政府

C. 城市人民政府确定的镇人民政府

D. 县人民政府确定的镇人民政府

【答案】B

【解析】《城乡规划法》第四十条规定，在城市、镇规划区内进行建筑物、构筑物、道路、管线和其他工程建设的，建设单位或者个人应当向城市、县人民政府城乡规划主管部

门或者省、自治区、直辖市人民政府确定的镇人民政府申请办理建设工程规划许可证。故选 B。

2013-046. 某乡镇企业向镇人民政府提出建设申请，经镇人民政府审核后核发了乡村建设规划许可证，结果被判定是违法核发乡村建设规划许可证。其原因是(   )。

    A. 镇人民政府无权接受建设申请，亦不能核发乡村建设规划许可证

    B. 乡镇企业应向县人民政府城乡规划主管部门提出建设申请，经审核后核发乡村建设规划许可证

    C. 乡镇企业向镇人民政府提出建设申请后，镇人民政府应报县人民政府城乡规划主管部门，由城乡规划主管部门核发乡村建设规划许可证

    D. 乡镇企业应向县人民政府城乡规划主管部门提出建设申请，经审核后交由镇人民政府核发乡村建设规划许可证

【答案】C

【解析】依据《城乡规划法》第四十一条，在乡、村庄规划区内进行乡镇企业、乡村公共设施和公益事业建设的，建设单位或者个人应当向乡、镇人民政府提出申请，由乡、镇人民政府报城市、县人民政府城乡规划主管部门核发乡村建设规划许可证。故选 C。

2013-047. 《城市居住区规划设计规范》中对一些术语进行了规范定义，下列定义中不正确的是(   )。

    A. 绿地率是指居住区用地范围内各类绿地面积的总和占居住区用地面积的比率

    B. 停车率是指居住区内居民汽车的停车位数量与居住户数的比率

    C. 地面停车率是指地面停车数量与总停车位的比率

    D. 建筑密度是指在居住用地内，各类建筑的基底总面积与居住区用地面积的比率

【答案】C

【解析】题目过时。依据旧规范《城市居住区规划设计规范》GB 50180—93 第 2.0.32b 条，地面停车率是指居民汽车的地面停车位数量与居住户数的比率。故选 C。（注：该规范已被《城市居住规划设计标准》GB 50180—2018 替代）

2013-048. 根据我国城乡规划技术标准的层次，下列正确的是(   )。

    A.《城市用地分类代码》——通用标准

    B.《城乡用地评定标准》——基础标准

    C.《历史文化名城保护规划规范》——专用标准

    D.《城市居住区规划设计规范》——专用标准

【答案】D

【解析】题目过时。根据我国城乡规划技术标准的层次，《城市用地分类代码》CJJ 46—91 为基础标准，该标准已废止；《城乡用地评定标准》GJJ 132—2009 为通用标准；《历史文化名城保护规划规范》GB 50357—2005 为通用标准，该标准已废止；《城市居住区规划设计规范》GB 50180—93 为专用标准，该标准已废止。故选 D。

2013-049. 根据《历史文化名城名镇名村保护条例》和《风景名胜区条例》，下列规定中不正确的是(   )。

A. 风景名胜区总体规划的规划期限一般为 20 年

B. 历史文化名城保护规划的规划期限一般为 20 年

C. 风景名胜区自设立之日起 2 年内编制完成总体规划

D. 历史文化名城自批准之日起 2 年内编制完成保护规划

【答案】D

【解析】依据《历史文化名城名镇名村保护条例》第十三条，保护规划应当自历史文化名城、名镇、名村批准公布之日起 1 年内编制完成。故选 D。

2013-050. 使用或对不可移动文物采取保护措施，必须遵守的原则是( )。

A. 不改变文物用途   B. 不改变文物修缮方法

C. 不改变文物权属   D. 不改变文物原状

【答案】D

【解析】《文物保护法》第二十六条规定，使用不可移动文物，必须遵守不改变文物原状的原则。故选 D。

2013-051. 根据《历史文化名城名镇名村保护条例》，在( )范围内从事建设活动，不得损害历史文化遗产的真实性和完整性。

A. 规划区   B. 适建区   C. 保护区   D. 建控区

【答案】C

【解析】《历史文化名城名镇名村保护条例》第二十三条规定，在历史文化名城、名镇、名村保护范围内从事建设活动，应当符合保护规划的要求，不得损害历史文化遗产的真实性和完整性，不得对其传统格局和历史风貌构成破坏性影响。故选 C。

2013-052. 根据《历史文化名城名镇名村保护条例》，建设工程选址应当尽可能避开历史建筑；因特殊情况不能避开的，应当尽可能实施( )。

A. 整体保护   B. 分类保护   C. 异地保护   D. 原址保护

【答案】D

【解析】《历史文化名城名镇名村保护条例》第三十四条规定，建设工程选址，应当尽可能避开历史建筑；因特殊情况不能避开的，应当尽可能实施原址保护。故选 D。

2013-053. 下列城市全部被公布为国家历史文化名城的是( )。

A. 重庆、大庆、肇庆、安庆、庆阳   B. 桂林、吉林、榆林、玉林、海林

C. 洛阳、濮阳、南阳、安阳、襄阳   D. 乐山、佛山、黄山、巍山、唐山

【答案】C

【解析】依据《国家历史文化名城名录》，本题选 C。

2013-054. 下列历史文化名城保护规划成果中，规划图纸比例尺均符合要求的是( )。

	文物古迹、传统街区分布图	历史文化名城保护规划总图	重点保护区域保护界限图
A.	1/5000~1/10000	1/5000~1/10000	1/500~1/2000
B.	1/5000~1/10000	1/5000~1/10000	1/5000~1/10000

	文物古迹、传统街区分布图	历史文化名城保护规划总图	重点保护区域保护界限图
C.	1/500～1/2000	1/500～1/2000	1/500～1/2000
D.	1/5000～1/10000	1/500～1/2000	1/500～1/2000

【答案】A

【解析】根据《历史文化名城保护规划编制要求》（已失效，被《历史文化名城名镇名村保护规划编制要求（试行)》替代），此题选 A。

内容	比例尺要求
文物古迹、传统街区、风景名胜分布图比例尺为 1/5000～1/10000 可以将市域和古城区按不同比例尺分别绘制。历史文化名城保护规划总图比例尺为 1/5000～1/10000。重点保护区域保护界线图比例尺为 1/500～1/2000，在绘有现状建筑和地形地物的底图上，逐个、分张画出重点文物保护范围和建设控制地带的具体界线；逐片、分张画出历史文化保护区、风景名胜保护区的具体范围。	
文化古迹、传统街区、风景名胜分布图	比例尺为 1/5000～1/10000
历史文化名城保护规划总图	比例尺为 1/5000～1/10000
重点保护区域保护界线	比例尺为 1/500～1/2000

2013-055. 《历史文化名城保护规划规范》对在历史城区内市政工程设施的设置作了明确规定。下列规定中不正确的是(　　)。

A. 历史城区内不应保留污水处理厂　　　　B. 历史城区内不应保留贮油设施

C. 历史城区内不应保留水厂　　　　　　　D. 历史城区内不应保留燃气设施

【答案】C

【解析】题目过时。《历史文化名城保护规划标准》GB 50375—2018 第 3.5.1 条规定，历史城区内不宜设置大型市政基础设施，市政管线宜采取地下敷设方式。市政管线和设施的设置应符合下列要求：（1）历史城区内不应新建水厂、污水处理厂、枢纽变电站，不宜设置取水构筑物。……（3）历史城区内不得保留污水处理厂、固体废弃物处理厂。……（5）历史城区内不应保留或新设置燃气输气、输油管线和贮气、贮油设施，不宜设置高压燃气管线和配气站。中低压燃气调压设施宜采用箱式等小体量调压装置。故选C。（注：题述规范已被《历史文化名城保护规划标准》GB/T 50357—2018 替代）

2013-056. 历史文化街区的保护范围应当包括历史建筑物、构筑物和风貌环境所组成的核心地段，以及为确保该地段的风貌、特色完整性而必须进行（　　）的地区。

A. 风貌协调　　　B. 拆迁改造　　　C. 保护更新　　　D. 建设控制

【答案】D

【解析】依据《城市紫线管理办法》第二条，可知 D 正确。

2013-057. 下列关于划定城市紫线、绿线、蓝线、黄线的叙述中，不正确的是(　　)。

A. 城市紫线在城市总体规划和详细规划中划定

B. 城市绿线在城市总体规划和详细规划中划定

C. 城市蓝线在城市总体规划和详细规划中划定

D. 城市黄线在城市总体规划和详细规划中划定

【答案】A

【解析】《城市紫线管理办法》第三条规定，在编制城市规划时应当划定保护历史文化街区和历史建筑的紫线。国家历史文化名城的城市紫线由城市人民政府在组织编制历史文化名城保护规划时划定。其他城市的城市紫线由城市人民政府在组织编制城市总体规划时划定。故选A。

2013-058. 根据《市政公用设施抗灾设防管理规定》，建设单位应当在初步设计阶段，对抗震设防区的一些市政公用设施，组织专家进行抗震专项论证。（   ）不属于进行论证的设施。

A. 结构复杂的桥梁　　　　　　　　B. 处于软黏土层的隧道

C. 超过一万平方米的地下停车场　　D. 防灾公园绿地

【答案】D

【解析】《市政公用设施抗灾设防管理规定》第十四条规定，对抗震设防区的下列市政公用设施，建设单位应当在初步设计阶段组织专家进行抗震专项论证：（一）属于《建筑工程抗震设防分类标准》中特殊设防类、重点设防类的市政公用设施；（二）结构复杂或者采用隔震减震措施的大型城镇桥梁和城市轨道交通桥梁，直接作为地面建筑或者桥梁基础以及处于可能液化或者软黏土层的隧道；（三）超过一万平方米的地下停车场等地下工程设施；（四）震后可能发生严重次生灾害的共同沟工程、污水集中处理设施和生活垃圾集中处理设施；（五）超出现行工程建设标准适用范围的市政公用设施。国家或者地方对抗震设防区的市政公用设施还有其他规定的，还应当符合其规定。故选D。

2013-059. 某市经过城市用地抗震适宜性评价后结论如下："可能发生滑坡、崩塌、泥石流；存在尚未明确的潜在地震破坏威胁的地段；场地存在不稳定因素；用地抗震防灾类型Ⅲ类或Ⅳ类"。根据上述结论判断该场地适宜性类别属于(   )。

A. 适宜　　　　B. 较适宜　　　　C. 有条件适宜　　　　D. 不适宜

【答案】D

【解析】根据《城市抗震防灾规划标准》GB 50413—2007第4.2.3条，"可能发生滑坡、崩塌、泥石流"为不适宜；"存在尚未明确的潜在地震破坏威胁的地段"为有条件适宜；"场地存在不稳定因素；用地抗震防灾类型Ⅲ类或Ⅳ类"为较适宜，从适宜性最差开始向适宜性好依次推定。故选D。

2013-060. 根据《城市抗震防灾规划管理规定》，当城市遭受多遇地震时，要求城市应达到的基本目标是(   )。

A. 城市一般功能正常　　　　　　　B. 城市一般功能基本正常

C. 城市功能不瘫痪　　　　　　　　D. 城市重要功能不瘫痪

【答案】A

【解析】依据《城市抗震防灾规划管理规定》第八条，当遭受多遇地震时，城市一般功能正常。故选A。

2013-061. 下列城乡规划技术标准的标准层次叙述中不正确的是(   )。

A. 《城市规划基础资料搜集规程与分类代码》是基础标准

B. 《城市水系规划规范》是通用标准

C. 《城市用地竖向规划规范》是专用标准

D. 《城市道路交通规划设计规范》是专用标准

【答案】C

【解析】题目过时。《城市用地竖向规划规范》CJJ 83—99 是通用标准。故选C。(注：该规范已被《城乡建设用地竖向规划规范》CJJ 83—2016 替代)

2013-062. 根据《城市道路交通规划设计规范》，城市中规划步行交通系统应以步行人流的(   )为基本依据。

A. 速度和密度　　　B. 观测和预测　　　C. 分布和构成　　　D. 流量和流向

【答案】D

【解析】题目过时。根据《城市道路交通规划设计规范》GB 50220—95 第 5.1.1 条，城市中规划步行交通系统应以步行人流的流量和流向为基本依据。并应因地制宜采用各种有效措施，满足行人活动的要求，保障行人的交通安全和交通连续性，避免无故中断和任意缩减人行道。故选D。(注：该规范已被《城市综合交通体系规划标准》GB/T 51328—2018 替代)

2013-063. 我国的居住区日照标准是根据各地区的气候条件和(   )确定的。

A. 建筑间距　　　B. 环境保护要求　　　C. 建筑密度　　　D. 卫生要求

【答案】D

【解析】城市规划中的住宅的日照标准，即根据各地区的气候条件和居住卫生要求确定的向阳房间在规定日获得的日照量，是编制居住区规划时确定房屋间距的主要依据。故选D。

2013-064. 根据《城市工程管线综合规划规范》，工程管线干线综合管沟应敷设在(   )下面。

A. 机动车道　　　B. 非机动车道　　　C. 人行道　　　D. 绿化隔离带

【答案】A

【解析】依据《城市工程管线综合规划规范》GB 50289—2016 第 4.2.3 条，干线综合管廊宜设置在机动车道、道路绿化带下。故选A。

2013-065. 根据《城市防洪工程设计规范》，在冲刷严重的河岸、海岸，可采用(   )保滩护岸。

A. 坡式

B. 重力式

C. 板桩式及桩基承台式

D. 顺坝和丁坝

【答案】D

【解析】依据《城市防洪工程设计规范》GB/T 50805—2012 第 7.6.1 条，受水流冲刷、崩塌严重的河岸，可采用顺坝或短丁坝保滩护岸。故选D。

2013-066. 根据《城市绿地分类标准》，城市绿地分为大类、中类、小类三个层次。下列绿地不属于大类的是 (   )。

    A. 生产绿地   B. 其他绿地   C. 工业绿地   D. 防护绿地

【答案】ABC

【解析】由《城市绿地分类标准》CJJ/T 85—2017 表 2.0.4-1 城市建设用地内的绿地分类和代码可知，绿地类别中的大类包括 G1 公园绿地、G2 防护绿地、G3 广场用地、XG 附属绿地、EG 区域绿地。选项中只有防护绿地为大类。故选 ABC。

2013-067. 根据《城市绿地分类标准》，居住组团内的绿地应该归属于(   )。

	大类	中类
A.	公园绿地	社区公园
B.	公园绿地	小区公园
C.	附属绿地	特殊绿地
D.	附属绿地	居住绿地

【答案】D

【解析】由《城市绿地分类标准》CJJ/T 85—2017 表 2.0.4-1 城市建设用地内的绿地分类和代码可知，居住用地内的配建绿地属于居住用地附属绿地，为附属绿地大类下的中类。故选 D。

2013-068. 下列不符合《军事设施保护法》规定的是(   )。

    A. 军事设施都应划入军事禁区，采取措施予以保护

    B. 国家对军事设施实行分类保护、确保重点的方针

    C. 县级以上人民政府编制经济和社会发展规划，应当考虑军事设施保护的需要

    D. 禁止航空器进入空中军事禁区

【答案】A

【解析】根据 2021 年修正后的《军事设施保护法》第九条，军事禁区、军事管理区根据军事设施性质、作用、安全保密的需要和使用效能的要求划定，具体划定标准和确定程序，由国务院和中央军事委员会规定。第二十五条规定，没有划入军事禁区、军事管理区的军事设施，军事设施管理单位应当采取措施予以保护。故选 A。

2013-069. 城乡规划编制单位取得资质证书后，不再符合相应资质条件的，由原发证机关责令(   )。

    A. 停业整顿   B. 限期修改   C. 承担赔偿责任   D. 作出检查

【答案】B

【解析】《城乡规划编制单位资质管理规定》第三十三条规定，城乡规划编制单位取得资质后，不再符合相应资质条件的，由原资质许可机关责令限期改正；逾期不改的，降低资质等级或者吊销资质证书。故选 B。

2013-070. 根据行政法学原理，以下属于程序性违法行为的是(   )。

A. 建设单位组织编制城市的控制性详细规划

B. 越权核发建设项目选址意见书

C. 擅自变更建设用地规划许可证内容

D. 未经审核批准核发建设工程规划许可证

【答案】D

【解析】行政机关的行政行为违反法定程序，即行政程序违法。未经审核批准核发建设工程规划许可证违反了相应的程序，故属于程序性违法行为。故选D。

2013-071. 根据《城乡规划法》，县级以上人民政府及其(　　　)应当加强对城乡规划编制、审批、实施、修改的监督检查。

A. 人民代表大会常务委员会　　　　B. 城乡规划主管部门

C. 建设行政主管部门　　　　　　　D. 行政执法部门

【答案】B

【解析】《城乡规划法》第五十一条规定，县级以上人民政府及其城乡规划主管部门应当加强对城乡规划编制、审批、实施、修改的监督检查。故选B。

2013-072. 某城乡规划主管部门在建设单位尚未提出申请，就上门为其发放了建设工程规划许可证。该行为的错误在于核发规划许可证应该是(　　　)。

A. 依职权的行政行为　　　　　　　B. 依申请的行政行为

C. 不作为的行政行为　　　　　　　D. 非要式的行政行为

【答案】B

【解析】核发规划许可证属于依申请的行政行为。故选B。

2013-073. 城乡规划主管部门对城乡规划实施进行行政监督检查的内容不包括(　　　)。

A. 验证土地使用申报条件是否符合法定要求

B. 复验建设用地使用与建设用地规划许可证的规定是否相符

C. 对已领取建设工程规划许可证并放线的工程，检查其标高、平面布局等是否与建设工程规划许可证相符

D. 在建设工程竣工验收后，检查、核实有关建设工程是否符合规划条件

【答案】D

【解析】《城乡规划法》第五十三条规定，县级以上人民政府城乡规划主管部门对城乡规划的实施情况进行监督检查，有权采取以下措施：（一）要求有关单位和人员提供与监督事项有关的文件、资料，并进行复制；（二）要求有关单位和人员就监督事项涉及的问题作出解释和说明，并根据需要进入现场进行勘测；（三）责令有关单位和人员停止违反有关城乡规划的法律、法规的行为。D不属于城乡规划主管部门对城乡规划实施进行行政监督检查的内容。故选D。

2013-074. 城乡规划主管部门对某建设工程认定为"违法轻微，尚可采取改正措施消除对规划实施影响的情形，且能自动修改"，对其处理的下列措施中不符合《关于规范城乡规划行政处罚裁量权的指导意见》规定的是(　　　)。

A. 以书面形式责令停止建设

B. 以书面形式责令限期改正

C. 责令其及时取得建设工程规划许可证

D. 处建设工程造价15%的罚款

【答案】D

【解析】依据《关于规范城乡规划行政处罚裁量权的指导意见》第五条，对尚可采取改正措施消除对规划实施影响的情形，按以下规定处理：（一）以书面形式责令停止建设；不停止建设的，依法查封施工现场；（二）以书面形式责令限期改正；对尚未取得建设工程规划许可证即开工建设的，同时责令其及时取得建设工程规划许可证；（三）对按期改正违法建设部分的，处建设工程造价5%的罚款；对逾期不改正的，依法采取强制拆除等措施，并处建设工程造价10%的罚款。由此可知，ABC正确，D错误。故选D。

2013-075. 下列关于城乡规划行政复议的叙述中正确的是(　　)。

A. 行政复议是依行政相对人申请的行政行为

B. 行政复议是抽象行政行为

C. 行政复议机关作出的行政复议决定不具有可诉性

D. 行政复议决定属于行政处罚的范畴

【答案】A

【解析】行政复议是依申请的、具体的行政行为，具有可诉性。故选A。

2013-076. 在下列情况下行政相对人拟提起行政诉讼，法院不予受理的是(　　)。

A. 对城乡规划主管部门作出的行政处罚不服的

B. 经过行政复议但对行政复议结果不服的

C. 认为城乡规划主管部门工作人员的行政行为侵犯其合法权益的

D. 由行政机关最终裁决的具体行政行为

【答案】D

【解析】《行政诉讼法》第十三条规定，人民法院不受理公民、法人或者其他组织对下列事项提起的诉讼：……（四）法律规定由行政机关最终裁决的具体行政行为。故选D。

2013-077. 根据《行政复议法》，下列关于申请行政复议的叙述中不正确的是(　　)。

A. 两个或两个以上行政机关以共同名义作出具体行政行为的，它们的共同上一级行政机关是被申请人

B. 行政机关委托的组织作出具体行政行为的，委托行政机关是被申请人

C. 实行垂直领导的行政机关的具体行政行为，上一级主管部门是被申请人

D. 作出具体行政行为的行政机关被撤销的，继续行使其职权的行政机关是被申请人

【答案】D

【解析】《行政复议法》第十五条规定，对被撤销的行政机关在撤销前所作出的具体行政行为不服的，向继续行使其职权的行政机关的上一级行政机关申请行政复议。故选D。

2013-078. 下列不属于《城乡规划法》中规定的行政救济制度的是(　　)。

A. 对违法建设案件的行政复议

B. 对违法建设不当行政处罚的行政赔偿

C. 上级行政机关对下级行政机关实施的城乡规划的行政监督

D. 司法机关对违法建设方的法律救济

【答案】C

【解析】行政救济有广义和狭义之分，广义包括行政机关系统内部的救济，也包括司法机关对行政相对方的救济，以及其他救济方式，如国家赔偿等。其实质是对行政行为的救济。狭义是指行政相对方不服行政主体作出的行政行为，依法向作出该行政行为的行政主体或其上级机关，或法律、法规规定的机关提出行政复议申请，包括行政复议程序、行政赔偿程序和行政监督检查程序。C为行政法制监督关系而非行政救济。故选C。

2013-079. 《城乡规划法》中规划的强制拆除措施，不属于(　　)行政行为。

　　A. 单方　　　　　　B. 不作为　　　　　　C. 依职权　　　　　　D. 具体

【答案】B

【解析】由行政行为的分类可知，B不属于其行政行。故选B。

2013-080. 下列不属于行政处罚的是(　　)。

　　A. 警告　　　　　　B. 行政拘留　　　　　　C. 管制　　　　　　D. 罚款

【答案】C

【解析】《行政处罚法》第九条规定，行政处罚的种类：（一）警告、通报批评；（二）罚款、没收违法所得、没收非法财物；（三）暂扣许可证、降低资质等级、吊销许可证件；（四）限制开展经营活动、责令停产停业、责令关闭、限制从业；（五）行政拘留；（六）法律、行政法规规定的其他行政处罚。故选C。

二、多选题（每题五个选项，每题正确答案不少于两个选项，多选或漏选不得分）

2013-081. 根据行政法律关系的知识，下列叙述中**不正确**的是(　　)。

　　A. 在行政法律关系中，行政机关居于主导地位

　　B. 行政主体与行政相对人的双方权利义务是平等的

　　C. 在监督行政法律关系中，行政机关居于主导地位

　　D. 在监督行政法律关系中，行政相对人处于相对"弱者"的地位

　　E. 行政相对人有权通过监督主体而获得行政救济

【答案】BCD

【解析】在行政法律关系中，行政机关居于主导地位，公民、组织处于相对"弱者"的地位，双方权利、义务不对等。与此相反，在监督行政法律关系中，监督主体通常居于主导地位，行政机关和公务员只是被监督的对象，公民、组织有权通过监督主体撤销或者变更违法或不当的行政行为而获得救济。故选BCD。

2013-082. 根据行政法学，下列属于行政行为效力的是（　　）。

　　A. 公信力　　　　　　　　　　　B. 确定力

　　C. 拘束力　　　　　　　　　　　D. 执行力

　　E. 公定力

【答案】BCDE

【解析】行政行为效力包括确定力、拘束力、执行力、公定力。故选 BCDE。

2013-083. 行政行为合法的要件包括(　　　　)。

A. 主体合法　　　　　　　　　　　　B. 权限合法

C. 内容合法　　　　　　　　　　　　D. 身份合法

E. 程序合法

【答案】ABCE

【解析】行政行为合法的要件包括主体合法、权限合法、内容合法、程序合法。故选 ABCE。

2013-084. 根据《城乡规划法》,(　　　　)的组织编制机关,应组织有关部门和专家定期对规划实施情况进行评估。

A. 省域城镇体系规划　　　　　　　　B. 城市总体规划

C. 控制性详细规划　　　　　　　　　D. 近期建设规划

E. 镇总体规划

【答案】ABE

【解析】《城乡规划法》第四十六条规定,省域城镇体系规划、城市总体规划、镇总体规划的规划组织编制机关应当组织有关部门和专家定期对规划实施情况进行评估。故选 ABE。

2013-085. 《城乡规划法》对(　　　　)的主要规划内容作了明确的规定。

A. 全国城镇体系规划　　　　　　　　B. 省域城镇体系规划

C. 城市、镇总体规划　　　　　　　　D. 城市、镇详细规划

E. 乡规划和村庄规划

【答案】BCE

【解析】《城乡规划法》第十三、十七、十八条分别对省域城镇体系规划,城市、镇总体规划,乡规划和村庄规划的主要规划内容作了明确的规定。故选 BCE。

2013-086. 根据《城市规划编制办法》,编制城市规划对涉及城市发展长期保障的资源利用和环境保护、(　　　　)和公众利益等方面的内容,应当确定为强制性内容。

A. 人口规模　　　　　　　　　　　　B. 区域协调发展

C. 公共安全　　　　　　　　　　　　D. 风景名胜资源管理

E. 自然与文化遗产保护

【答案】BCDE

【解析】《城市规划编制办法》第十九条规定,对涉及城市发展长期保障的资源利用和环境保护、区域协调发展(B 项)、风景名胜资源管理(D 项)、自然与文化遗产保护(E 项)、公共安全(C 项)和公众利益等方面的内容,应当确定为必须严格执行的强制性内容。故选 BCDE。

2013-087. 下列连线中,其内容是由该法律规定的是(　　　　)。

A. 土地出让权的获得与开发——《土地管理法》

B. 确定土地用途——《城市房地产管理法》

C. 确定建设用地性质——《城乡规划法》

D. 房地产转让——《土地管理法》

E. 无偿收回土地使用权——《城市房地产管理法》

【答案】CE

【解析】《土地管理法》第四条规定了有关确定土地用途的内容（B项）。

《城乡规划法》第三章城乡规划的实施规定了有关确定建设用地性质的内容（C项）。

《城市房地产管理法》第二章第一节土地使用权出让，规定了有关土地出让权的获得与开发（A项）以及无偿收回土地使用权（E项）的内容，第四章第二节规定了房地产转让相关内容（D项）。故选CE。

2013-088. 下列哪些法律中规定了采取拍卖、招标或者双方协议方式进行出让以获得土地使用权？（　　　　）

A.《物权法》　　　　　　　　　B.《建筑法》

C.《城市房地产管理法》　　　　D.《土地管理法》

E.《城乡规划法》

【答案】AC

【解析】题目过时。《物权法》第一百三十七条规定，设立建设用地使用权，可以采取出让或者划拨等方式。工业、商业、旅游、娱乐和商品住宅等经营性用地以及同一土地有两个以上意向用地者的，应当采取招标、拍卖等公开竞价的方式出让。严格限制以划拨方式设立建设用地使用权。采取划拨方式的，应当遵守法律、行政法规关于土地用途的规定。（注：自2021年1月1日《民法典》实施后，《物权法》同时废止）

《城市房地产管理法》第十三条规定，土地使用权出让，可以采取拍卖、招标或者双方协议的方式。商业、旅游、娱乐和豪华住宅用地，有条件的，必须采取拍卖、招标方式；没有条件不能采取拍卖、招标方式的，可以采取双方协议的方式。采取双方协议方式出让土地使用权的出让金不得低于按国家规定所确定的最低价。故选AC。

2013-089. 根据《城乡规划法》，城乡规划主管部门提出出让地块的规划条件包括（　　　　）。

A. 地块位置与范围　　　　　　B. 地块使用性质

C. 地块使用权归属　　　　　　D. 地块开发强度

E. 地块出让价格

【答案】ABD

【解析】《城乡规划法》第三十八条规定，在城市、镇规划区内以出让方式提供国有土地使用权的，在国有土地使用权出让前，城市、县人民政府城乡规划主管部门应当依据控制性详细规划，提出出让地块的位置、使用性质、开发强度等规划条件，作为国有土地使用权出让合同的组成部分。未确定规划条件的地块，不得出让国有土地使用权。故选ABD。

2013-090. 为适应老龄化社会发展的需要，老年人设施应选择在（　　　　）的地段布置。

A. 地形平坦、自然环境较好、阳光充足、通风良好

B. 对外公路、高速道路等交通便捷、方便可达的交叉路口

C. 具有良好基础设施条件

D. 靠近居住区人口集中

E. 远离污染源、噪声源及危险品的生产储运

【答案】ACE

【解析】依据《城镇老年人设施规划规范》GB 50437—2007（2018 年版）第 4.2.1 条，老年人设施应选择在地形平坦、自然环境较好、阳光充足、通风良好的地段布置。第 4.2.2 条，老年人设施应选择在具有良好基础设施条件的地段布置。第 4.2.4 条，老年人设施应远离污染源、噪声源及危险品的生产储运等用地。故选 ACE。

2013-091. 根据《文物管理法》，以下属于不可移动文物的是(   )。

    A. 珍贵文物   B. 历史文化名城

    C. 历史文化街区   D. 历史建筑

    E. 古文化遗址

【答案】DE

【解析】由《文物保护法》第三条可知，不可移动文物包括古文化遗址、古墓葬、古建筑、石窟寺、石刻、壁画、近代现代重要史迹和代表性建筑等。故选 DE。

2013-092. 历史文化街区、名镇、名村核心保护区范围内的历史建筑，应当保持原有的(   )。

    A. 高度   B. 体量

    C. 外观形象   D. 色彩

    E. 居民

【答案】ABCD

【解析】《历史文化名城名镇名村保护条例》第二十七条规定，历史文化街区、名镇、名村核心保护范围内的历史建筑，应当保持原有的高度、体量、外观形象及色彩等。故选 ABCD。

2013-093. 根据《风景名胜区条例》，禁止在风景名胜区核心景区内建设(   )。

    A. 各类宾馆酒店   B. 生态资源保护站

    C. 游客服务中心   D. 景区疗养院

    E. 培训中心

【答案】ACDE

【解析】依据《风景名胜区条例》第二十七条，禁止违反风景名胜区规划，在风景名胜区内设立各类开发区和在核心景区内建设宾馆、招待所、培训中心、疗养院以及与风景名胜资源保护无关的其他建筑物；已经建设的，应当按照风景名胜区规划，逐步迁出。故选 ACDE。

2013-094. 根据《市政公用设施抗灾设防管理规定》，对抗震设防区的(   )，建设单位应当在初步设计阶段组织专家进行抗震专项论证。

    A. 属于《建筑工程抗震设防分类标准》中特殊设防类、重点设防类的市政公用设施

    B. 结构复杂的城镇桥梁、城市轨道交通桥梁和隧道

C. 五千平方米的地下停车场

D. 震后可能发生严重次生灾害的共同沟工程、污水集中处理和生活垃圾集中处理设施

E. 超出现行工程建设标准适用范围的市政公用设施

【答案】ABDE

【解析】《市政公用设施抗灾设防管理规定》第十四条规定，对抗震设防区的下列市政公用设施，建设单位应当在初步设计阶段组织专家进行抗震专项论证：（一）属于《建筑工程抗震设防分类标准》中特殊设防类、重点设防类的市政公用设施；（二）结构复杂或者采用隔震减震措施的大型城镇桥梁和城市轨道交通桥梁，直接作为地面建筑或者桥梁基础以及处于可能液化或者软黏土层的隧道；（三）超过一万平方米的地下停车场等地下工程设施；（四）震后可能发生严重次生灾害的共同沟工程、污水集中处理设施和生活垃圾集中处理设施；（五）超出现行工程建设标准适用范围的市政公用设施。国家或者地方对抗震设防区的市政公用设施还有其他规定的，还应当符合其规定。故选ABDE。

2013-095. 根据《城市抗震防灾规划标准》，对(   )宜根据需要做专门的研究或编制专门的抗震保护规划。

A. 国务院公布的历史文化名城　　　B. 城市规划区内的国家重点风景名胜区

C. 申请列入"世界遗产名录"的地区　　D. 城市中心区

E. 城市重点保护建筑

【答案】ABCE

【解析】《城市抗震防灾规划标准》GB 50413—2007 第 3.0.11 条规定，对国务院公布的历史文化名城以及城市规划区内的国家重点风景名胜区、国家级自然保护区和申请列入的"世界遗产名录"的地区、城市重点保护建筑等，宜根据需要做专门研究或编制专门的抗震保护规划。故选 ABCE。

2013-096. 四川雅安芦山发生七级地震，地震烈度为 9 度。政府可以依法在地震灾区实行的紧急应急措施有(   )。

A. 停水停电

B. 交通管制

C. 临时征用房屋、运输工具和通信设备

D. 对食品等基本生活必需品和药品统一发放和分配

E. 需要采取的其他紧急应急措施

【答案】BCDE

【解析】题目过时。2008 年修订后的现行《防震减灾法》已无相关规定。但之前的《防震减灾法》第三十二条规定，严重破坏性地震发生后，为了抢险救灾并维护社会秩序，国务院或者地震灾区的省、自治区、直辖市人民政府，可以在地震灾区实行下列紧急应急措施：（一）交通管制；（二）对食品等基本生活必需品和药品统一发放和分配；（三）临时征用房屋、运输工具和通信设备等；（四）需要采取的其他紧急应急措施。故选 BCDE。

2013-097. 城市雨水量的计算参数，包括(   )。

A. 暴雨强度　　　　　　　　　　　B. 径流系数
C. 频率系数　　　　　　　　　　　D. 汇水面积
E. 重现期

【答案】ABD

【解析】依据《城市排水工程规划规范》GB 50318—2017 第 5.2.6 条，雨水设计流量可采用推理公式法按下式计算。

$$Q = q \times \Psi \times F$$

式中　Q——雨水设计流量（L/s）；

　　　q——设计暴雨强度 $[L/(s \cdot hm^2)]$；

　　　Ψ——综合径流系数；

　　　F——汇水面积（hm^2）。故选 ABD。

2013-098. 根据《城乡规划法》，确需修改依法审定的控制性详细规划时，应该采取听证会等形式听取利害关系人的意见，这在行政法学中属于（　　　）。

A. 立法听证　　　　　　　　　　　B. 行政决策听证
C. 广义的听证　　　　　　　　　　D. 狭义的听证
E. 具体行政行为听证

【答案】BDE

【解析】我国目前的法律所指的听证指的是狭义的听证，即以听证会的方式听取意见的制度。听证制度的类型分为立法听证、行政决策听证及具体行政行为听证三类。修改依法审定的控制性详细规划属于有关行政决策的具体的行政行为；采取听证会等形式听取利害关系人的意见属于狭义的听证。故选 BDE。

2013-099. 根据《行政复议法》，（　　　）属于受理复议的具体行政行为。

A. 制定城中村改造安置补偿办法　　B. 解决城中村改造安置补偿个体纠纷
C. 审核城中村改造规划方案　　　　D. 核发城中村改造建设工程规划许可证
E. 对城中村违法建设作出处罚决定

【答案】BE

【解析】AC 针对的是具体的行政事件，均为抽象行政行为。具体行政行为即指行政机关行使行政权力，对特定的公民、法人和其他组织作出的有关其权利义务的单方行为。BE 属于受理复议的具体行政行为。故选 BE。

2013-100. 根据行政法学知识，下列哪些属于行政违法的表现形式？（　　　）

A. 行政机关违法和行政相对方违法　B. 实体性违法和程序性违法
C. 故意违法和过失违法　　　　　　D. 作为违法和不作为违法
E. 法人违法和自然人违法

【答案】ABD

【解析】行政违法可以表现为行政机关违法和行政相对方违法；实体性违法和程序性违法；作为违法和不作为违法等形式。故选 ABD。

第四节　2014年考试真题

一、单选题（每题四个选项，其中一个选项为正确答案）

2014-001. 根据《国民经济和社会发展第十二个五年规划纲要》，坚持把建设资源节约型、环境友好型社会作为加快转变经济发展方式的（　　）。

    A. 主攻方向   B. 重要支撑

    C. 根本出发点和落脚点   D. 重要着力点

【答案】D

【解析】根据《中华人民共和国国民经济和社会发展第十二个五年规划纲要》，坚持把建设资源节约型、环境友好型社会作为加快转变经济发展方式的重要着力点。故选 D。

2014-002. 下列法律法规的效力不等式中，不正确的是（　　）。

    A. 法律＞行政法规   B. 行政法规＞地方性法规

    C. 地方性法规＞地方政府规章   D. 地方政府规章＞部门规章

【答案】D

【解析】《立法法》第九十一条规定，部门规章之间、部门规章与地方政府规章之间具有同等效力，在各自的权限范围内施行。故选 D。

2014-003. 下列规范中不属于社会规范的是（　　）。

    A. 法律规范   B. 道德规范

    C. 技术规范   D. 社会团体规范

【答案】C

【解析】规范分为技术规范及社会规范，法律规范、道德规范、社会团体规范都属于社会规范。故选 C。

2014-004. 行政法治原则对行政主体的要求可以概括为（　　）。

    A. 依法行政   B. 积极行政   C. 廉洁行政   D. 为民行政

【答案】A

【解析】行政法治原则对行政主体的要求可以概括为依法行政。故选 A。

2014-005. 普通行政责任不包括（　　）。

    A. 政治责任   B. 法律责任   C. 社会责任   D. 道德责任

【答案】B

【解析】行政责任主要包括法律上的行政责任和普通行政责任；普通行政责任则不涉及法律问题，主要包括政治责任、社会责任和道德责任等，不包括法律责任。故选 B。

2014-006. 根据行政法学知识，下列对《城乡规划法》立法的叙述中不正确的是（　　）。

    A. 属于行政立法范畴

    B. 属于从属性立法

C. 立法机关是全国人民代表大会常务委员会

D. 有权进行法律解释的机关是国务院

【答案】C

【解析】《城乡规划法》的立法机关是全国人民代表大会常务委员会，属于权力机关范畴，不属于行政立法范畴，也不是从属性立法；国务院也无权对《城乡规划法》进行法律解释，法律解释权属于全国人民代表大会常务委员会。故选C。

2014-007. 根据《行政许可法》，行政法规可以在(　　)设定的行政许可事项范围内，对实施该行政许可作出具体规定。

A. 法律　　　　　　　B. 地方性法规　　　C. 部门规章　　　　D. 规范性文件

【答案】A

【解析】《行政许可法》第十六条规定，行政法规可以在法律设定的行政许可事项范围内，对实施该行政许可作出具体规定。故选A。

2014-008. 下列关于城乡规划行政许可的叙述中，不正确的是(　　)。

A. 属于依职权的行政行为

B. 属于外部行政行为

C. 属于具体行政行为

D. 属于准予行政相对人从事特定活动的行政行为

【答案】A

【解析】行政许可是依申请而非依职权的行政行为。故选A。

2014-009. 行政许可过宽过乱会引起很多消极作用，下列不属于行政许可消极作用的是(　　)。

A. 可能会使贪污受贿现象日益增多

B. 可能会使社会发展减少动力，丧失活力

C. 可能使被许可人失去积极进取和竞争的动力

D. 可能严重影响法律法规效力

【答案】D

【解析】行政许可并不会严重影响法律法规效力。故选D。

2014-010. 根据《立法法》，较大的市的人民代表大会常务委员可以制定(　　)，报省、自治区人民代表大会常务委员会批准后施行。

A. 行政法规　　　　　B. 地方性法规　　　C. 地方政府规章　　D. 部门规章

【答案】B

【解析】题目过时。根据2015年修正后的现行《立法法》相关规定，"较大的市"应改为"设区的市"，设区的市的人民代表大会及其常务委员会可以制定地方性法规。故选B。

2014-011. 下列对城市规划图件的定位叙述中，符合《城市规划制图标准》的是(　　)。

A. 单点定位应采用城市独立坐标系定位

B. 单点定位应采用西安坐标系或北京坐标系定位

C. 竖向定位宜单独使用相对高差进行竖向定位

D. 竖向定位应采用东海高程系海拔数值定位

【答案】B

【解析】根据《城市规划制图标准》CJJ/T 97—2003 第 2.15.2 条，点的平面定位，单点定位采用北京坐标系或西安坐标系定位，不宜采用城市独立坐标系定位。在个别地方使用坐标定位有困难时，可以采用与固定点相对位置定位（矢量定位、向量定位等）。第 2.15.3 条，城市规划图的竖向定位应采用黄海高程系海拔数值定位，不得单独使用相对高差进行竖向定位。故选 B。

2014-012. 在城乡规划管理中，当(　　)就属于"法律关系产生"。

A. 报建单位拟定申请报建文件后　　　　B. 报建申请得到受理后

C. 修建性详细规划得到批准后　　　　　D. 核发建设工程规划许可证后

【答案】B

【解析】按相关法规规定，行政法律关系自受理之日起开始形成。故选 B。

2014-013. 根据《城市总体规划实施评估办法（试行）》，下列叙述中不正确的是(　　)。

A. 进行城市总体规划评估，要采取定性和定量相结合的方法

B. 规划评估成果由评估报告和附件组成

C. 省、自治区人民政府所在地城市的总体规划评估成果，由城市人民政府直接报国务院城乡规划主管部门备案

D. 规划评估成果报备后，应该向社会公告

【答案】C

【解析】《城市总体规划实施评估办法（试行）》第八条规定，进行城市总体规划实施评估，要将依法批准的城市总体规划与现状情况进行对照，采取定性和定量相结合的方法（A 正确）。

第十条规定，规划评估成果由评估报告和附件组成（B 正确）。

第十一条规定，规划评估成果报备案后，应当向社会公告（D 正确）。

第九条规定，城市人民政府应当及时将规划评估成果上报本级人民代表大会常务委员会和原审批机关备案。国务院审批城市总体规划的城市的评估成果，由省级城乡规划行政主管部门审核后，报住房和城乡建设部备案（C 错误）。故选 C。

2014-014. 根据《城乡规划法》，国务院城乡规划主管部门会同国务院有关部门组织编制全国城镇体系规划，用于指导省域城镇体系规划、(　　)的编制。

A. 市域城镇体系规划　　　　　　　　　B. 县域城镇体系规划

C. 城市总体规划　　　　　　　　　　　D. 城市详细规划

【答案】C

【解析】《城乡规划法》第十二条规定，国务院城乡规划主管部门会同国务院有关部门组织编制全国城镇体系规划，用于指导省域城镇体系规划、城市总体规划的编制。全国城镇体系规划由国务院城乡规划主管部门报国务院审批。故选 C。

2014-015. 根据《城乡规划法》，城乡规划主管部门对编制完成的"修建性详细规划"施行

的行政行为应当是(　　)。

    A. 审定　　　　　　　B. 许可　　　　　　　C. 评估　　　　　　　D. 裁决

【答案】A

【解析】城市、县人民政府城乡规划主管部门和镇人民政府可以组织编制重要地块的修建性详细规划；其他地区的修建性详细规划的编制主体是建设单位。各类修建性详细规划由城市、县城乡规划主管部门依法负责审定。故选A。

2014-016. 根据《城市、镇控制性详细规划编制审批办法》，下列叙述中不正确的是(　　)。

    A. 国有土地使用权的划拨应当符合控制性详细规划

    B. 控制性详细规划是城乡规划主管部门实施规划管理的重要依据

    C. 城乡规划主管部门组织编制城市控制性详细规划

    D. 县人民政府所在地镇的控制性详细规划由镇人民政府组织编制

【答案】D

【解析】《城市、镇控制性详细规划编制审批办法》第三条规定，控制性详细规划是城乡规划主管部门作出规划行政许可、实施规划管理的依据（B正确）。国有土地使用权的划拨、出让应当符合控制性详细规划（A正确）。第六条规定，城市、县人民政府城乡规划主管部门组织编制城市、县人民政府所在地镇的控制性详细规划（C正确、D错误），其他镇的控制性详细规划由镇人民政府组织编制。故选D。

2014-017. 根据城乡规划管理需要，城市中心区、旧城改造区、拟进行土地储备或者土地出让的地区，应当优先组织编制(　　)。

    A. 战略规划　　　　　　　　　　　　　B. 分区规划

    C. 控制性详细规划　　　　　　　　　　D. 修建性详细规划

【答案】C

【解析】《城市、镇控制性详细规划编制审批办法》第十三条规定，中心区、旧城改造地区、近期建设地区，以及拟进行土地储备或者土地出让的地区，应当优先编制控制性详细规划。故选C。

2014-018. 根据《城乡规划法》，某城市拟对滨湖地段控制性详细规划进行修改，修改方案对道路和绿地系统作出较大的调整，应当(　　)。

    A. 由规划委员会审议决定　　　　　　　B. 由市长办公会批准实施

    C. 先申请修改城市总体规划　　　　　　D. 报省城乡规划主管部门备案后实施

【答案】C

【解析】《城乡规划法》第四十八条规定，控制性详细规划修改涉及城市总体规划、镇总体规划的强制性内容的，应当先修改总体规划。故选C。

2014-019. 住房和城乡建设部印发的《关于规范城乡规划行政处罚裁量权的指导意见》中所称的"违法建设行为"是指(　　)的行为。

    A. 未取得建设用地规划许可证或者未按照建设用地规划许可证的规定进行建设

    B. 未取得建设用地规划许可证或者未按照规划条件进行建设

C. 未取得建设工程规划许可证或者未按照建设工程规划许可证的规定进行建设

D. 未取得城乡规划主管部门的建设工程设计方案审查文件和未按照规划条件进行建设

【答案】C

【解析】依据《关于规范城乡规划行政处罚裁量权的指导意见》第二条，本意见所称违法建设行为，是指未取得建设工程规划许可证或者未按照建设工程规划许可证的规定进行建设的行为。故选C。

2014-020. 在我国现行城乡规划技术标准体系框架中，下列不属于专用标准的是(　　　)。

A. 城市居住区规划设计规范 　　　　B. 城市消防规划规范

C. 城市地下空间规划规范 　　　　D. 城镇老年人设施规划规范

【答案】C

【解析】题目过时。我国现行城乡规划技术标准体系由基础标准、通用标准和专用标准组成。ABD属于专用标准；C属于通用标准，已被《城市地下空间规划标准》GB/T 51358—2019替代。故选C。

2014-021. 城乡规划主管部门受理的下列建设项目中，需要申请办理选址意见书的是(　　　)。

A. 商务会展中心 　　　　B. 历史博物馆

C. 国际住宅社区 　　　　D. 休闲度假酒店

【答案】B

【解析】《城乡规划法》第三十六条规定，按照国家规定需要有关部批准或者核准的建设项目，以划拨方式提供国有土地使用权的，建设单位在报送有关部门批准或者核准前，应当向城乡规划主管部门申请核发选址意见书。前款规定以外的建设项目不需要申请选址意见书。历史博物馆属于按照国家规定需要有关部门批准或者核准的，以划拨方式提供国有土地使用权的建设项目。故选B。

2014-022. 规划条件中的规定性条件不包括(　　　)。

A. 地块位置和用地性质 　　　　B. 建筑控制高度和建筑密度

C. 建筑形式和风格 　　　　D. 主要交通出入口方位和停车场泊位

【答案】C

【解析】《城市国有土地使用权出让转让规划管理办法》第六条规定，规划设计条件应当包括：地块面积，土地使用性质，容积率，建筑密度，建筑高度，停车泊位，主要出入口，绿地比例，须配置的公共设施、工程设施，建筑界线，开发期限以及其他要求。故选C。

2014-023. 城乡规划主管部门依法核发建设用地规划许可证、建设工程规划许可证、乡村建设规划许可证属于(　　　)行政行为。

A. 要式 　　　　B. 依职权的 　　　　C. 依申请的 　　　　D. 抽象

【答案】C

【解析】核发规划许可证属于依申请的行政行为。故选C。

2014-024. 可以核发选址意见书的行政主体，不包括(　　)城乡规划主管部门。

　　A. 省、自治区人民政府　　　　　　　B. 城市人民政府

　　C. 县人民政府　　　　　　　　　　　D. 镇人民政府

【答案】D

【解析】省级、城市、县人民城府城乡规划主管部门有权发放选址意见书。故选 D。

2014-025. 在城乡规划行政许可实施过程中，公民、法人或者其他组织享有的权利中不包括(　　)。

　　A. 陈述权　　　　　B. 申辩权　　　　　C. 变更权　　　　　D. 救济权

【答案】C

【解析】《行政许可法》第七条规定，公民、法人或者其他组织对行政机关实施行政许可享有陈述权、申辩权；有权依法申请行政复议或者提起行政诉讼；其合法权益因行政机关违法实施行政许可受到损害的，有权依法要求赔偿。诉讼权、求偿权属于救济权。变更权属于有权行使行政许可的政府机构所有。故选 C。

2014-026. 下列关于建设用地的叙述中，不符合《物权法》规定的是(　　)。

　　A. 建设用地使用权可以在土地的地表、地上或者地下分别设立

　　B. 严格限制以划拨方式设立建设用地使用权

　　C. 住宅建设用地使用权期间届满的，自动续期

　　D. 集体所有土地作为建设用地的，应当依照《城市房地产管理法》办理

【答案】D

【解析】题目过时。《物权法》第一百三十六条规定，建设用地使用权可以在土地的地表、地上或者地下分别设立（A 正确）。

第一百三十七条规定，严格限制以划拨方式设立建设用地使用权（B 正确）。

第一百四十九条规定，住宅建设用地使用权期间届满的，自动续期（C 正确）。

第一百五十一条规定，集体所有的土地作为建设用地的，应当依照土地管理法等法律规定办理（D 错误）。故选 D。（注：自 2021 年 1 月 1 日《民法典》实施后，《物权法》同时废止）

2014-027. 根据《城市用地分类与规划建设用地标准》，下列用地类别代码大类与中类关系式中正确的是(　　)。

　　A. R＝R1＋R2＋R3＋R4　　　　　　B. M＝M1＋M2＋M3＋M4

　　C. G＝G1＋G2＋G3＋G4　　　　　　D. S＝S1＋S2＋S3＋S4

【答案】D

【解析】依据《城市用地分类与规划建设用地标准》GB 50137—2011 第 3.3.2 条，R 表示居住用地，R＝R1＋R2＋R3；M 表示工业用地，M＝M1＋M2＋M3；G 表示绿地与广场用地，G＝G1＋G2＋G3；S 表示道路与交通设施用地，S＝S1＋S2＋S3＋S4。故选 D。

2014-028. 容积率作为规划条件中重要的开发强度指标，必须经法定程序在(　　)中确定，并在规划实施管理中严格遵守。

A. 城市总体规划　　　　　　　　　　B. 近期建设规划

C. 控制性详细规划　　　　　　　　　D. 修建性详细规划

【答案】C

【解析】容积率是控制性详细规划的基本内容,作为规划设计条件中重要的开发强度指标,必须经法定程序在控制性详细规划中确定,并在规划实施管理中严格遵守,不得突破经法定程序批准的规划确定的容积率指标。故选C。

2014-029. 《物权法》规定建设用地使用权人依法对国家所有的土地享有的权利中不包括(　　　　)。

A. 占有　　　　　B. 使用　　　　　C. 租赁　　　　　D. 收益

【答案】C

【解析】题目过时。《物权法》第一百三十五条规定,建设用地使用权人依法对国家所有的土地享有占有、使用和收益的权利,有权利用该土地建造建筑物、构筑物及其附属设施。故选C。(注:自2021年1月1日《民法典》实施后,《物权法》同时废止)

2014-030. 在经济技术开发区内土地使用权出让、转让的依据是(　　　　)。

A. 控制性详细规划　　　　　　　　　B. 近期建设规划

C. 修建性详细规划　　　　　　　　　D. 城市设计

【答案】A

【解析】开发区内土地使用权的出让、转让,必须以建设项目为前提,以经批准的控制性详细规划为依据。故选A。

2014-031. 某大型建设项目,拟对划拨方式获得国有土地使用权,建设单位在报送有关部门核准前,应当向城乡规划主管部门申请(　　　　)。

A. 核发选址意见书　　　　　　　　　B. 核发建设用地规划许可证

C. 核发建设工程规划许可证　　　　　D. 提供规划条件

【答案】A

【解析】《城乡规划法》第三十六条规定,按照国家规定需要有关部门批准或者核准的建设项目,以划拨方式提供国有土地使用权的,建设单位在报送有关部门批准或者核准前,应当向城乡规划主管部门申请核发选址意见书。故选A。

2014-032. "工业、商业、旅游、娱乐和商品住宅等经营性用地以及同一土地有两个以上意向用地者的,应当采取招标、拍卖等公开竞价的方式出让"的规定条款出自(　　　　)。

A. 《土地管理法》　　　　　　　　　B. 《城市房地产管理法》

C. 《招投标法》　　　　　　　　　　D. 《物权法》

【答案】D

【解析】题目过时。《物权法》第一百三十七条规定,设立建设用地使用权,可以采取出让或者划拨等方式。工业、商业、旅游、娱乐和商品住宅等经营性用地以及同一土地有两个以上意向用地者的,应当采取招标、拍卖等公开竞价的方式出让。故选D。(注:自2021年1月1日《民法典》实施后,《物权法》同时废止)

2014-033. 下列建设工程规划管理的程序中，不正确的是(　　)。

    A. 建设申请：①建设项目批准文件—②使用土地的有关证明文件—③修建性详细规划—④建设工程设计方案—⑤建设工程申请表

    B. 建设审核：①现场踏勘—②征询意见—③确定建筑地址—④审定控制性详细规划—⑤审定建设工程设计方案

    C. 行政许可：①审查工程设计图纸文件—②领导签字批准—③核发建设工程规划许可证

    D. 批后管理：①竣工验收前的规划核实—②竣工验收资料的报送

【答案】B

【解析】根据题意，B应为审定修建性详细规划。故选B。

2014-034. "建造建筑物，不得违反国家有关工程建设标准，妨碍相邻建筑物的通风、采光和日照"的规定条款出自(　　)。

    A.《城乡规划法》   B.《城市房地产管理法》

    C.《建筑法》   D.《物权法》

【答案】D

【解析】题目过时。《物权法》第八十九条规定，建造建筑物，不得违反国家有关工程建设标准，妨碍相邻建筑物的通风、采光和日照。故选D。(注：自2021年1月1日《民法典》实施后，《物权法》同时废止)

2014-035. 根据《历史文化名城名镇名村保护条例》，审批历史文化名村保护规划的是(　　)。

    A. 国务院   B. 省、自治区、直辖市人民政府

    C. 所在地城市人民政府   D. 所在地县人民政府

【答案】B

【解析】《历史文化名城名镇名村保护条例》第十七条规定，保护规划由省、自治区、直辖市人民政府审批。保护规划的组织编制机关应当将经依法批准的历史文化名城保护规划和中国历史文化名镇、名村保护规划，报国务院建设主管部门和国务院文物主管部门备案。故选B。

2014-036. 下列行政行为中，属于建设用地规划管理内容的是(　　)。

    A. 审定修建性详细规划   B. 核定地块出让合同中的规划条件

    C. 审定建设工程总平面图   D. 审核建设工程申请条件

【答案】B

【解析】ACD均为建设工程管理审查的内容。故选B。

2014-037. 某高层多功能综合楼，地下室为车库，底层是商店，2~15层是商务办公用房，16~20层为公寓。根据上述条件和《城市用地分类与规划建设用地标准》，该楼的用地应该归为(　　)。

    A. 居住用地   B. 公共管理与公共服务设施用地

C. 商业服务业设施用地 D. 公共设施用地

【答案】C

【解析】根据《城市用地分类与规划建设用地标准》GB 50137—2011 第 3.3.2 条，商业服务业设施用地是指商业、商务、娱乐康体等设施用地；居住用地是指住宅和相应服务设施的用地；公共管理与公共服务用地是指行政、文化、教育、体育、卫生等机构和设施的用地；公用设施用地是指供应、环境、安全等设施用地。故选 C。

2014-038. 根据《村镇规划编制办法（试行）》组织编制村镇规划的主体是(　　)。

　　A. 村民委员会　　　　　　　　　　B. 乡（镇）人民政府
　　C. 县级人民政府　　　　　　　　　　D. 市级人民政府

【答案】B

【解析】《村镇规划编制办法（试行）》第四条规定，村镇规划由乡（镇）人民政府负责组织编制。故选 B。

2014-039. 某乡规划区内拟新建敬老院，建设单位应当向乡人民政府提出申请，由乡人民政府报城市、县人民政府城乡规划主管部门核发(　　)。

　　A. 建设项目选址意见书　　　　　　B. 建设用地规划许可证
　　C. 建设工程规划许可证　　　　　　D. 乡村建设规划许可证

【答案】D

【解析】《城乡规划法》第四十一条规定，在乡、村庄规划区内进行乡镇企业、乡村公共设施和公益事业建设的，建设单位或者个人应当向乡、镇人民政府提出申请，由乡、镇人民政府报城市、县人民政府城乡规划主管部门核发乡村建设规划许可证。故选 D。

2014-040. 根据《城乡规划法》的"空间效力"范围定义，下列正确的是(　　)。

	规划管理	规划行政许可
A.	行政区	规划区
B.	行政区	建设用地
C.	规划区	建设用地
D.	规划区	建成区

【答案】B

【解析】《城乡规划法》第二条规定，本法所称规划区，是指城市、镇和村庄的建成区以及因城乡建设和发展需要，必须实行规划控制的区域。规划区的具体范围由有关人民政府在组织编制的城市总体规划、镇总体规划、乡规划和村庄规划中，根据城乡经济社会发展水平和统筹城乡发展的需要划定。

第十一条规定，县级以上地方人民政府城乡规划主管部门负责本行政区域内的城乡规划管理工作。

第四十二条规定，城乡规划主管部门不得在城乡规划确定的建设用地范围以外作出规划许可。

空间效力范围，即地域效力范围，是指从地域范围上确定法律对人、对事的效力。施行规划行政许可的权限范围是规划区内规划确定的建设用地范围。故选 B。

2014-041. 根据《城乡规划法》，在乡、村庄规划区内使用原有宅基地进行农村村民住宅建设的规划管理办法，由（　　）制定。

A. 国务院城乡规划主管部门　　　　　B. 省、自治区、直辖市人民政府

C. 市、县人民政府　　　　　　　　　D. 乡、镇人民政府

【答案】B

【解析】《城乡规划法》第四十一条规定，在乡、村庄规划区内使用原有宅基地进行农村村民住宅建设的规划管理办法，由省、自治区、直辖市制定。故选 B。

2014-042. 对于不可移动文物已经全部毁坏的，符合《文物保护法》要求的保护方式是（　　）。

A. 实施原址保护，不得在原址重建

B. 实施遗址保护，可在原址周边适当地方仿建

C. 实施原址重建，再现历史风貌

D. 实施遗址废止，进行全面拆除

【答案】A

【解析】《文物保护法》第二十二条规定，不可移动文物已经全部毁坏的，应当实施遗址保护，不得在原址重建。故选 A。

2014-043. 根据《城市工程管线综合规划规范》，不宜利用交通桥梁跨越河流的管线是（　　）。

A. 给水输水管线　　　　　　　　　　B. 污水排水管线

C. 热力管线　　　　　　　　　　　　D. 燃气输气管线

【答案】D

【解析】题目过时。2016 年 12 月 1 日实施的《城市工程管线综合规划规范》GB 50289—2016 已无此规定。但之前的规范第 3.0.7 条规定，工程管线跨越河流时，宜采用管道桥或利用交通桥梁进行架设，可燃、易燃工程管线不宜利用交通桥梁跨越河流。故选 D。

2014-044. 据《历史文化名城名镇名村保护条例》，对历史文化名城、名镇、名村的保护应当（　　）。

A. 整体保护　　　　B. 重点保护　　　　C. 分类保护　　　　D. 异地保护

【答案】A

【解析】《历史文化名城名镇名村保护条例》第二十一条，历史文化名城、名镇、名村应当整体保护。故选 A。

2014-045. 根据《城市居住区规划设计规范》，各类管线的垂直排序，由浅入深宜为（　　）。

A. 电信管线、热水管、小于 10kV 电力电缆、大于 10kV 电力电缆、燃气管、给水

管、雨水管、污水管

B. 小于 10kV 电力电缆、电信管线、燃气管、热力管、给水管、大于 10kV 电力电缆、雨水管、污水管

C. 电信管线、小于 10kV 电力电缆、热力管、燃气管、大于 10kV 电力电缆、雨水管、污水管、给水管

D. 电信管线、给水管、热水管、雨水管、小于 10kV 电力电缆、大于 10kV 电力电缆、燃气管、污水管

【答案】A

【解析】题目过时。《城市居住区规划设计规范》GB 50180—93 第 10.0.2.5 条规定，各类管线的垂直排序，由浅入深宜为电信管线、热力管、小于 10kV 电力电缆、大于 10kV 电力电缆、燃气管、给水管、雨水管、污水管。故选 A。（注：该规范已被《城市居住区规划设计标准》GB 50180—2018 替代）

2014-046. 某国家历史文化名城在历史文化街区保护中，为求得资金就地平衡，采取土地有偿出让的办法，将该老街原有商铺和民居全部拆除，重新建起了仿古风貌的商业街，这就(   )。

A. 体现了历史文化街区的传统特色　　B. 增添了历史文化街区的更新活力

C. 提高了历史文化街区的综合效益　　D. 破坏了历史文化街区的真实完整

【答案】D

【解析】依据《历史文化名城名镇名村保护条例》第二十一条，历史文化名城、名镇、名村应当整体保护，保持传统格局、历史风貌和空间尺度，不得改变与其相互依存的自然景观和环境。加强历史文化街区保护整治，禁止大拆大建改造以维护传统格局和历史风貌。故选 D。

2014-047. 根据《城市紫线管理办法》，城市紫线范围内各类建设的规划审批，实行(   )。

A. 听证制度　　　　B. 报告制度　　　　C. 复审制度　　　　D. 备案制度

【答案】D

【解析】《城市紫线管理办法》第十六条规定，城市紫线范围内各类建设的规划审批，实行备案制度。故选 D。

2014-048. 根据《城市紫线管理办法》，下列叙述中不正确的是(   )。

A. 国家历史文化名城内的历史文化街区的保护范围界线属于紫线

B. 省、自治区、直辖市人民政府公布的历史文化街区的保护界线属于紫线

C. 历史文化街区以外经县级以上人民政府公布保护的历史建筑的保护范围界线属于紫线

D. 历史文化名城、名镇、名村的保护范围界线属于紫线

【答案】D

【解析】依据《城市紫线管理办法》第二条，本办法所称城市紫线，是指国家历史文化名城内的历史文化街区和省、自治区、直辖市人民政府公布的历史文化街区的保护范围

界线，以及历史文化街区外经县级以上人民政府公布保护的历史建筑的保护范围界线。故选 D。

2014-049. 下列哪一组城市全部公布为国家历史文化名城？（　　）

    A. 延安、淮安、泰安、瑞安、雅安　　　　B. 金华、银川、铜仁、铁岭、无锡

    C. 韩城、聊城、邹城、晋城、塔城　　　　D. 歙县、寿县、祁县、浚县、代县

【答案】**D**

【解析】依据国家历史文化名城名录，本题选 D。

2014-050. 对历史文化名城、名镇、名村核心保护范围内的建筑物、构筑物，应当区分不同情况，采取相应措施，实行（　　）。

    A. 原址保护　　　　B. 分级保护　　　　C. 分类保护　　　　D. 整体保护

【答案】**C**

【解析】《历史文化名城名镇名村保护条例》第二十七条规定，对历史文化街区、名镇、名村核心保护范围内的建筑物、构筑物，应当区分不同情况，采取相应措施，实行分类保护。故选 C。

2014-051. 根据《城市紫线管理办法》，历史建筑的保护范围应当包括历史建筑本身和必要的（　　）。

    A. 建设控制地带　　B. 历史文化保护区　　C. 核心保护地带　　D. 风貌协调区

【答案】**D**

【解析】依据《城市紫线管理办法》第六条，历史建筑的保护范围应当包括历史建筑本身和必要的风貌协调区。故选 D。

2014-052. 城市紫线、绿线、蓝线、黄线管理办法属于（　　）范畴。

    A. 技术标准与规范　　B. 政策文件　　　　C. 行政法规　　　　D. 部门规章

【答案】**D**

【解析】国务院城乡规划主管部门所公布的《城市绿线管理办法》《城市紫线管理办法》《城市蓝线管理办法》《城市黄线管理办法》等都属于部门规章范畴，是我国城乡规划法规体系中的重要组成部分。故选 D。

2014-053. 《防洪标准》属于城乡规划技术标准层次中的（　　）。

    A. 综合标准　　　　B. 基础标准　　　　C. 通用标准　　　　D. 专用标准

【答案】**D**

【解析】城乡规划技术标准体系中，每部分体系中所含各专业的标准分体系，按各自学科或者专业内涵排列，在体系框架中分为基础标准、通用标准和专用标准三个层次。《防洪标准》GB 50201—2014 为专用标准。

2014-054. "典型地震遗址、遗迹的保护，应当列入地震灾区的重建规划"的条款出自（　　）。

    A.《防震减灾法》　　　　　　　　　　　B.《市政公用设施抗灾设防管理规定》

C.《城市抗震防灾规划标准》　　　　　　D.《城市抗震防灾规划管理规定》

【答案】无

【解析】题目过时。1997年12月29日通过，自1998年3月1日起施行的《防震减灾法》第四十二条规定，国家依法保护典型地震遗址、遗迹。典型地震遗址、遗迹的保护，应当列入地震灾区的重建规划。但是该法律于2008年12月27日修订，自2009年5月1日起施行，修订后已无此规定。

2014-055. 根据《城市抗震防灾规划管理规定》，城市抗震设防区是指(　　　)。

A. 地震动峰值加速度≥0.10g的地区　　　B. 地震基本烈度6度及6度以上地区

C. 地震震波能够波及的地区　　　　　　D. 地震次生灾害容易发生的地区

【答案】B

【解析】依据《城市抗震防灾规划管理规定》第二条，抗震设防区，是指地震基本烈度6度及6度以上地区（地震动峰值加速度≥0.05g的地区）。故选B。

2014-056. 根据《城市抗震防灾规划标准》，下列不属于城市用地抗震性能评价内容的是(　　　)。

A. 城市用地抗震防灾类型分区　　　　　B. 城市地震破坏及不利地形影响估计

C. 抗震适宜性评价　　　　　　　　　　D. 抗震设防区划

【答案】D

【解析】《城市抗震防灾规划标准》GB 50413—2007第4.1.1条规定，城市用地抗震性能评价包括：城市用地抗震防灾类型分区，地震破坏及不利地形影响估计，抗震适宜性评价。故选D。

2014-057. 根据《市政公用设施抗灾设防管理规定》，地震后修复或者建设市政公用设施，应当以国家地震部门审定、发布的(　　　)作为抗震设防的依据。

A. 地震动参数　　　B. 抗震设防区划　　　C. 地震震级　　　D. 地震预测

【答案】A

【解析】《市政公用设施抗灾设防管理规定》第二十九条规定，地震后修复或者建设市政公用设施，应当以国家地震部门审定、发布的地震动参数复核结果，作为抗震设防的依据。故选A。

2014-058.《城市黄线管理办法》中所称城市黄线是指(　　　)。

A. 城市未经绿化的用地界线　　　　　　B. 城市受沙尘暴影响的范围界线

C. 城市总体规划确定限建用地的界线　　D. 城市基础设施用地的控制界线

【答案】D

【解析】《城市黄线管理办法》第二条规定，本办法所称城市黄线，是指对城市发展全局有影响的、城市规划中确定的、必须控制的城市基础设施用地的控制界线。故选D。

2014-059. 根据《环境保护法》，制定城市规划，应当确定保护和改善环境的(　　　)。

A. 目标和任务　　　B. 内容和方法　　　C. 项目和责任　　　D. 标准和措施

【答案】A

【解析】题目过时。1989年发布的《环境保护法》第二十二条规定，制定城市规划，应当确定保护和改善环境的目标和任务。《环境保护法》已于2014年4月24日修订通过，自2015年1月1日起施行，修订后此法已无此条内容。

2014-060. 根据《城市工程管线综合规划规范》，下列关于综合管沟内敷设的叙述，不正确的是（　　）。

    A. 相互无干扰的工程管线可以设置在管沟的同一小室

    B. 相互有干扰的工程管线应敷设在管沟的不同小室

    C. 电信电缆管线与高压输电电缆管线必须分开设置

    D. 综合管沟内不宜敷设热力管线

【答案】D

【解析】依据《城市工程管线综合规划规范》GB 50289—2016第4.2.2条，综合管廊内可敷设电力、通信、给水、热力、再生水、天然气、污水、雨水管线等城市工程管线，D叙述不正确。故选D。

2014-061. 根据《城市绿线管理办法》，城市绿地系统规划是（　　）的组成部分。

    A. 城市战略规划　　B. 城市总体规划　　C. 控制性详细规划　　D. 修建性详细规划

【答案】B

【解析】《城市绿线管理办法》第五条规定，城市绿地系统规划是城市总体规划的组成部分。故选B。

2014-062. 根据《城市环境卫生设施规划规范》，下列设施中，不属于环境卫生公共设施的是（　　）。

    A. 公共厕所　　　　　　　　　　　　　　B. 生活垃圾收集点

    C. 生活垃圾转运站　　　　　　　　　　　D. 废物箱

【答案】C

【解析】题目过时。《城市环境卫生设施规划标准》GB/T 50337—2018无环境卫生公共设施的规定，只有环境卫生设施，包括环境卫生收集设施、环境卫生转运设施、环境卫生处理及处置设施、环境卫生其他设施。故选C。（注：题述规范已被《城市环境卫生设施规划标准》GB/T 50337—2018替代）

2014-063. 根据《防洪标准》，不耐淹的文物古迹等级属于国家级的，其防洪标准的重现期为（　　）年。

    A. ≥100　　　　　　　B. 100～50　　　　　　C. 50～20　　　　　　D. 20

【答案】A

【解析】依据《防洪标准》GB 50201—2014第10.1.1条，国家级的文物的防洪标准的重现期为≥100年。故选A。

2014-064. 根据《消防法》，公安消防机构对于消防设计的审核，应该属于（　　）的法定前置条件。

    A. 建设项目核准　　　　　　　　　　　　B. 建设用地规划许可

C. 建设工程规划许可　　　　　　　　　　D. 施工许可

【答案】D

【解析】《消防法》第十二条规定，特殊建设工程未经消防设计审查或者审查不合格的，建设单位、施工单位不得施工；其他建设工程，建设单位未提供满足施工需要的消防设计图纸及技术资料的，有关部门不得发放施工许可证或者批准开工报告。故选D。

2014-065. 某乡企业向县人民政府城乡规划主管部门提出建设申请，经审核后核发了乡村建设规划许可证，结果被判定程序违法，其正确的程序应当是(　　　　)。

A. 乡镇企业应当向县人民政府城乡规划主管部门提出建设申请，经审核后由乡镇人民政府核发乡村建设规划许可证

B. 乡镇企业应当向乡、镇人民政府提出建设申请，由乡、镇人民政府报县人民政府城乡规划主管部门核发乡村建设规划许可证

C. 乡镇企业应当向乡、镇人民政府提出建设申请，经过村民会议或者村民代表会议讨论同意后，由乡、镇人民政府核发乡村建设规划许可证

D. 乡镇企业应当向县人民政府城乡规划主管部门提出建设申请，报县人民政府审查批准并核发乡村建设规划许可证

【答案】B

【解析】《城乡规划法》第四十一条规定，在乡、村庄规划区内进行乡镇企业、乡村公共设施和公益事业建设的，建设单位或者个人应当向乡、镇人民政府提出申请，由乡、镇人民政府报城市、县人民政府城乡规划主管部门核发乡村建设规划许可证。故选B。

2014-066. 根据《国家赔偿法》的规定，行政赔偿的主管机关应当自收到赔偿申请之日起(　　　　)作出赔偿处理决定。

A. 一个月以内　　　B. 两个月以内　　　C. 三个月以内　　　D. 四个月以内

【答案】B

【解析】依据《国家赔偿法》第二十三条可知，赔偿义务机关应当自收到申请之日起两个月内，作出是否赔偿的决定。故选B。

2014-067. 下列不符合《人民防空法》规定的是(　　　　)。

A. 城市是人民防空的重点

B. 国家对城市实行分类防护

C. 城市防空类别、防护标准由中央军事委员会规定

D. 城市人民政府应当制定人民防空工程建设规划，并纳入城市总体规划

【答案】C

【解析】《人民防空法》第十一条规定，城市是人民防空的重点，国家对城市实行分类防护，城市的防护类别、防护标准，由国务院、中央军事委员会规定。第十三条规定，城市人民政府应当制定人民防空工程建设规划，并纳入城市总体规划。故选C。

2014-068. 根据《城市绿地分类标准》，下列不属于道路绿地的是(　　　　)。

A. 行道树绿带　　　B. 分车绿带　　　C. 街道广场绿地　　　D. 停车场绿地

【答案】无

【解析】题目过时。由《城市绿地分类标准》CJJ/T 85—2017 表 2.0.4-1 城市建设用地内的绿地分类和代码可知，广场绿地为一大类、道路与交通设施用地附属绿地地为附属绿地下的中类。

2014-069. 根据《城市绿地分类标准》，下列不属于专类公园的是( )。

    A. 儿童公园　　　　B. 动物园　　　　C. 纪念性公园　　　　D. 社区公园

【答案】D

【解析】由《城市绿地分类标准》CJJ/T 85—2017 表 2.0.4-1 城市建设用地内的绿地分类和代码可知，专类公园，指具有特定内容或形式，有相应的游憩和服务设施的绿地。包括儿童公园、动物园、植物园、历史名园、风景名胜公园、游乐公园、其他专类公园（包括纪念性公园）。

2014-070. 下列关于城市道路交通的叙述中，不符合《城市道路交通规划设计规范》的是( )。

    A. 新建地区宜从道路系统上实行分流交通，不宜再采用"三幅路"进行分流，这个原理应在道路规划和改造中长期贯彻下去

    B. 不同规模的城市对交通需求等有很大差异，大城市道路可以分为四级，中等城市的道路可分为三级，小城市道路只分为两级

    C. 50 万人口以上的城市应设置快速路，对 50 万人口以下的城市可以根据城市用地形状和交通需求确定是否建造快速路

    D. 一般快速路可呈"十字形"在城市中心区的外围切过

【答案】C

【解析】题目过时。《城市道路交通规划设计规范》GB 50220—95 第 7.3.1.1 条规定，规划人口在 200 万以上的大城市和长度超过 30km 的带形城市应设置快速路。快速路应与其他干路构成系统，与城市对外公路有便捷的联系。（注：该规范已被《城市综合交通体系规划标准》GB/T 51328—2018 替代）

2014-071. 住房和城乡建设部、监察部联合发出的《关于加强建设用地容积率管理和监督检查的通知》属于( )的范畴。

    A. 行政法规　　　　B. 部门规章　　　　C. 政策文件　　　　D. 技术规范

【答案】B

【解析】题目过时。住房城乡建设部、监察部联合发出的《关于加强建设用地容积率管理和监督检查的通知》属于部门规章，文号为建规［2008］227 号，本规章已失效。故选 B。

2014-072. 某市政府因新建快速路修改城市规划，需拆迁医学院部门的设施和住宅楼，致使该院及住户合法利益受到损失。为此，该院和住户应依据( )要求市政府给予补偿。

    A. 行政许可法　　　B. 行政处罚法　　　C. 物权法　　　　D. 城乡规划法

【答案】D

【解析】依据《城乡规划法》，因依法修改城乡规划给当事人的合法权益造成损失的，应当依法给予赔偿。故选 D。

2014-073. 同级监察局对城乡规划主管部门的行政监督属于( )。

    A. 政治监督   B. 社会监督   C. 司法监督   D. 行政自我监督

【答案】D

【解析】监察、审计机关对行政机关的监督，属于行政自我监督。故选D。

2014-074. 追究行政法律责任的原则是( )。

    A. 劝诫原则   B. 惩罚原则

    C. 主客观分开原则   D. 责任自负原则

【答案】D

【解析】追究行政法律责任的原则包括教育与惩罚相结合的原则、责任法定原则、责任自负原则、主客观一致的原则。故选D。

2014-075. 下列建设行为不属于违法建设的是( )。

    A. 未经城乡规划主管部门批准进行的工程建设

    B. 未按建设工程规划许可证进行建设

    C. 经城乡规划主管部门批准的临时建设

    D. 超过规定期限未拆除的临时建设

【答案】C

【解析】依题意可知C不属于违法建设行为。故选C。

2014-076. 下列听证法定程序中，不正确的是( )。

    A. 行政机关应当于举行听证的七日前将举行听证的时间、地点通知申请人、利害关系人，必要时予以公告

    B. 听证应当公开举行

    C. 举行听证时，申请人应当提供审查意见的证据、理由，并进行申辩和质证

    D. 听证应当制作笔录，听证笔录应当交听证参加人确认无误后签字或者盖章

【答案】C

【解析】《行政许可法》第四十八条规定，举行听证时，审查该行政许可申请的工作人员应当提供审查意见的证据、理由，申请人、利害关系人可以提出证据，并进行申辩和质证。故选C。

2014-077. 根据《城乡规划法》，城乡规划主管部门作出责令停止建设或者限期拆除的决定后，当事人不停止建设或者逾期不拆除的，建设工程所在地( )可以责成有关部门采取查封施工现场、强制拆除等措施。

    A. 城乡规划主管部门   B. 人民法院

    C. 县级以上地方人民政府   D. 城市行政综合执法部门

【答案】C

【解析】《城乡规划法》第六十八条规定，城乡规划主管部门作出责令停止建设或者限期拆除的决定后，当事人不停止建设或者逾期不拆除的，建设工程所在地县级以上地方人民政府可以责成有关部门采取查封施工现场、强制拆除等措施。故选C。

2014-078. 行政复议的行为必须是(　　)。

    A. 抽象行政行为　　　B. 具体行政行为　　　C. 羁束行政行为　　　D. 作为行政行为

【答案】B

【解析】行政复议的行政行为必须是具体行政行为。B正确。

2014-079. 根据《行政诉讼法》，公民，法人或者其他组织直接向人民法院提起诉讼的，作出(　　)行政行为的行政机关是被告。

    A. 具体　　　　　　　B. 抽象　　　　　　　C. 要式　　　　　　　D. 非要式

【答案】无

【解析】题目过时。依据2017年修订后的现行《行政诉讼法》第二十六条，公民、法人或者其他组织直接向人民法院提起诉讼的，作出行政行为的行政机关是被告。

2014-080. 行政机关实施行政处罚时，应当责令当事人(　　)违法行为。

    A. 中止　　　　　　　B. 检讨　　　　　　　C. 消除　　　　　　　D. 改正

【答案】D

【解析】依据《行政处罚法》第二十八条，行政机关实施行政处罚时，应当责令当事人改正或者限期改正违法行为。故选D。

二、多选题（每题五个选项，每题正确答案不少于两个选项，多选或漏选不得分）

2014-081. 根据行政法律关系知识和城乡规划实施的实践，下列对应关系中不正确的是(　　)。

    A. 建设项目报建申请并受理——行政法律关系产生

    B. 城乡规划主管部门审定报建总图——行政法律关系产生

    C. 在建项目在地震中消失——行政法律关系变更

    D. 建设单位报送竣工资料后——行政法律关系消灭

    E. 已报建项目依法转让——行政法律关系消灭

【答案】BCDE

【解析】建设项目报建申请并受理，行政法律关系产生，A正确。C属于行政法律关系消失。城乡规划主管部门审定报建总图或建设单位报送竣工资料后，行政法律关系并未消失，可能还因资料不合规等原因使得行政法律关系继续进行，BD错误。E属于行政法律关系变更。故选BCDE。

2014-082. 一般行政行为的生效规则包括(　　)。

    A. 即时生效　　　　　　　　　　　　B. 自动生效

    C. 受领生效　　　　　　　　　　　　D. 告知生效

    E. 附条件生效

【答案】ACDE

【解析】行政行为的生效规则包括即时生效、受领生效、告知生效、附条件生效。故选ACDE。

2014-083. 根据《立法法》，可以根据法律、行政法规和地方性法规制定地方政府规章的有(   )。

    A. 省、自治区、直辖市人民政府

    B. 省会城市人民政府

    C. 经济特区所在地的市人民政府

    D. 城市人口规模在 50 万以上、不足 100 万的市人民政府

    E. 经国务院批准的较大的市人民政府

【答案】ABCE

【解析】省、自治区、直辖市人民政府，在其权限范围内，可以根据法律、法规制定规章；省、自治区的人民政府所在地的市，经济特区所在地的市，经国务院批准的较大的市的人民政府，可以根据法律、法规，就其职权范围内的行政事项制定规章。故选ABCE。

2014-084. 行政法治原则包括(   )。

    A. 行政合法性原则   B. 行政合理性原则

    C. 行政责权性原则   D. 行政效益性原则

    E. 行政应急性原则

【答案】AB

【解析】行政法治原则包括行政合法性原则、行政合理性原则。故选AB。

2014-085. 根据《城市居住区规划设计规范》，住宅间距在满足日照要求的基础上，还要综合考虑(   )要求。

    A. 采光   B. 地面停车场

    C. 消防   D. 通风

    E. 视觉卫生

【答案】ACDE

【解析】题目过时。《城市居住区规划设计标准》GB 50180—2018 第 4.0.8 条，住宅建筑与相邻建、构筑物的间距应在综合考虑日照、采光、通风、管线埋设、视觉卫生、防灾等要求的基础上统筹确定。故选 ACDE。（注：题述规范已被《城市居住区规划设计标准》GB 50180—2018 替代）

2014-086. 城市总体规划报送审批时，应当一并报送的内容有(   )。

    A. 省域城镇体系规划确定的城镇空间布局和规模控制要求

    B. 本级人民代表大会常务委员会的审议意见

    C. 根据本级人民代表大会常务委员会的审议意见作出修改规划的情况

    D. 对公众及专家意见的采纳情况及理由

    E. 城市总体规划编制单位的资质证书

【答案】BCDE

【解析】《城乡规划法》第十六条规定，规划的组织编制机关报送审批省域城镇体系规划、城市总体规划或者镇总体规划，应当将本级人民代表大会常务委员会组成人员或者镇人民代表大会代表的审议意见和根据审议意见修改规划的情况一并报送。第二十六条规

定，城乡规划报送审批前，组织编制机关应当依法将城乡规划草案予以公告，并采取论证会、听证会或者其他方式征求专家和公众的意见。公告的时间不得少于 30 日。组织编制机关应当充分考虑专家和公众的意见，并在报送审批的材料中附具意见采纳情况及理由。故选 BCDE。

2014-087. 根据《城乡规划法》，规划的组织编制机关应当组织有关部门和专家定期对（   ）实施情况进行评估。

A. 全国城镇体系规划　　　　　　　　B. 省域城镇体系规划

C. 城市总体规划　　　　　　　　　　D. 镇总体规划

E. 乡规划和村庄规划

【答案】BCD

【解析】《城乡规划法》第四十六条规定，省域城镇体系规划、城市总体规划、镇总体规划的组织编制机关，应当组织有关部门和专家定期对规划实施情况进行评估，并采取论证会、听证会或者其他方式征求公众意见。组织编制机关应当向本级人民代表大会常务委员会、镇人民代表大会和原审批机关提出评估报告并附具征求意见的情况。故选 BCD。

2014-088.《城市防洪工程设计规范》中规定的洪水类型有（   ）。

A. 山体滑坡　　　　　　　　　　　　B. 海潮

C. 山洪　　　　　　　　　　　　　　D. 雪崩

E. 泥石流

【答案】BCE

【解析】《城市防洪工程设计规范》GB/T 50805—2012 中规定的洪水类型有江河洪水、海潮、山洪、泥石流和涝水。故选 BCE。

2014-089. 下列建设用地中包括"堆场"用地的是（   ）。

A. 对外交通用地　　　　　　　　　　B. 公用设施用地

C. 仓储用地　　　　　　　　　　　　D. 工业用地

E. 公共服务用地

【答案】ACD

【解析】根据相关规定，对外交通用地包括货物堆场用地；仓储、工业等用地也包括了堆放物资和原材料所需要的"堆场"用地。故选 ACD。

2014-090. 根据《城乡规划法》，近期建设规划应当根据（   ）来制定。

A. 国民经济和社会发展规划　　　　　B. 省域城镇体系规划

C. 城市总体规划　　　　　　　　　　D. 控制性详细规划

E. 修建性详细规划

【答案】AC

【解析】《城乡规划法》第三十四条规定，城市、县、镇人民政府应当根据城市总体规划、镇总体规划、土地利用总体规划和年度计划以及国民经济和社会发展规划，制定近期建设规划，报总体规划审批机关备案。故选 AC。

2014-091. 严寒或寒冷地区以外地区的工程管线应该根据(　　)确定覆土深度。

A. 土壤冰冻深度
B. 土壤性质
C. 地面承受荷载大小
D. 建筑气候区划
E. 管线敷设位置

【答案】BC

【解析】依据《城市工程管线综合规划规范》GB 50289—2016 第4.1.1条，严寒或寒冷地区给水、排水、再生水、直埋电力及湿燃气等工程管线应根据土壤冰冻深度确定管线覆土深度；非直埋电力、通信、热力及干燃气等工程管线以及严寒或寒冷地区以外地区的工程管线应根据土壤性质和地面承受荷载的大小确定管线的覆土深度。故选BC。

2014-092. 根据《城乡规划法》，下列属于村庄规划内容的是(　　)。

A. 确定各级公共服务中心的位置和规模
B. 农村生产、生活服务设施的用地布局
C. 对耕地等自然资源和历史文化遗产保护的具体安排
D. 对公益事业建设的用地布局
E. 村庄发展布局

【答案】BCDE

【解析】《城乡规划法》第十八条规定，乡规划、村庄规划的内容应当包括：规划区范围、住宅、道路、供水、排水、供电、垃圾收集、牲畜养殖场所等农村生产、生活服务设施、公益事业等各项建设的用地布局、建设要求，以及对耕地等自然资源和历史文化遗产保护、防灾减灾等的具体安排。乡规划还应当包括本行政区域内的村庄发展布局。故选BCDE。

2014-093. 根据《城乡规划法》，审批建设项目选址意见书的前置条件是(　　)。

A. 以划拨方式提供国有土地使用权的建设项目
B. 以出让方式提供国有土地使用权的建设项目
C. 符合控制性详细规划和规划条件的项目
D. 按照有关规定需要有关部门审批或者核准的项目
E. 需签订国有土地使用权出让合同的项目

【答案】AD

【解析】《城乡规划法》第三十六条规定，按照国家规定需要有关部门批准或者核准的建设项目，以划拨方式提供国有土地使用权的，建设单位在报送有关部门批准或者核准前，应当向城乡规划主管部门申请核发选址意见书。前款规定以外的建设项目不需要申请选址意见书。故选AD。

2014-094. 根据《行政许可法》，设定行政许可，应当规定行政许可的(　　)。

A. 必要性
B. 实施机关
C. 条件
D. 程序
E. 期限

【答案】BCDE

【解析】依据《行政许可法》第十八条，设定行政许可，应当规定行政许可的实施机关、条件、程序、期限。故选 BCDE。

2014-095. 根据《城市抗震防灾规划管理规定》，当遭受罕见的地震时，城市抗震防灾规划编制应达到的基本目标是( )。

A. 城市一般功能及生命系统基本正常

B. 城市功能不瘫痪

C. 重要的工矿企业能正常或很快恢复生产

D. 要害系统和生命线工程不遭受破坏

E. 不发生严重的次生灾害

【答案】BDE

【解析】依据《城市抗震防灾规划管理规定》第八条，当遭受罕遇地震时，城市功能不瘫痪，要害系统和生命线工程不遭受破坏，不发生严重的次生灾害。故选 BDE。

2014-096. 根据《城乡规划法》，在申请办理建设工程规划许可证时，应当提交的材料有( )。

A. 控制性详细规划　　　　　　　B. 修建性详细规划

C. 近期建设规划　　　　　　　　D. 建设工程方案的总平面图

E. 规划条件

【答案】BD

【解析】依据《城乡规划法》第四十条，申请办理建设工程规划许可证，应当提交使用土地的有关证明文件、建设工程设计方案等材料。需要建设单位编制修建性详细规划的建设项目，还应当提交修建性详细规划。故选 BD。

2014-097. 根据《城市地下空间开发利用管理规定》，下列叙述中正确的是 ( )。

A. 城市地下空间是指城市规划区内地表以下的空间

B. 城市地下空间的工程建设必须符合地下空间规划

C. 城市地下空间规划是城市规划的重要组成部分

D. 附着地面建筑进行地下工程建设，应单独向城乡规划主管部门申请办理建设工程规划许可证

E. 城市地下空间规划需要变更的，需经原批准机关审批

【答案】ABCE

【解析】《城市地下空间开发利用管理规定》第二条规定，本规定所称的城市地下空间，是指城市规划区内地表以下的空间（A 正确）；第十条规定，城市地下空间的工程建设必须符合城市地下空间规划（B 正确）；第九条规定，城市地下空间规划作为城市规划的组成部分，依据《城乡规划法》的规定进行审批和调整，城市地下空间规划需要变更的，须经原批准机关审批（CE 正确）；第十一条规定，附着地面建筑进行地下工程建设，应随地面建筑一并向城市规划行政主管部门申请办理选址意见书、建设用地规划许可证、建设工程规划许可证（D 错误）。故选 ABCE。

2014-098. 管线综合可以解决的矛盾包括( )。

A. 管线布局的矛盾   B. 管线路径的矛盾

C. 管线施工时间的矛盾   D. 管线空间位置的矛盾

E. 管线所属单位间的矛盾

【答案】ABCD

【解析】所属单位间的矛盾无法通过管线综合解决。故选 ABCD。

2014-099. 根据《行政许可法》，设定和实施行政许可必须遵循的原则是(　　)。

A. 分级管理的原则   B. 权责统一的原则

C. 便民的原则   D. 自由裁量的原则

E. 公开、公平、公正的原则

【答案】CE

【解析】依据《行政许可法》第五条，设定和实施行政许可，应当遵循公开、公平、公正的原则。第六条，实施行政许可，应当遵循便民的原则，提高办事效率，提供优质服务。故选 CE。

2014-100. 城市规划主管部门行使行政处罚权属于(　　)。

A. 具体行政行为   B. 依职权行政行为

C. 依申请行政行为   D. 单方行政行为

E. 外部行政行为

【答案】ABDE

【解析】"行政处罚"行为属于具体的、外部的、依职权的、单方面的行政行为。故选 ABDE。

第五节　2017年考试真题

一、单选题（每题四个选项，其中一个选项为正确答案）

2017-001. 党的十八大报告强调，必须把(　　)放在突出位置，融入经济建设、政治建设、文化建设、社会建设各方面和全过程，全面落实"五位一体"总体布局。

A. 全面深化改革   B. 促进社会和谐

C. 城乡统筹发展   D. 生态文明建设

【答案】D

【解析】"五位一体"是党的十八大报告的"新提法"。经济建设、政治建设、文化建设、社会建设、生态文明建设——着眼于全面建成小康社会、实现社会主义现代化和中华民族伟大复兴。故选 D。

2017-002. 构成行政法律关系要素的是(　　)。

A. 行政法律关系主体和客体

B. 行政法律关系内容

C. 行政法律关系的形式

D. 行政法律关系产生、变更和消失的原因

【答案】A

【解析】构成行政法律关系要素的是行政法律关系主体和客体。故选A。

2017-003. 当同一机关按照相同程序就同一领域问题制定了两个以上的法律规范，在实施的过程中，其等级效力是(   )。

A. 同具法律效力   B. 指导性规定优先

C. 后法优于前法   D. 特殊优于一般

【答案】C

【解析】当同一制定机关按照相同程序就同领域问题制定了两个以上法律规范时，后来法律规范的效力高于先前制定的法律规范，即"后法优于前法"。故选C。

2017-004. "凡属宪法、法律规定只能由法律规定的事项，必须在法律明确授权的情况下，行政机关才有权在其制定的行政规范中作出规定"，在行政法学中属于(   )。

A. 法律优位   B. 行政合理性   C. 行政应急性   D. 法律保留

【答案】D

【解析】题干属于行政合法性的其他原则下的法律保留原则。故选D。

2017-005. 在下列的连线中，不符合法律规范构成要素的是(   )。

A. 制定和实施城乡规划应当遵循先规划后建设的原则——假定

B. 县级以上地方人民政府城乡规划主管部门负责本行政区域内的城乡规划管理工作——处理

C. 规划条件未纳入国有土地使用权出让合同的，该国有土地使用权出让合同无效——制裁

D. 城乡规划组织编制机关委托不具有相应资质等级的单位编制城乡规划的，由上级人民政府责令改正，通报批评——制裁

【答案】A

【解析】A属于为主体规定的义务，应为处理，故A不符合法律规范构成要素。B规定了城乡规划主管部门的权利和义务，属于处理，B正确。判定出让合同无效、责令整改和通报批评都属于制裁，CD正确。故选A。

2017-006. 以行政法调整的对象的范围来分类，《城乡规划法》属于(   )。

A. 一般行政法   B. 特别行政法   C. 行政行为法   D. 行政程序法

【答案】B

【解析】《城乡规划法》属于特别行政法。故选B。

2017-007. 根据行政立法程序，住房和城乡建设部颁布的法律规范性文件，从效力等级区分，属于(   )。

A. 行政法规   B. 单行条例   C. 部门规章   D. 地方政府规章

【答案】C

【解析】部门规章是指国务院各部门根据法律、行政法规等在本部门权限范围内制定的规范性法律文件。故选C。

2017-008. 行政合理性原则是行政法治原则的重要组成部分，下列不属于行政合理性原则的是(　　)。

　　A. 平等对待　　　　　B. 比例原则　　　　　C. 特事特办　　　　　D. 没有偏私

【答案】C

【解析】行政合理性原则包括平等对待、比例原则、正常判断、没有偏私。故选C。

2017-009. 公共行政的核心原则是(　　)。

　　A. 廉洁政府　　　　　B. 越权无效　　　　　C. 综合调控　　　　　D. 公民第一

【答案】D

【解析】"公民第一"的原则是公共行政的核心原则。故选D。

2017-010. 下列有关公共行政的叙述，不正确的是(　　)。

　　A. 立法机关的管理活动不属于公共行政

　　B. 公共行政客体既包括企业和事业单位，也包括个人

　　C. 公共行政是指政府处理公共事务的管理活动

　　D. 行政是一种组织的职能

【答案】B

【解析】公共行政的对象又称公共行政客体，即公共行政主体所管理的公共事务。企业和个人应为行政法律关系中的行政相对人。故选B。

2017-011. 划分抽象行政行为和具体行政行为的标准是(　　)。

　　A. 行政行为的主体不同　　　　　　　　B. 行政行为的客体不同

　　C. 行政行为的方式和作用不同　　　　　D. 行政行为的结果不同

【答案】A

【解析】根据行政主体是否特定将行政行为划分为抽象行政行为和具体行政行为。故选A。

2017-012. 下列行政行为，不属于具体行政行为的是(　　)。

　　A. 制定城乡规划　　　　　　　　　　　B. 核发规划许可证

　　C. 对违法建设作出处罚决定　　　　　　D. 对违法行政人员进行处分

【答案】A

【解析】制定城乡规划属于抽象行政行为。故选A。

2017-013. 根据《城乡规划法》，下列规划体系中，不正确的是(　　)。

　　A. 城镇体系规划——全国城镇体系规划、省域城镇体系规划、市域城镇体系规划、县域城镇体系规划、镇域城镇体系规划

　　B. 城市规划——城市总体规划、城市详细规划（控制性详细规划、修建性详细规划）

　　C. 镇规划——镇总体规划、镇详细规划（控制性详细规划、修建性详细规划）

　　D. 乡村规划——乡规划（包括本行政区域内的村庄发展布局）、村庄规划

【答案】A

【解析】城镇体系规划包括全国城镇体系规划和省域城镇体系规划，不包括市域城镇

体系规划、县域城镇体系规划、镇域城镇体系规划。故选 A。

2017-014. 下列规划的审批中，不属于国务院审批的是(　　)。

A. 全国城镇体系规划

B. 省、自治区人民政府所在地城市的总体规划

C. 省级风景名胜区的总体规划

D. 直辖市城市总体规划

【答案】C

【解析】ABD 均要报国务院审批。C 中的省级风景名胜区的总体规划由省、自治区、直辖市人民政府审批。故选 C。

2017-015. 根据《城乡规划法》及部门规章，下列不属于城市总体规划强制性内容的是(　　)。

A. 城市人口规模 B. 城市防护绿地

C. 城市湿地 D. 历史建筑的风貌协调区

【答案】A

【解析】《城乡规划法》第十七条规定，规划区范围、规划区内建设用地规模、基础设施和公共服务设施用地、水源地和水系、基本农田和绿化用地、环境保护、自然与历史文化遗产保护以及防灾减灾等内容，应当作为城市总体规划、镇总体规划的强制性内容。故选 A。

2017-016. 城市总体规划、镇总体规划的强制性内容不包括(　　)。

A. 规划区范围 B. 基础设施和公共服务设施用地

C. 城市性质 D. 基本农田

【答案】C

【解析】题目过时。由已失效的《城市规划强制性内容暂行规定》第六条可知，城市总体规划的强制性内容包括：(一)市域内必须控制开发的地域；(二)城市建设用地；(三)城市基础设施和公共服务设施；(四)历史文化名城保护；(五)城市防灾工程；(六)近期建设规划。城市性质是城市主要的职能，是宏观研究和限定，而不是强制性内容。故选 C。

2017-017. 根据《城市、镇控制性详细规划审批办法》，控制性详细规划应当批准之日起(　　)个工作日内，通过政府信息网站以及当地主要新闻媒体等方式公布。

A. 15 B. 20 C. 30 D. 45

【答案】B

【解析】《城市、镇控制性详细规划编制审批办法》第十七条规定，控制性详细规划应当批准之日起 20 个工作日内，通过政府信息网站以及当地主要新闻媒体等便于公众知晓的方式公布。故选 B。

2017-018. 下列对于城市规划绿线、黄线、蓝线、紫线的划定的叙述中，不正确的是(　　)。

A. 城市绿线在编制城镇体系规划时划定

B. 城市黄线在制定城市总体规划和详细规划时划定

C. 城市蓝线在编制城市规划时划定

D. 城市紫线在编制城市规划时划定

【答案】A

【解析】城市绿线应在制定城市总体规划和详细规划时划定，而城镇体系规划属于宏观规划。故选A。

2017-019. 某市总体规划图标示的风玫瑰图上叠加绘制了虚线玫瑰，按照《城市规划制图标准》规定，虚线玫瑰是( )。

A. 污染系数玫瑰　　B. 污染频率玫瑰　　C. 冬季风玫瑰　　D. 夏季风玫瑰

【答案】A

【解析】根据《城市规划制图标准》CJJ/T 97—2003第2.4.5条，风象玫瑰图应以细实线绘制风频玫瑰图，以细虚线绘制污染系数玫瑰图。风频玫瑰图与污染系数玫瑰图应重叠绘制在一起。故选A。

2017-020. 下列规划行政行为与行政行为生效规则相符合的是( )。

	规划行政行为	行政行为生效规则
A.	城市人大常委会批准《城市规划条例》	附条件生效
B.	上级政府批准城市总体规划	即时生效
C.	规划部门核发建设工程规划许可证	告知生效
D.	规划部门对违法建设作出行政处罚	告知生效

【答案】A

【解析】B属于附条件生效，CD属于受领生效。故选A。

2017-021. 根据《近期建设规划工作暂行办法》，近期建设规划的强制性内容不包括( )。

A. 城市近期发展规模

B. 城市近期建设重点

C. 对历史文化名城的保护措施

D. 对城市名胜区、城市绿化、城市广场的治理和建设意见

【答案】D

【解析】题目过时。已失效的《近期建设规划工作暂行办法》第七条规定，近期建设规划必须具备的强制性内容包括：（一）确定城市近期建设重点和发展规模；（二）依据城市近期建设重点和发展规模，确定城市近期发展区域，对规划年限内的城市建设用地总量、空间分布和实施时序等进行具体安排，并制定控制和引导城市发展的规定；（三）根据城市近期建设重点，提出对历史文化名城、历史文化保护区、风景名胜区等相应的保护措施。故选D。

2017-022. 根据有关法律法规的规定，下列说法不正确的是(   )。

A. 城市总体规划实施情况评估工作，原则上应当每 2 年进行一次

B. 风景名胜区应当自设立之日起 2 年内编制完成总体规划

C. 历史文化名城保护规划应在批准公布之日起 2 年内编制完成

D. 风景名胜区总体规划到期届满前 2 年，应组织专家进行评估，作出是否重新编制规划决定

【答案】C

【解析】依据《历史文化名城名镇名村保护条例》第十三条，保护规划应当自历史文化名城、名镇、名村批准公布之日起 1 年内编制完成。故选 C。

2017-023. 在修改控制性详细规划时，组织编制机关应当对修改的必要性进行论证(   )，并向原审批机关提出专题报告，经原审批机关同意后，方可编制修改方案。

A. 对规划实施情况进行评估

B. 采取听证会或者其他方式征求公众意见

C. 征求规划地段内利害关系人的意见

D. 征求本级人民代表大会的意见

【答案】C

【解析】《城乡规划法》第四十八条规定，修改控制性详细规划的，组织编制机关应当对修改的必要性进行论证，征求规划地段内利害关系人的意见，并向原审批机关提出专题报告，经原审批机关同意后，方可编制修改方案。故选 C。

2017-024. 行政许可的原则不包括(   )。

A. 合法原则
B. 公平、公开、公正原则
C. 效率原则
D. 便民原则

【答案】C

【解析】效率原则属于依法行政的基本原则。而行政许可的原则包括：合法原则，公开、公平、公正原则，便民原则，救济原则，信赖原则，监督原则。故选 C。

2017-025. 下列属于城乡规划行政许可的是(   )。

A. 审批城乡规划编制单位的资质
B. 审批房地产开发企业的资质
C. 建设工程竣工后的规划文件核实
D. 规定出让地块的规划条件

【答案】A

【解析】B 不属于城乡规划领域的行政许可，CD 属于许可后和许可前的审查，不属于行政许可，没有赋予新的权益。故选 A。

2017-026. 城乡规划主管部门依法核发建设用地规划许可证、建设工程规划许可证、乡村建设规划许可证属于(   )的行政行为。

A. 依职权
B. 依申请
C. 不作为
D. 作为

【答案】B

【解析】核发规划许可证属于依申请的行政行为。故选 B。

2017-027. 根据《行政许可法》，下列叙述中不正确的是(　　)。

    A. 行政法规可以在法律设定的行政许可事项范围内，对实施该行政许可作出具体规定

    B. 设定行政许可，应当规定行政许可的对象

    C. 地方性法规可以在法律、行政法规的行政许可事项范围内，对实施该行政许可作出具体规定

    D. 规章可以在上位法设定的行政许可事项范围内，对实施该行政许可作出具体规定

【答案】B

【解析】依据《行政许可法》，设立行政许可，应当规定行政许可的实施机关、条件、程序、期限。而对象是无法规定的，对于任何符合条件的对象都可以进行许可。故选B。

2017-028. 根据《城乡规划法》，在城市总体规划、镇总体规划确定的(　　)范围内之外，不得设立各类开发区和城市新区。

    A. 规划区　　　　　B. 建设用地　　　　　C. 生态红线　　　　　D. 开发边界

【答案】B

【解析】依据《城乡规划法》第三十条，在城市总体规划、镇总体规划确定的建设用地范围以外，不得设立各类开发区和城市新区。故选B。

2017-029. 对城市发展布局有影响的，城市规划中确定的，必须控制的城市基础设施用地的控制界线，应当依据住房和城乡建设部发布的(　　)来划定。

    A.《城市蓝线管理办法》　　　　　　B.《城市紫线管理办法》

    C.《城市黄线管理办法》　　　　　　D.《城市绿线管理办法》

【答案】C

【解析】《城市黄线管理办法》第二条规定，本办法所称城市黄线，是指对城市发展全局有影响的、城市规划中确定的、必须控制的城市基础设施用地的控制界线。故选C。

2017-030. 根据《城市总体规划实施评估办法（试行）》，城市总体规划实施评估工作的组织机关是(　　)。

    A. 城市规划委员会　　　　　　　　B. 本级人民代表大会

    C. 城市人民政府　　　　　　　　　D. 城市人民政府城乡规划主管部门

【答案】C

【解析】《城市总体规划实施评估办法（试行）》第二条规定，城市人民政府是城市总体规划实施评估工作的组织机关。故选C。

2017-031. 下列不属于控制性详细规划编制基本内容的是(　　)。

    A. 土地利用的性质

    B. 容积率

    C. 黄线、绿线、紫线、蓝线以及控制要求

    D. 划定限建区

【答案】D

【解析】《城市、镇控制性详细规划编制审批办法》第十条规定，控制性详细规划编制基本内容有土地利用的性质；容积率、建筑高度、建筑密度、绿地率等用地指标；黄线、绿线、紫线、蓝线以及控制要求等。D不属于其内容。故选D。

2017-032. 经依法审定的修建性详细规划，建设工程设计方案总平面图确需修改的，应当采取听证会等形式，听取( )意见。

  A. 城乡规划主管部门   B. 社会群众代表

  C. 直接和相关责任人   D. 利害关系人

  【答案】D

  【解析】《城乡规划法》第五十条规定，经依法审定的修建性详细规划，建设工程设计方案总平面图确需修改的，应当采取听证会等形式，听取利害关系人的意见。故选D。

2017-033. 根据《城乡规划法》，不属于核发建设项目选址意见书具体行政行为主体的是( )。

  A. 国务院城乡规划主管部门   B. 省级城乡规划主管部门

  C. 市级城乡规划主管部门   D. 县级城乡规划主管部门

  【答案】A

  【解析】国务院城乡主管部门不属于核发建设项目选址意见书具体行政行为的主体。故选A。

2017-034. 根据《土地管理法》，下列土地分类正确的是( )。

  A. 农用地、城乡用地和开发用地

  B. 农用地、城乡用地和工矿用地

  C. 农用地、建设用地和未用地

  D. 农用地、一般建设用地和军事用地

  【答案】C

  【解析】《土地管理法》第四条规定，国家实行土地用途管制制度，国家编制土地利用总体规划，规定土地用途，将土地分为农用地、建设用地和未利用地。故选C。

2017-035. "建设用地的使用权可以在土地的地表、地上或者地下分别设立"是由( )规定的。

  A.《土地管理法》   B.《物权法》   C.《城乡规划法》   D.《人民防空法》

  【答案】B

  【解析】题目过时。《物权法》第一百三十六条规定，建设用地使用权可以在土地的地表、地上或者地下分别设立。故选B。（注：自2021年1月1日《民法典》实施后，《物权法》同时废止）

2017-036. 某乡镇企业向该县人民政府城乡规划主管部门提出建设申请，经审核后核发了乡村建设规划许可证，结果被认定为程序违法，其正确的程序应当是( )。

  A. 乡镇企业应当向县人民政府城乡规划主管部门提出建设申请，经审核后由乡镇人民政府核发乡村建设规划许可证

B. 乡镇企业应当向乡镇人民政府提出建设申请，由乡镇人民政府报县人民政府城乡规划主管部门核发乡村建设规划许可证

C. 乡镇企业应当向乡镇人民政府提出建设申请，经过村民会议或者村民代表会议讨论同意后，由乡镇人民政府核发乡村建设规划许可证

D. 乡镇企业应当向县人民政府城乡规划主管部门提出建设申请，报县人民政府审查批准并核发乡村建设规划许可证

【答案】B

【解析】《城乡规划法》第四十一条规定，在乡、村庄规划区内进行乡镇企业、乡村公共设施和公益事业建设的，建设单位或者个人应当向乡、镇人民政府提出申请，由乡、镇人民政府报城市、县人民政府城乡规划主管部门核发乡村建设规划许可证。故选B。

2017-037. 根据《物权法》，业主的住宅改变为经营性用房的，除遵守法律、法规以及管理规定外，还应当经(　　)同意。

A. 有利害关系的业主　　　　　　B. 业主大会

C. 业主委员会　　　　　　　　　D. 过半数业主

【答案】A

【解析】题目过时。《物权法》第七十七条规定，业主不得违反法律、法规以及管理规约，将住宅改变为经营性用房。业主将住宅改变为经营性用房的，除遵守法律、法规以及管理规约外，应当经有利害关系的业主同意。故选A。（注：自2021年1月1日《民法典》实施后，《物权法》同时废止）

2017-038. 根据《城市房地产管理法》，以划拨方式取得土地使用权的，除法律、行政法规另有规定外，使用期限为(　　)。

A. 70年　　　　　　B. 50年　　　　　　C. 40年　　　　　　D. 没有期限

【答案】D

【解析】《城市房地产管理法》第二十三条规定，依照本法规定以划拨方式取得土地使用权的，除法律、行政法规另有规定外，没有使用期限的限制。故选D。

2017-039. 根据《城乡规划法》，以划拨方式取得土地使用权的建设项目，建设单位在办理(　　)后，方可向县级以上地方人民政府土地主管部门申请用地。

A. 选址意见书　　　　　　　　　B. 建设用地规划许可证

C. 建设工程规划许可证　　　　　D. 规划条件

【答案】B

【解析】《城乡规划法》第三十七条规定，建设单位在取得建设用地规划许可证后，方可向县级以上地方人民政府土地主管部门申请用地，经县级以上人民政府审批后，由土地主管部门划拨土地。故选B。

2017-040. 某开发商以出让方式取得某地块的建设用地使用权，由于(　　)，根据《房地产管理法》，将受到无偿收回建设用地使用权的处罚。

A. 未取得建设用地规划许可证

B. 擅自改变土地的用途

C. 超过土地使用权出让合同约定的动工开发期限,满2年未动工开发

D. 未取得建设工程规划许可证开工建设

【答案】C

【解析】《城市房地产管理法》第二十六条规定,以出让方式取得土地使用权进行房地产开发的,必须按照土地使用权出让合同约定的土地用途、动工开发期限开发土地。满二年未动工开发的,可以无偿收回土地使用权。故选C。

2017-041. 根据《城乡规划法》,以出让方式提供国有土地使用权的建设项目,需要向城乡规划主管部门办理手续,下列规划管理程序中不正确的是( )。

A. 地块出让前——①依据控制性详细规划提供条件;②核发项目选址意见书

B. 用地申请——①提交建设项目批准、核准、备案文件;②提交土地出让合同;③提供建设单位用地申请表

C. 用地审核——①现场踏勘和征询意见;②核验规划条件;③审定建设工程总平图;④审定建设用地范围

D. 行政许可——①领导签字批准;②核发建设用地规划许可证

【答案】A

【解析】《城乡规划法》第三十六条规定,按照国家规定需要有关部门批准或者核准的建设项目,以划拨方式提供国有土地使用权的,建设单位在报送有关部门批准或者核准前,应当向城乡规划主管部门申请核发选址意见书。前款规定以外的建设项目不需要申请选址意见书。题目问的是以出让方式提供使用权的建设项目,所以不需要核发选址意见书,因此A不正确。故选A。

2017-042. 根据《城乡用地分类和规划建设用地标准》,城乡用地包括( )两部分。

A. 建设用地分类和非建设用地分类

B. 城乡用地分类和城市用地分类

C. 城市建设用地分类和乡村建设用地分类

D. 现状建设用地分类和规划建设用地分类

【答案】A

【解析】根据《城市用地分类与规划建设用地标准》GB 50137—2011第3条用地分类可知,用地分类包括城乡用地分类、城市建设用地分类两部分,城乡用地包括建设用地分类和非建设用地分类两部分。故选A。

2017-043. 根据《城市用地分类和规划建设用地标准》,人均居住用地是指城市内的居住用地面积除以( )的常住人口。

A. 城市规划区范围　　　　　　　B. 城市建成区范围

C. 城乡居民点建设用地　　　　　D. 城市建设用地

【答案】D

【解析】《城市用地分类与规划建设用地标准》第2.0.6条规定,人均居住用地面积指城市(镇)内的居住用地面积除以城市建设用地内的常住人口数量,单位为 m^2/人。故选D。

2017-044. 据《历史文化名城名镇名村保护条例》，对历史文化名城、名镇、名村的保护应当（　　）。

    A. 整体保护　　　　　B. 重点保护　　　　　C. 分类保护　　　　　D. 异地保护

【答案】A

【解析】《历史文化名城名镇名村保护条例》第二十一条，历史文化名城、名镇、名村应当整体保护。故选 A。

2017-045. 根据《城乡规划法》，授权（　　）核发建设工程规划许可证。

    A. 省、自治区人民政府城乡规划主管部门

    B. 城市人民政府城乡规划主管部门

    C. 县人民政府城乡规划主管部门

    D. 省、自治区、直辖市人民政府确定的镇人民政府

【答案】A

【解析】《城乡规划法》第四十条规定，在城市、镇规划区内进行建筑物、构筑物、道路、管线和其他工程建设的，建设单位或者个人应当向城市、县人民政府城乡规划主管部门或者省、自治区、直辖市人民政府确定的镇人民政府申请办理建设工程规划许可证。故选 A。

2017-046. 根据《城乡规划法》，城市的建设和发展，应当优先安排（　　）。

    A. 居民住宅的建设和统筹安排进城务工人员的生活

    B. 基础设施以及公共服务设施的建设

    C. 社区绿化设施的建设

    D. 地下空间开发和利用设施的建设

【答案】B

【解析】《城乡规划法》第二十九条规定，城市的建设和发展，应当优先安排基础设施以及公共服务设施的建设，妥善处理新区开发与旧区改建的关系，统筹兼顾进城务工人员生活和周边农村经济社会发展、村民生产与生活的需要。故选 B。

2017-047. 根据《物权法》，使用权期间届满，自动续期的建设用地是（　　）。

    A. 餐饮用地　　　　　　　　　　B. 一类工业用地

    C. 社会停车场用地　　　　　　　D. 住宅用地

【答案】D

【解析】《物权法》第一百四十九条规定，住宅建设用地使用权期间届满的，自动续期。故选 D。（注：自 2021 年 1 月 1 日《民法典》实施后，《物权法》同时废止）

2017-048. 根据《城乡规划法》，城乡规划主管部门不得在城乡规划确定的（　　）以外作出规划许可。

    A. 行政区　　　　　B. 规划区　　　　　C. 建设用地范围　　　D. 建成区

【答案】C

【解析】《城乡规划法》第四十二条规定，城乡规划主管部门不得在城乡规划确定的建

设用地范围以外作出规划许可。故选 C。

2017-049. 根据《城市居住区规划设计规范》，下列叙述中不正确的是（　　）。

A. 老年人居住建筑设置与否视具体情况而定

B. 老年人居住建筑不应低于冬至日日照 2h 的标准

C. 老年人居住建筑宜靠近相关服务设施

D. 老年人居住建筑宜靠近公共绿地

【答案】A

【解析】题目过时。《城市居住区规划设计标准》GB 50180—2018 第 4.0.9 条规定，老年人居住建筑日照标准不应低于冬至日日照时数 2h（B 正确）；老年人居住建筑一般靠近相关服务设施和公共绿地（CD 正确）。故选 A。（注：题述规范已被《城市居住区规划设计规范》GB 50180—2018 替代）

2017-050. 根据《城市工程管线综合规划规范》，下列有关城市工程管线下敷设的叙述中，不正确的是（　　）。

A. 在严寒地区应根据土壤冰冻深度确定给排水管线覆土深度

B. 应根据土壤性质和地面承受荷载的大小确定热力管线的覆土深度

C. 当工程管线交叉敷设时，供水管线宜让雨水排水管线

D. 各种管线应在垂直方向上重叠直埋敷设

【答案】D

【解析】由《城市工程管线综合规划规范》GB 50289—2016 第 4.1.6 条可知，各种工程管线不应在垂直方向上重叠敷设。故选 D。

2017-051. 根据《城市电力规划规范》，在大、中城市的繁华商务区规划新建的变电所，宜采用（　　）结构。

A. 全户外式　　　　B. 箱体式　　　　C. 附属式　　　　D. 小型户内式

【答案】D

【解析】由《城市电力规划规范》GB/T 50293—2014 第 7.2.6 条可知，在大、中城市的超高层公共建筑群区、中心商务区及繁华、金融商贸街区，宜采用小型户内式。故选 D。

2017-052. 根据《水法》，开发利用水资源，应当首先满足城乡居民用水，统筹兼顾农业、工业用水和（　　）需要。

A. 绿化景观　　　　　　　　　　B. 城乡建设施工

C. 城市环境卫生公共设施　　　　D. 航运

【答案】D

【解析】《水法》第二十一条规定，开发、利用水资源，应当首先满足城乡居民生活用水，并兼顾农业、工业、生态环境用水以及航运等需要。故选 D。

2017-053. 根据《城市工程管线综合规划规范》，下列关于综合管沟内敷设的叙述，不正确的是（　　）。

114

A. 相互无干扰的工程管线可以设置在管沟的同一小室

B. 相互有干扰的工程管线应敷设在管沟的不同小室

C. 电信电缆管线与高压输电电缆管线必须分开设置

D. 综合管沟内不宜敷设热力管线

【答案】D

【解析】依据《城市工程管线综合规划规范》GB 50289—2016 第 4.2.2 条，综合管廊内可敷设电力、通信、给水、热力、再生水、天然气、污水、雨水管线等城市工程管线，D 叙述不正确。故选 D。

2017-054. 根据《物权法》，下列建设用地使用权的叙述中，不正确的是（　　）。

A. 建设用地使用权应当向登记机构登记设立

B. 新设立的建设用地使用权，不得损害已设立的用益物权

C. 设立建设用地使用权，可以采取出让或划拨等方式

D. 建设用地使用权人无权将建设用地使用权转让、互换、出资、赠与或者抵押，但法律另有规定的除外

【答案】D

【解析】题目过时。《物权法》第一百四十三条规定，建设用地使用权人有权将建设用地使用权转让、互换、出资、赠与或者抵押，但法律另有规定的除外。故选 D。（注：自 2021 年 1 月 1 日《民法典》实施后，《物权法》同时废止）

2017-055. 根据《城乡规划法》，应当制定乡规划、村庄规划的区域，由（　　）确定。

A. 省人民政府城乡规划主管部门　　　　B. 市人民政府城乡规划主管部门

C. 县级以上地方人民政府　　　　　　　D. 乡镇人民政府

【答案】C

【解析】根据《城乡规划法》相关规定，县级以上地方人民政府根据本地农村经济社会发展水平，按照因地制宜、切实可行的原则，确定应当制定乡规划、村庄规划的区域。在确定区域内的乡、村庄，应当依照本法制定规划，规划区内的乡、村庄建设应当符合规划要求。故选 C。

2017-056. 根据《城乡规划法》，在乡、村庄规划区内使用原有宅基地进行农村村民住宅建设的规划管理办法，由（　　）制定。

A. 省、自治区、直辖市

B. 省、自治区、直辖市人民政府城乡规划主管部门

C. 城市、县人民政府

D. 乡镇人民政府

【答案】A

【解析】《城乡规划法》第四十一条规定，在乡、村庄规划区内使用原有宅基地进行农村村民住宅建设的规划管理办法，由省、自治区、直辖市制定。故选 A。

2017-057. 根据《城乡规划法》，临时建设和临时用地的规划管理的具体办法，由（　　）制定。

A. 国务院城乡规划主管部门

B. 省、自治区、直辖市人民政府城乡规划主管部门

C. 省、自治区、直辖市人民政府

D. 乡、镇人民政府

【答案】C

【解析】《城乡规划法》第四十四条规定，在城市、镇规划区内进行临时建设的，应当经城市、县人民政府城乡规划主管部门批准。临时建设和临时用地规划管理的具体办法，由省、自治区、直辖市人民政府制定。故选C。

2017-058. 下列城乡规划技术标准规范中，属于通用标准的是(　　)。

A.《城市居住区规划设计规范》　　　　B.《城市用地分类与规划建设用地标准》

C.《城市道路交通规划设计规范》　　　D.《历史文化名城保护规划规范》

【答案】D

【解析】题目过时。根据我国城乡规划技术标准的层次，《城市居住区规划设计规范》GB 50180—93——专用标准，该标准已废止；《城市用地分类与规划建设用地标准》GB 50137—2011——基础标准；《城市道路交通规划设计规范》GB 50220—95——专用标准，该标准已废止；《历史文化名城保护规划规范》GB 50357—2005——通用标准，该标准已废止。故选D。

2017-059.《城市用地竖向规划规范》对城市主要建设用地适宜规划坡度作了规定，其中最大坡度可达 **25%** 的建设用地是(　　)。

A. 工业用地　　　　　　　　　　　　B. 铁路用地

C. 居住用地　　　　　　　　　　　　D. 公共设施用地

【答案】C

【解析】题目过时。由《城乡建设用地竖向规划规范》CJJ 83—2016 第 4.0.1 条可知，城乡建设用地选择及用地布局应充分考虑竖向规划的要求，并应符合下列规定：(1) 城镇中心区用地应选择地质、排水防涝及防洪条件较好且相对平坦和完整的用地，其自然坡度宜小于 20%，规划坡度宜小于 15%；(2) 居住用地宜选择向阳、通风条件好的用地，其自然坡度宜小于 25%，规划坡度宜小于 25%；(3) 工业、物流用地宜选择便于交通组织和生产工艺流程组织的用地，其自然坡度宜小于 15%，规划坡度宜小于 10%。故选C。(注：题述规范已被《城乡建设用地竖向规划规范》CJJ 83—2016 替代)

2017-060. 城市公共厕所的设置应符合《城市环境卫生设施规划规范》的要求，下列叙述中不符合规定的是(　　)。

A. 在满足环境及景观要求条件下，城市绿地内可以设置公共厕所

B. 一般公共设施用地公厕的配建密度高于居住用地

C. 公共厕所宜与其他环境卫生设施合建

D. 小城市公共厕所的设置宜采用公共厕所设置标准的下限

【答案】D

【解析】题目过时。《城市环境卫生设施规划标准》GB/T 50337—2018 第 7.1.3 条规

定，公共厕所设置应符合下列要求：公共厕所宜与其他环境卫生设施合建；在满足环境及景观要求的条件下，城市公园绿地内可以设置公共厕所（AC 正确）。由标准中表 7.1.4 可知，B 是正确的。故选 D。（注：题述规范已被《城市环境卫生设施规划标准》GB/T 50337—2018 替代）

2017-061. 根据《城市抗震防灾规划管理规定》，下列叙述中正确的是( )。

  A. 在抗震防灾区的城市，抗震防灾规划的范围应当与中心城区一致

  B. 规定所称抗震设防区，是指地震基本烈度 6 度及 6 度以上地区

  C. 规定所称抗震设防区，是指地震地质条件复杂的地区

  D. 规定所称抗震设防区，是指地震活动峰值加速度大于等于 0.1g 的地区

  【答案】B

  【解析】依据《城市抗震防灾规划管理规定》第二条，抗震设防区，是指地震基本烈度 6 度及 6 度以上地区（地震动峰值加速度≥0.05g 的地区）。故选 B。

2017-062.《城市地下空间开发利用管理规定》所称的地下空间，是指城市( )内地表下的空间。

  A. 规划区   B. 建设用地范围

  C. 建成区   D. 适建区

  【答案】A

  【解析】《城市地下空间开发利用管理规定》第二条规定，本规定所称的城市地下空间，是指城市规划区内地表以下的空间。故选 A。

2017-063. 下列哪一组城市全部为国家历史文化名城( )。

  A. 上海、北海、临海、海南、威海   B. 南京、南阳、南通、南昌、济南

  C. 金华、银川、铜陵、铁岭、无锡   D. 绍兴、嘉兴、宜兴、泰兴、兴城

  【答案】B

  【解析】依据国家历史文化名城名录可知，应选 B。

2017-064. 根据《文物保护法》，下列叙述中正确是( )。

  A. 迁移或者拆除省级以上文物保护单位的，批准前需取得国务院文物主管部门的同意

  B. 全国重点文物保护单位一律不得迁移

  C. 不可移动文物全部损坏的，一律不得在原址重建

  D. 历史文化名城和历史文化街区、村镇的保护办法，由国家文物局制定

  【答案】A

  【解析】《文物保护法》第二十条规定，迁移或者拆除省级文物保护单位的，批准前须征得国务院文物行政部门同意。全国重点文物保护单位不得拆除；需要迁移的，须由省、自治区、直辖市人民政府报国务院批准。A 正确，B 错误。

  第二十二条规定，不可移动文物已经全部毁坏的，应当实施遗址保护，不得在原址重建。但是，因特殊情况需要在原址重建的，由省、自治区、直辖市人民政府文物行政部门报省、自治区、直辖市人民政府批准。C 错误。

第十四条规定，历史文化名城和历史文化街区、村镇的保护办法，由国务院制定。D 错误。故选 A。

2017-065. 根据《历史文化名城保护规划规范》，历史文化街区内文物古迹和历史建筑的用地面积宜达到保护区内总建筑用地(　　)以上。

　　A. 25% 　　　　　　　　　　　　　　　B. 35%
　　C. 50% 　　　　　　　　　　　　　　　D. 60%

【答案】D

【解析】题目过时。《历史文化名城保护规划标准》GB/T 50357—2018 第 4.1.1 条规定，历史文化街区应具备下列条件：历史文化街区核心保护范围内的文物保护单位、历史建筑、传统风貌建筑的总用地面积不应小于核心保护范围内建筑总用地面积的 60%。故选 D。(注：题述规范已被《历史文化名城保护规划标准》GB/T 50357—2018 替代)

2017-066. 根据《历史文化名城保护规划规范》，在"建设控制地带"以外的环境协调区，其主要保护的是(　　)。

　　A. 建筑物的性质 　　　　　　　　　　B. 建筑物的高度
　　C. 原有道路格局 　　　　　　　　　　D. 自然地形地貌

【答案】无

【解析】题目过时。新规范《历史文化名城保护规划标准》GB/T 50357—2018 已无环境协调区相关规定。

2017-067. 当城市干道红线宽度超过 30m 时，宜在城市干道两侧布置的管线是(　　)。

　　A. 排水管线 　　　　　　　　　　　　B. 给水管线
　　C. 电力管线 　　　　　　　　　　　　D. 热力管线

【答案】无

【解析】题目过时。新规范《城市工程管线综合规划规范》GB 50289—2016 第 4.1.5 条的规定为，沿城市道路规划的工程管线应与道路中心线平行，其主干线应靠近分支管线多的一侧。工程管线不宜从道路一侧转到另一侧。道路红线宽度超过 40m 的城市干道宜两侧布置配水、配气、通信、电力和排水管线。

2017-068. 根据《文物保护法》，对不可移动文物的修缮、保养、迁移，必须遵守(　　)。

　　A. 完好如初的原则
　　B. 使用原材料、原工艺、原风格保护的原则
　　C. 保护文物本体及周边环境的原则
　　D. 不改变文物原状的原则

【答案】D

【解析】《文物保护法》第二十一条规定，对不可移动文物进行修缮、保养、迁移，必须遵守不改变文物原状的原则。故选 D。

2017-069. 根据《自然保护区条例》，自然保护区的范围不包括(　　)。

　　A. 有大量历史文物古迹的林区

B. 珍稀濒危野生动植物物种的天然集中分布区域

C. 典型的自然地理区域

D. 具有特殊保护价值的海域、岛屿

【答案】A

【解析】由《自然保护区条例》第十条可知，自然保护区的范围不包括大量历史文物古迹的林区。

2017-070. 根据《自然保护区条例》，进入国家级自然保护区核心区域，必须经( )有关自然保护区行政主管部门批准。

A. 国务院   B. 省政府

C. 市政府   D. 县政府

【答案】B

【解析】《自然保护区条例》第二十七条规定，禁止任何人进入自然保护区的核心区。因科学研究的需要，必须进入核心区从事科学研究观测、调查活动的，应当事先向自然保护区管理机构提交申请和活动计划，并经自然保护区管理机构批准；其中，进入国家级自然保护区核心区的，应当经省、自治区、直辖市人民政府有关自然保护区行政主管部门批准。故选B。

2017-071. 城乡规划行政监督检查是城乡规划主管部门的( )，不需要征得行政相对人的同意。

A. 行政司法行为   B. 强制行政行为

C. 依申请的行政行为   D. 多方行政行为

【答案】B

【解析】根据相关法律法规规定，城乡规划行政监督检查是城乡规划主管部门的依职权的行政行为，不需要征得行政相对方的同意，具有强制性。故选B。

2017-072. 根据《城乡规划法》，下列关于规划条件的叙述中，不正确的是( )。

A. 未规定规划条件的地块，不得出让国有土地使用权

B. 建设单位应当按照规划条件进行建设

C. 建设单位应当及时将依法变更后的规划条件报有关人民政府土地主管部门备案

D. 城市、县人民政府城乡规划主管部门应当及时将依法变更后的规划条件通报上级
   土地主管部门

【答案】D

【解析】《城乡规划法》第四十三条规定，建设单位应当按照规划条件进行建设；确需变更的，必须向城市、县人民政府城乡规划主管部门提出申请。变更内容不符合控制性详细规划的，城乡规划主管部门不得批准。城市、县人民政府城乡规划主管部门应当及时将依法变更后的规划条件通报同级土地主管部门并公示。建设单位应当及时将依法变更后的规划条件报有关人民政府土地主管部门备案。故选D。

2017-073. 根据《保守国家秘密法》，以下不属于国家秘密密级的是( )。

A. 绝密事项   B. 机密事项   C. 保密事项   D. 秘密事项

【答案】C

【解析】《保守国家秘密法》可知，国家秘密密级分为"绝密""机密""秘密"三级。

2017-074. 下列连线中，行政行为的听证程序与听证分类不相符的是(　　)。

A. 直辖市《城乡规划条例》送审之前——立法听证

B. 相对人对行政处罚的申请听证——抽象行政行为听证

C. 对规划实施情况的评估——决策听证

D. 确需修改已经审定的总平面图——具体行政行为听证

【答案】B

【解析】抽象行政行为是指特定的行政机关制定和发布普遍行为准则的行为，可以反复使用，包括制定法规、规章等，相对人对行政处罚的申请听证属于具体行政行为听证。故选B。

2017-075. 行政诉讼审理的核心是审查具体行政行为的(　　)。

A. 合法性　　　　B. 合理性　　　　C. 适当性　　　　D. 统一性

【答案】A

【解析】根据行政诉讼法规定，人民法院审理行政案件，对具体行政行为是否合法进行审查。故选A。

2017-076. 编制城市规划，属于(　　)行政行为。

A. 具体　　　　B. 抽象　　　　C. 依申请　　　　D. 羁束

【答案】B

【解析】根据相关规定，编制城市规划属于抽象行政行为，不针对特定对象，且具有普遍性和后及力。故选B。

2017-077. 根据《行政处罚法》，违法行为构成犯罪的，应当依法追究刑事责任，不得以(　　)代替刑事处罚。

A. 行政拘留　　　B. 行政诉讼　　　C. 行政处罚　　　D. 刑事诉讼

【答案】C

【解析】《行政处罚法》第八条规定，公民、法人或者其他组织因违法受到行政处罚，其违法行为对他人造成损害的，应当依法承担民事责任。违法行为构成犯罪，应当依法追究刑事责任，不得以行政处罚代替刑事处罚。故选C。

2017-078. 根据《行政处罚法》，下列不属于行政处罚的是(　　)。

A. 警告　　　　B. 罚款　　　　C. 羁束　　　　D. 没收违法所得

【答案】C

【解析】《行政处罚法》第九条规定，行政处罚的种类：（一）警告、通报批评；（二）罚款、没收违法所得、没收非法财物；（三）暂扣许可证、降低资质等级、吊销许可证件；（四）限制开展经营活动、责令停产停业、责令关闭、限制从业；（五）行政拘留；（六）法律、行政法规规定的其他行政处罚。故选C。

2017-079. 根据《城乡规划法》，城乡规划主管部门对违法建设作出限期拆除的决定时，当事人拒不拆除的，建设工程所在地县级以上地方人民政府可以( )。

    A. 没收实物

    B. 没收违法所得

    C. 申请法院强制拆除

    D. 责成有关部门采取查封施工现场强制拆除等措施

【答案】D

【解析】《城乡规划法》第六十八条规定，城乡规划主管部门作出责令停止建设或者限期拆除的决定后，当事人不停止建设或者逾期不拆除的，建设工程所在地县级以上地方人民政府可以责成有关部门采取查封施工现场、强制拆除等措施。故选 D。

2017-080. 根据《城乡规划违法违纪行为处分办法》对行政机关有违法违纪行为的有关责任人，由( )按照管理权限依法给予处分。

    A. 城市政府或者检察机关   B. 人民法院或者监察机关

    C. 任免机关或者检察机关   D. 任免机关或者监察机关

【答案】D

【解析】《城乡规划违法违纪行为处分办法》第二条规定，有城乡规划违法违纪行为的单位中负有责任的领导人员和直接责任人员，以及有城乡规划违法违纪行为的个人，应当承担纪律责任。有关责任人员由任免机关或者监察机关按照管理权限依法给予处分。故选 D。

二、多选题（每题五个选项，每题正确答案不少于两个选项，多选或漏选不得分）

2017-081. 在我国，行政权力主要包括( )。

    A. 立法参与权   B. 法律解释权

    C. 委托立法权   D. 司法行政权

    E. 行政管理权

【答案】ACDE

【解析】行政权力主要包括：立法参与权、委托立法权、司法行政权、行政管理权。故选 ACDE。

2017-082. 城乡规划具有重要的公共政策属性，这是因为其( )。

    A. 对城市建设和发展具有导向功能

    B. 对城市建设中的各种社会利益具有调控功能

    C. 对城市空间资源具有分配功能

    D. 体现了城市政府的政治职能

    E. 体现政府对管理城市社会公共事务所发挥的作用

【答案】ACE

【解析】城乡规划仅仅对城市建设中的宏观社会利益具有调控功能，而非对各种社会利益具有调控功能，B 错误；城乡规划体现了政府的社会职能而非政治职能，D 错误。故选 ACE。

2017-083. 根据《城乡规划法》，审批机关批准( )前，应当组织专家和有关部门进行审查。

    A. 省域城镇体系规划　　　　　　　B. 城市总体规划

    C. 近期建设规划　　　　　　　　　D. 镇总体规划

    E. 乡规划、村庄规划

【答案】ABD

【解析】《城乡规划法》第四十六条规定，省域城镇体系规划、城市总体规划、镇总体规划的组织编制机关应当组织有关部门和专家定期对规划实施情况进行评估，并采取论证会、听证会或者其他方式征求公众意见。故选ABD。

2017-084. 根据《城乡规划法》，省域城镇体系规划的内容应当包括( )。

    A. 城镇空间布局和规模控制

    B. 重大基础设施的布局

    C. 公共服务设施用地的布局

    D. 为保护生态环境、资源等必须要严格控制的区域

    E. 各类专项规划

【答案】ABD

【解析】《城乡规划法》第十三条规定，省域城镇体系规划的内容应当包括：城镇空间布局和规模控制，重大基础设施的布局，为保护生态环境、资源等需要严格控制的区域。故选ABD。

2017-085. 规划部门组织编制控制性详细规划的行为，按照行政行为分类属于( )。

    A. 抽象行政行为　　　　　　　　　B. 具体行政行为

    C. 内部行政行为　　　　　　　　　D. 外部行政行为

    E. 依职权的行政行为

【答案】ADE

【解析】规划部门组织编制控制性详细规划不属于针对特定的人和事，是以后可以反复使用的，属于抽象行政行为；控制性详细规划编制后对所有人都使用，而不是仅仅针对行政主体内部产生法律效力，属于外部行政行为；控制性详细规划编制是依据法律授予的职权，属于依职权的行政行为。故选ADE。

2017-086. "建设单位在取得建设工程规划许可证后，必须按照许可证的要求进行建设"的规定，应当属于行政行为效力的( )。

    A. 确定力　　　　　　　　　　　　B. 拘束力

    C. 执行力　　　　　　　　　　　　D. 公定力

    E. 强制力

【答案】AB

【解析】"建设单位在取得建设工程规划许可证后，必须按照许可证的要求进行建设"，其蕴含的是行政主体和相对方均不能随意变更行政行为的内容，其次，对行政相对方来说，必须遵守和服从已经生效的行政行为。因此属于行政行为效力的确定力和拘束力。故

选 AB。

2017-087. 根据《行政许可法》，下列行为中可以不设定规划行政许可的是（　　）。

A. 老旧居住小区需要改造的

B. 居住区建成后户主签订房屋租赁合同的

C. 按照实际需求增加日供水量的

D. 业主委员会能够自行协商决定的

E. 行政机关采用事后监督能解决的

【答案】BCDE

【解析】《行政许可法》第十三条规定，本法第十二条所列事项，通过下列方式能够予以规范的，可以不设行政许可：公民、法人或者其他组织能够自主决定的；市场竞争机制能够有效调节的；行业组织或者中介机构能够自律管理的；行政机关采用事后监督等其他行政管理方式能够解决的。故选 BCDE。

2017-088. 根据《城乡规划法》，制定和实施城乡规划，应当遵循的原则是（　　）。

A. 城乡统筹

B. 合理布局

C. 先地上后地下

D. 先规划后建设

E. 节约土地和集约发展

【答案】ABDE

【解析】《城乡规划法》第四条规定，制定和实施城乡规划应当遵循的原则是：城乡统筹、合理布局、先规划后建设、节约土地和集约发展。故选 ABDE。

2017-089. 下表中不符合《城市用地分类与规划建设用地标准》规定的是（　　）。

	用地名称	城市用地分类
A.	机场净空范围用地	机场用地
B.	公安机关用地	安保用地
C.	铁路客货运站用地	区域交通设施用地
D.	管道运输用地	区域交通设施用地
E.	水库	非建设用地

【答案】ABC

【解析】按《城市用地分类与规划建设用地标准》GB 50137—2011 相关规定，公安机关用地属于行政办公用地，铁路客货运站用地属于交通枢纽用地，机场净空范围内的用地属于用地本身的性质，与是否在机场净空范围没有关系。故选 ABC。

2017-090. 在城市规划中，城市布局是指城市土地利用结构的空间组织及形式和形态，下列属于城市布局的是（　　）。

A. 城市辖区划分

B. 城市功能划分

C. 居住用地和自然环境的关系

D. 交通枢纽规划与城市路网

E. 城市社区划分

【答案】BCD

【解析】《城市规划基本术语标准》GB/T 50280—98 规定，城市布局是指城市物质环境的空间安排，如城市功能分区、各区与自然环境（山、河、湖、绿地系统）的关系，以及主要交通枢纽、城市路网与城市用地的关系等。AE 不是土地利用安排，可以排除。故选 BCD。

2017-091. 建设工程总平面设计包括(　　)。

A. 场地四周测量坐标
B. 拆废旧建筑的范围
C. 主要建筑物的坐标
D. 规划地块人口规模
E. 指北针和比例尺

【答案】ABCE

【解析】建设工程总平面设计内容包括：（1）地形和地物测量坐标网、坐标值，场地施工坐标网，坐标值，场地四周测量坐标和施工坐标；（2）建筑物、构筑物（人防工程、地下车库、油库、贮水池等隐蔽工程以虚线表示）的位置，其中主要建筑物、构筑物的坐标（或相互关系尺寸）、名称（或编号）、层数、室内设计标高；（3）拆废旧建筑的范围边界，相邻建筑物的名称和层数；（4）道路、铁路和排水沟的主要坐标（或相互关系尺寸）；（5）绿化及景观设施布置；（6）风玫瑰及指北针；（7）主要技术经济指标和工程量表。同时要说明尺寸单位、比例、测绘单位、日期、工程系统名称、场地施工坐标网与测量坐标网的关系、补充图例并进行其他必要的说明。故选 ABCE。

2017-092. 根据《城镇老年人设施规划规范》，居住区应配建属于老年人设施的是(　　)。

A. 老年公寓
B. 养老院
C. 老年大学
D. 老年活动中心
E. 老年服务中心

【答案】无

【解析】题目过时。新规范《城镇老年人设施规划规范》GB 50437—2007（2018 年版）无此规定。

2017-093. 城镇污水处理厂位置的选址宜符合一定的条件，下列要求中不正确的是(　　)。

A. 在城市水源的下游并符合对水系的防护要求
B. 在城市冬季最小频率风向的上风向
C. 应有方便的交通、运输和水电条件
D. 与城市工业区保持一定的卫生防护距离
E. 靠近污水、污泥的排放和利用地段

【答案】BD

【解析】依据《城市排水工程规划规范》GB 50318—2017 第 4.4.2 条，城市污水处理厂选址，宜根据下列因素综合确定：（1）便于污水再生利用，并符合供水水源防护要求；（2）城市夏季最小频率风向的上风侧；（3）与城市居住及公共服务设施用地保持必要的卫生防护距离；（4）工程地质及防洪排涝条件良好的地区；（5）有扩建的可能。故选 BD。

2017-094. 依据《城市地下空间开发利用管理规定》，下列叙述中不正确的是(　　)。

A. 城市地下空间是指市域范围内地表以下的空间

B. 国务院建设行政主管部门和全国人防办负责全国城市地下空间的开发利用管理工作

C. 城市地下空间规划是城市规划的重要组成部分

D. 城市地下空间建设规划报上一级人民政府审批

E. 编制城市地下空间开发利用规划，包括总体规划和建设规划两个阶段

【答案】ABDE

【解析】依据《城市地下空间开发利用管理规定》第二条，本规定所称的城市地下空间，是指城市规划区内地表以下的空间，故 A 不正确。

依据第四条，国务院建设行政主管部门负责全国城市地下空间的开发利用管理工作，故 B 不正确。

依据第五条，城市地下空间规划是城市规划的重要组成部分，故 C 正确。

依据第九条，城市地下空间规划作为城市规划的组成部分，依据《城乡规划法》的规定进行审批和调整。城市地下空间建设规划由城市人民政府城市规划行政主管部门负责审查后，报城市人民政府批准。城市地下空间规划需要变更的，须经原批准机关审批，故 D 不正确。

依据第五条，城市地下空间规划是城市规划的重要组成部分。各级人民政府在组织编制城市总体规划时，应根据城市发展的需要，编制城市地下空间开发利用规划。各级人民政府在编制城市详细规划时，应当依据城市地下空间开发利用规划对城市地下空间开发利用作出具体规定。因而编制城市地下空间开发利用规划，包括总体规划和详细规划两个阶段，故 E 不正确。故选 ABDE。

2017-095. 根据《城市抗震防灾规划管理规定》，作为编制详细规划的依据，下列属于城市总体规划强制性内容的是(   )。

A. 城市抗震防灾现状　　　　　　B. 城市抗震能力评价

C. 城市抗震设防标准　　　　　　D. 建设用地评价和要求

E. 抗震防灾措施

【答案】CDE

【解析】依据《城市抗震防灾规划管理规定》第十条，城市抗震防灾规划中的抗震设防标准、建设用地评价与要求、抗震防灾措施应当列为城市总体规划的强制性内容，作为编制城市详细规划的依据。故选 CDE。

2017-096. 下列属于行政法学中救济制度范围的是(   )。

A. 行政复议　　　　　　　　　　B. 行政管理

C. 行政赔偿　　　　　　　　　　D. 行政检查

E. 行政处分

【答案】ACD

【解析】救济制度的内容包括行政复议程序、行政赔偿程序和行政监督检查程序。故选 ACD。

2017-097. 县级以上人民政府及其城乡规划主管部门应当依法对城乡规划监督检查，包括城乡规划的(   )。

A. 编制   B. 公布

C. 审批   D. 实施

E. 修改

【答案】ACDE

【解析】《城乡规划法》第五十一条规定，县级以上人民政府及其城乡规划主管部门应当加强对城乡规划编制、审批、实施、修改的监督检查。故选ACDE。

2017-098. 根据《物权法》，物权受到侵害的，权利人可以通过(　　)等途径解决。

A. 和解   B. 变更

C. 调解   D. 仲裁

E. 诉讼

【答案】ACDE

【解析】题目过时。《物权法》第三十二条规定，物权受到侵害的，权利人可以通过和解、调解、仲裁、诉讼等途径解决。故选ACDE。（注：自2021年1月1日《民法典》实施后，《物权法》同时废止）

2017-099. 城乡规划主管部门违反《城乡规划法》规定作出许可的，上级人民政府城乡规划主管部门有权(　　)。

A. 责令撤销该行政许可   B. 责令没收违法收入

C. 责令当事人停止建设   D. 责令当事人限期改正

E. 直接撤销该行政许可

【答案】AE

【解析】《城乡规划法》第五十七条规定，城乡规划主管部门违反本法规定作出行政许可的，上级人民政府城乡规划主管部门有权责令其撤销或者直接撤销该行政许可。因撤销行政许可给当事人合法权益造成损失的，应当依法给予赔偿。故选AE。

2017-100. 建设项目选址规划管理的主要管理内容包括(　　)。

A. 建设项目基本情况

B. 建设项目与城乡协调

C. 考虑项目的公用设施配套和交通运输条件

D. 核定建设用地使用权审批手续

E. 核定建设用地范围

【答案】ABC

【解析】核定建设用地使用权审批手续及核定建设用地范围是建设工程规划管理的内容。故选ABC。

第六节　2018年考试真题

一、单选题（每题四个选项，其中一个选项为正确答案）

2018-001. 习近平同志在党的十九大报告中指出："我们要在继续推动发展的基础上，着力

解决好( )的问题"。

    A. 发展不平衡不充分

    B. 发展质量和效益

    C. 满足人民在经济、政治、文化、社会、生态等方面日益增长的需要

    D. 推动人的全面发展、社会全面进步

【答案】A

【解析】习近平同志在党的十九大报告中指出："我们要在继续推动发展的基础上，着力解决好发展不平衡不充分问题，大力提升发展质量和效益，更好满足人民在经济、政治、文化、社会、生态等方面日益增长的需要。更好推动人的全面发展、社会全面进步。"故选 A。

2018-002. 下列关于行政行为的连接中，不正确的是( )。

    A. 编制城市规划——具体行政行为   B. 进行行政处分——内部

    C. 进行行政处罚——依职权的行政行为   D. 行政监督——单方行政行为

【答案】A

【解析】编制城市规划属于抽象行政行为。故选 A。

2018-003. 在下列情况下，规划管理的行政相对人不能申请行政复议的是( )。

    A. 对市政府批准的控制性详细规划不服的

    B. 对规划部门不批准用地规划许可不服的

    C. 对规划部门撤销本单位规划设计资质不服的

    D. 认为规划部门选址不当的

【答案】A

【解析】行政复议的行政行为必须是具体行政行为，公民提出行政复议请求的前提是存在具体行政行为，不能单纯以行政主体的抽象行政行为不合法提出行政复议。而 BCD 都属于具体行政行为，可以申请行政复议。故选 A。

2018-004. 下列关于行政行为的特征表述不正确的是( )。

    A. 行政行为是执行法律的行为，必须有法律的依据

    B. 行政主体在行使公共权力的过程中，追求的是国家和社会的公共利益的集合（如收税）、维护和分配都应该是无偿的

    C. 行政行为一旦作出，对行政主体、行政相对人和其他国家机关都具有约束力，任何个人或团体都必须服从

    D. 行政行为由行政主体作出时必须与行政相对人协商或征得对方同意

【答案】D

【解析】行政行为具有单方面意志性，无需与行政相对人协商或征得对方同意。故选 D。

2018-005. 根据行政管理学原理，下列说法中不准确的是( )。

    A. 行政机关是行使国家权力的机关   B. 行政机关是实现国家管理职能的机关

    C. 行政机关就是国家行政机构   D. 行政机关是行政法律关系中的主体

【答案】A

【解析】行政机关是实现国家管理职能的机关，是行政法律关系中的主体。行政机关是一定行政机构的整体，各级行政机关即国家行政机构。故 BCD 正确。行政机关是国家行政机构，而不是权力机关。人民行使国家权力的机关是全国人民代表大会和地方各级人民代表大会。故选 A。

2018-006. 指出下列法律法规体系中对法律效力理解不正确的是(   )。

　　A. 法律的效力高于法规和规章

　　B. 行政法规的效力高于地方性法规和规章

　　C. 地方性法规的效力高于地方政府规章

　　D. 部门规章的效力高于地方政府规章

【答案】D

【解析】部门规章与地方政府规章具有同等法律效力，在各自的范围内适用。故选 D。

2018-007. 行政处罚的基本原则中，不正确的是(   )。

　　A. 处罚法定原则

　　B. 一事不再罚原则

　　C. 行政处罚不能取代其他法律责任的原则

　　D. 处罚与教育相结合的原则

【答案】B

【解析】行政处罚不能取代其他法律责任的原则，要与行政处罚中的"一事不再罚"的原则区别开来。故选 B。

2018-008. 公共行政的核心原则是(   )。

　　A. 公民第一　　　　B. 行政权力　　　　C. 讲究效率　　　　D. 能力建设

【答案】A

【解析】"公民第一"的原则是公共行政的核心原则。故选 A。

2018-009. 城乡规划主管部门实施城市规划管理的权力来自(   )。

　　A. 国家政府职能　　　　　　　　　　B. 规划部门职能

　　C. 行政管理公权　　　　　　　　　　D. 法律法规授权

【答案】D

【解析】《城乡规划法》第十一条规定，国务院城乡规划主管部门负责全国的城乡规划管理工作。县级以上地方人民政府城乡规划主管部门负责本行政区域内的城乡规划管理工作。行政管理权是法律法规的授权。故选 D。

2018-010. 依据《行政诉讼法》，公民、法人或者其他组织对具体行政行为在法定期间不提起诉讼又不履行的，行政机关可以申请人民法院(   )，或者依法强制执行。

　　A. 进行裁决　　　　B. 进行判决　　　　C. 直接执行　　　　D. 强制执行

【答案】D

【解析】《行政诉讼法》第九十七条规定，公民、法人或者其他组织对行政行为在法定期限内不提起诉讼又不履行的，行政机关可以申请人民法院强制执行，或者依法强制执行。故选 D。

2018-011. 根据《行政处罚法》，下列关于听证程序的规定中不正确的是(　　)。

A. 当事人要求听证的，应当在行政机关告知后七日内提出

B. 行政机关应当在听证七日前，通知当事人举行听证的时间、地点

C. 除涉及国家秘密、商业秘密或者个人隐私外，听证公开举行

D. 当事人认为主持人与本案有直接利害关系的，有权申请回避

【答案】A

【解析】《行政处罚法》第四十二条规定，当事人要求听证的，应当在行政机关告知后三日内提出。故选 A。

2018-012. 据《历史文化名城名镇名村保护条例》，对历史文化名城、名镇、名村的保护应当(　　)。

A. 整体保护　　　　B. 重点保护　　　　C. 分类保护　　　　D. 异地保护

【答案】A

【解析】《历史文化名城名镇名村保护条例》第二十一条，历史文化名城、名镇、名村应当整体保护。故选 A。

2018-013. 《环境保护法》规定，建设项目防止污染的设施必须与主体工程(　　)。

A. 同时设计、同时施工、同时验收　　B. 同时设计、同时施工、同时竣工

C. 同时设计、同时验收、同时投产使用　D. 同时设计、同时施工、同时投产使用

【答案】D

【解析】《环境保护法》第四十一条规定，建设项目中防治污染的设施，应当与主体工程同时设计、同时施工、同时投产使用。故选 D。

2018-014. 根据《城市房地产管理法》，土地使用权出让必须符合(　　)的规定。

A. 土地利用总体规划、城市规划、国民经济和社会发展规划

B. 土地利用总体规划、城市总体规划、控制性详细规划

C. 土地利用总体规划、控制性详细规划、年度建设用地规划

D. 土地利用总体规划、城市规划、年度建设用地规划

【答案】D

【解析】《城市房地产管理法》第十条规定，土地使用权出让，必须符合土地利用总体规划、城市规划和年度建设用地计划。故选 D。

2018-015. 根据《土地管理法》，各省、自治区、直辖市划定的基本农田应当占本行政区域内耕地的比例不得低于(　　)。

A. 75%　　　　　　B. 80%　　　　　　C. 85%　　　　　　D. 90%

【答案】B

【解析】《土地管理法》第三十三条规定，各省、自治区、直辖市划定的永久基本农田一般应当占本行政区域内耕地的百分之八十以上。故选 B。

2018-016. 《城市房地产管理法》的适用范围包括（　　）。

    A. 所有从事房地产开发、房地产交易，实施房地产管理的行为

    B. 城市行政区内的房地产开发、房地产交易

    C. 城市建成区内的土地使用权转让，房地产开发、房地产交易

    D. 城市规划区国有土地范围内取得房地产开发用地的土地使用权，从事房地产开发、房地产交易，实施房地产管理

【答案】D

【解析】《城市房地产管理法》第二条规定，在中华人民共和国城市规划区国有土地范围内取得房地产开发用地的土地使用权，从事房地产开发、房地产交易，实施房地产管理，应当遵守本法。故选 D。

2018-017. 根据《自然保护区条例》，下列选项中不正确的是（　　）。

    A. 自然保护区分为国家级自然保护区和地方级自然保护区

    B. 自然保护区可以分为核心区、缓冲区和实验区

    C. 在自然保护区的缓冲区和实验区可以开展旅游活动

    D. 自然保护区的核心区禁止任何单位和个人进入

【答案】C

【解析】《自然保护区条例》第十八条规定，核心区外围可以划定一定面积的缓冲区，只准进入从事科学研究观测活动；缓冲区外围划为实验区，可以进入从事科学实验、教学实习、参观考察、旅游以及驯化、繁殖珍稀、濒危野生动植物等活动。故选 C。

2018-018. 根据《水法》，下列关于水资源的表述中，不正确的是（　　）。

    A. 国家对水资源实行分类管理

    B. 开发利用水资源，应当服从防洪的总体安排

    C. 开发利用水资源，应当首先满足城乡居民生活用水

    D. 对城市中直接从地下取水的单位，征收水资源费

【答案】A

【解析】《水法》第十二条规定，国家对水资源实行流域管理与行政区域管理相结合的管理体制。故选 A。

2018-019. 根据行政法学知识，判断下列关于行政的说法中不正确的是（　　）。

    A. "法无明文禁止，即可作为"属于积极行政

    B. "法无明文禁止，即可作为"属于消极行政

    C. "法无明文禁止，即可作为"属于服务行政

    D. "没有法律规范就没有行政"属于消极行政

【答案】B

【解析】消极行政指的是行政主体对行政相对方的权利和义务产生直接影响，如命令、行政处罚、行政强制措施等。"没有法律规范就没有行政"，称之为消极行政。积极行政指的是行政主体对行政相对方的权利和义务不产生直接影响，如行政规划、行政指导、行政咨询、行政建议、行政政策等。"法无明文禁止，即可作为"，称之为积极行政或"服务行

政"。故选 B。

2018-020. 《建筑法》中规定的申领施工许可证的前置条件中不包括( )。

A. 已经办理建设用地批准手续   B. 已经取得建设工程规划许可证

C. 有项目批准或者核准的文件   D. 建设资金已经落实

【答案】D

【解析】2019 新修订的《建筑法》规定，申请领取施工许可证，应当具备下列条件：(一) 已经办理该建筑工程工地批准手续；(二) 依法应当办理建设工程规划许可证的，已经取得建设工程规划许可证；(三) 需要拆迁的，其拆迁进度符合施工要求；(四) 已经确定建筑施工企业；(五) 有满足施工需要的资金安排、施工图纸及技术资料；(六) 有保证工程质量和安全的具体措施。故选 D。

2018-021. 根据《风景名胜区规划规范》，下列选项中不正确的是( )。

A. 风景区的对外交通设施要求快速便捷，应布置于风景区中心的边缘

B. 风景区的道路应避免深挖高填

C. 在景点和景区内不得安排高压电缆穿过

D. 在景点和景区范围内，不得布置暴露于地表的大体量给水和污水处理设施

【答案】A

【解析】题目过时。《风景名胜区规划规范》GB 50298—99 第 4.5.3 条规定，对外交通应要求快速便捷，布置于风景区以外或边缘地区。故选 A。(注：本规范已被《风景名胜区总体规划标准》GB/T 50298—2018 替代)

2018-022. 根据《城市综合交通体系规划编制导则》，城市综合交通体系规划的期限应当与( )相一致。

A. 城市战略发展规划   B. 城市总体规划

C. 城市近期建设规划   D. 控制性详细规划

【答案】B

【解析】根据《城市综合交通体系规划编制导则》第 1.4.2 条规定，城市综合交通体系规划期限应当与城市总体规划相一致。故选 B。

2018-023. 城市规划行政主管部门工作人员在城市规划编制单位资质管理工作中玩忽职守滥用职权、徇私舞弊，尚未构成犯罪的，由其所在单位或上级主管机关给予( )。

A. 罚款   B. 责令停职检查

C. 取消执法资格   D. 行政处分

【答案】D

【解析】《城乡规划编制单位资质管理规定》第四十一条规定，城乡规划主管部门及其工作人员，违反本规定，由其上级行政机关或者监察机关责令改正；情节严重的，对直接负责的主管人员和其他直接责任人员，依法给予行政处分。故选 D。

2018-024. 根据《物权法》，下列关于建设用地使用权的表述中，不正确的是( )。

A. 设立建设用地使用权，可以采取出让或者划拨等方式

B. 设立建设用地使用权的，应当向登记机构申请建设用地使用权登记

C. 建设用地使用权自登记时设立

D. 建设用地使用权不得在地表以下设立

【答案】D

【解析】题目过时。《物权法》第一百三十六条规定，建设用地使用权可以在土地的地表、地上或者地下分别设立。故选D。（注：自2021年1月1日《民法典》实施后，《物权法》同时废止）

2018-025. 下列对应关系连线不正确的是(　　)。

A. 城市道路管理条例——行政法规

B. 城市绿线管理办法——行政规章

C. 建制镇规划建设管理办法——行政法规

D. 山西省平遥古城保护条例——地方性法规

【答案】C

【解析】《城市绿线管理办法》《建制镇规划建设管理办法》都属于部门规章，因此也是行政规章。故选C。

2018-026. 对历史建筑应当实施原址保护的规定出自(　　)。

A. 文物保护法　　　　　　　　　　B. 城乡规划法

C. 历史文化名城名镇名村保护条例　D. 城市紫线管理办法

【答案】C

【解析】《历史文化名城名镇名村保护条例》第三十四条规定，建设工程选址，应当尽可能避开历史建筑；因特殊情况不能避开的，应当尽可能实施原址保护。故选C。

2018-027. 根据《城市居住区规划设计规范》，下列关于城市居住区的规定表述不正确的是(　　)。

A. 在原设计建筑外增加任何设施不应使相邻住宅原有日照标准降低

B. 条式住宅，多层之间侧间距不得小于6m；高层与各种层数的住宅之间不宜小于13m

C. 老年人居住建筑不应低于大寒日日照2h的标准

D. 住宅间距，应以满足日照要求为基础

【答案】C

【解析】题目过时。《城市居住区规划设计标准》GB 50180—2018第4.0.9条规定，老年人居住建筑日照标准不应低于冬至日日照时数2h。故选C。（注：题述规范已被《城市居住区规划设计标准》GB 50180—2018替代）

2018-028. 根据《城市规划基本术语标准》，日照标准是指根据各地区的气候条件和(　　)要求确定的，居住区域建筑正面向阳房间在规定的日照标准获得的日照量。

A. 经济条件　　　　　　　　　　　B. 居住卫生

C. 居住性质　　　　　　　　　　　D. 建筑性质

【答案】B

【解析】《城市规划基本术语标准》GB/T 50280—98 第 5.0.16 条规定，根据各地区的气候条件和居住卫生要求确定的，居住建筑正面向阳房间在规定的日照标准日获得的日照量，是编制居住区规划确定居住建筑间距的主要依据。故选 B。

2018-029. 根据《城市抗震防灾规划管理规定》，下列选项中不正确的是（   ）。

    A. 位于地震基本烈度 7 度地区的大城市应当按照甲类模式编制防灾减灾规划

    B. 位于地震基本烈度 6 度地区的大城市应当按照乙类模式编制防灾减灾规划

    C. 位于地震基本烈度 7 度地区的中等城市应按照乙类模式编制防灾减灾规划

    D. 位于地震基本烈度 6 度地区的中等城市应按照丙类模式编制防灾减灾规划

【答案】D

【解析】依据《城市抗震防灾规划管理规定》第十一条，中等城市和位于地震基本烈度 6 度地区（地震动峰值加速度等于 $0.05g$ 的地区）的大城市按照乙类模式编制；其他在抗震设防区的城市按照丙类模式编制。故选 D。

2018-030. 下列关于城市规划组织编制主体的表述中，不正确的是（   ）。

    A. 村庄集镇规划组织编制主体是县级人民政府

    B. 城市总体规划组织编制主体是城市人民政府

    C. 直辖市城市总体规划由直辖市人民政府负责组织编制

    D. 县级以上人民政府所在地镇的总体规划，由县级人民政府负责组织编制

【答案】A

【解析】本题考查的是城乡规划的组织编制主体和审批主体；乡、镇人民政府组织编制乡规划、村庄规划，报上一级人民政府审批；县人民政府组织编制县人民政府所在地镇的总体规划，报上一级人民政府审批。故选 A。

2018-031. 根据《城市地下空间开发利用管理规定》，对城市地下空间进行开发建设时，违反城市地下空间的规划办法实施管理程序的，应由（   ）进行处罚。

    A. 建设行政主管部门   B. 城市规划行政主管部门

    C. 地下空间开发建设指挥部门   D. 城市人大办公室

【答案】B

【解析】《城市地下空间开发利用管理规定》第三十条规定，进行城市地下空间的开发建设，违反城市地下空间的规划及法定实施管理程序规定的，由县级以上人民政府城市规划行政主管部门依法处罚。故选 B。

2018-032. 当城市道路红线宽度超过 40m 时，不宜在城市干道两侧布置的管线是（   ）。

    A. 排水管线   B. 配水管线   C. 电力管线   D. 热力管线

【答案】D

【解析】由《城市工程管线综合规划规范》GB 50289—2016 第 4.1.5 条可知，沿城市道路规划的工程管线应与道路中心线平行，其主干线应靠近分支管线多的一侧，工程管线不宜从道路一侧转到另一侧。道路红线宽度超过 40m 的城市干道宜两侧布置配水、配气、通信、电力和排水管线。故选 D。

2018-033. 下列选项不属于省域城镇体系规划应当包括的内容是(　　　　)。

A. 综合评价土地资源、水资源、能源等城镇发展支撑条件和制约因素

B. 综合分析经济社会发展目标和产业发展趋势

C. 明确资源利用与资源生态环境保护的目标、要求

D. 确定保护城市的生态环境、自然和人文景观以及历史文化遗产的原则和措施

【答案】D

【解析】AB 属于省域城镇体系规划纲要的内容；C 属于规划成果的内容。故选 D。

2018-034. 城市抗震防灾规划中不属于城市总体规划的强制性内容的是(　　　　)。

A. 城市抗震防灾能力评价　　　　　　　B. 城市防震设防标准

C. 建设用地评价与要求　　　　　　　　D. 抗震防灾措施

【答案】A

【解析】依据《城市抗震防灾规划管理规定》第十条，城市抗震防灾规划中的抗震设防标准、建设用地评价与要求、抗震防灾措施应当列为城市总体规划的强制性内容，作为编制城市详细规划的依据。故选 A。

2018-035. 下列选项中不适合综合管廊敷设条件的是(　　　　)。

A. 不宜开挖路面的地段　　　　　　　　B. 道路与铁路的交叉口

C. 管线复杂的道路交叉口　　　　　　　D. 地质条件复杂的道路交叉口

【答案】D

【解析】依据《城市工程管线综合规划规范》GB 50289—2016 第 4.2.1 条，当遇下列情况之一时，工程管线宜采用综合管廊敷设：(1) 交通流量大或地下管线密集的城市道路以及配合地铁、地下道路、城市地下综合体等工程建设地段；(2) 高强度集中开发区域、重要的公共空间；(3) 道路宽度难以满足直埋或架空敷设多种管线的路段；(4) 道路与铁路或河流的交叉处或管线复杂的道路交叉口；(5) 不宜开挖路面的地段。故选 D。

2018-036. 根据《城市环境卫生设施规划规范》，生活垃圾卫生填埋场距大、中城市规划建成区应大于(　　　　)。

A. 3km　　　　　　B. 5km　　　　　　C. 8km　　　　　　D. 10km

【答案】B

【解析】题目过时。《城市环境卫生设施规划标准》GB/T 50337—2018 第 6.3.2 条规定，新建生活垃圾卫生填埋场不应位于城市主导发展方向上，且用地边界距 20 万人口以上城市的规划建成区不宜小于 5km，距 20 万人口以下城市的规划建成区不宜小于 2km。故选 B。(注：题述规范已被《城市环境卫生设施规划标准》GB/T 50337—2018 替代)

2018-037. 根据《城乡规划编制单位资质管理规定》，城乡规划编制单位取得资质后，不再符合相应资质条件的，由原资质许可机关责令(　　　　)。

A. 停业整顿　　　　B. 限期改正　　　　C. 降低资质等级　　　　D. 交回资质证书

【答案】B

【解析】《城乡规划编制单位资质管理规定》第三十三条规定，城乡规划编制单位取得资质后，不再符合相应资质条件的，由原资质许可机关责令限期改正；逾期不改的，降低资质等级或者吊销资质证书。故选B。

2018-038. 中国传统村落保护发展规划编制完成后，经组织专家技术审查，并经村民会议或者村民代表会议讨论同意，应报(   )审批。

    A. 乡、镇人民政府 B. 县人民政府   D. 省人民政府   C. 市人民政府

【答案】B

【解析】根据国务院《历史文化名城名镇名村保护条例》、住房城乡建设部《历史文化名城名镇名村街区保护规划编制审批办法》和《关于切实加强中国传统村落保护的指导意见》等法律法规及文件要求，中国传统村落保护发展规划由乡镇人民政府组织编制，报县级人民政府审批，规划审批前应通过住房城乡建设部、文化部、国家文物局、财政部组织的技术审查。故选B。

2018-039. 《城市环境卫生设施规划规范》对公共厕所的设置有明确的要求，下列选项中不正确的是(   )。

    A. 公共厕所应设置在人流较多的道路沿线

    B. 独立式公共厕所与相邻建筑物间宜设置不小于3m宽的绿化隔离带

    C. 城市绿地内不应设置公共厕所

    D. 附属式公共厕所不应影响主体建筑的功能

【答案】C

【解析】题目过时。由《城市环境卫生设施规划标准》GB/T 50337—2018第7.1.3条可知，公共厕所设置应符合下列要求：(1)设置在人流较多的道路沿线、大型公共建筑及公共活动场所附近；(2)公共厕所应以附属式公共厕所为主，独立式公共厕所为辅，移动式公共厕所为补充；(3)附属式公共厕所不应影响主体建筑的功能，宜在地面层临道路设置，并单独设置出入口；(4)公共厕所宜与其他环境卫生设施合建；(5)在满足环境及景观要求的条件下，城市公园绿地内可以设置公共厕所。故选C。(注：题述规范已被《城市环境卫生设施规划标准》GB/T 50337—2018替代)

2018-040. 下列选项中，不符合《城市道路交通规划设计规范》的是(   )。

    A. 内环路应设置在老城区城市中心区的外围

    B. 外环路宜设置在城市用地的边界外1~2km

    C. 河网地区城市道路宜平行或垂直于河道布置

    D. 山区城市道路应平行等高线设置

【答案】B

【解析】题目过时。依据《城市道路交通规划设计规范》GB 50220—95第7.2条：(1)内环路应设置在老城区或市中心区的外围；(2)外环路宜设置在城市用地的边界内1~2km处，当城市放射的干路与外环路相交时，应规划好交叉口上的左转交通；(3)河网地区城市道路宜平行或垂直于河道布置；(4)山区城市道路网应平行等高线设置，并应考虑防洪要求。故选B。(注：该规范已被《城市综合交通体系规划标准》GB/T 51328—

2018 替代）

2018-041. 根据《城市地下空间开发利用管理规定》，下列说法错误的是（　　）。

    A. 城市地下空间建设规划，由城市人民政府审查、批准

    B. 城市地下空间需要变更的，须经原审批机关审批

    C. 城市地下空间的工程建设必须符合城市地下空间规划，服从规划管理

    D. 地下工程施工应推行工程监理制度

【答案】A

【解析】《城市地下空间开发利用管理规定》第九条规定，城市地下空间建设规划由城市人民政府城市规划行政主管部门负责审查后，报城市人民政府批准。故选A。

2018-042. 根据《城市居住区规划设计规范》，下列关于居住区内绿地的基本要求不正确的是（　　）。

    A. 新区建设绿地率不低于30%，旧区改建不低于25%

    B. 应根据居住区不同的规划布局形式，设置相应的中心绿地

    C. 旧区改造可酌情降低指标，但不得低于相应指标的60%

    D. 组团内公共绿地的总指标应不低于0.5m/人

【答案】C

【解析】《城市居住区规划设计规范》GB 50180—93第7.0.5条规定，关于居住区公共绿地指标，旧区改造可酌情降低指标，但不得低于相应指标的70%。故选C。（注：该规范已被《城市居住区规划设计标准》GB 50180—2018替代）

2018-043. 根据《城乡规划编制单位资质管理规定》下列表述中不正确的是（　　）。

    A. 高等院校的城乡规划编制单位中专职从事城乡规划编制的人员不得低于技术人员总数的60%

    B. 乙级、丙级城乡规划编制单位取得资质证书满2年后，可以申请高一级别的城乡规划编制单位资质

    C. 乙级城乡规划编制单位可以在全国承担镇、20万现状人口以下城市总体规划的编制

    D. 丙级城乡规划编制单位可以在全国承担镇总体规划（县人民政府所在地镇除外）的编制

【答案】A

【解析】《城乡规划编制单位资质管理规定》第十条规定，高等院校的城乡规划编制单位中专职从事城乡规划编制的人员不得低于技术人员总数的70%。故选A。

2018-044. 下列选项中，不属于县域村镇体系规划编制强制性内容的是（　　）。

    A. 各镇区建设用地规模　　　　　　B. 确定重点发展的中心镇

    C. 中心村建设用地标准　　　　　　D. 县域防灾减灾工程

【答案】B

【解析】题目过时。由已失效的《县域村镇体系规划编制暂行办法》第二十四条可知，B符合题意。

2018-045. 依据《城市蓝线管理办法》，下列选项中不正确的是(　　)。

A. 编制城市总体规划，应当划定城市蓝线

B. 编制控制性详细规划，应当划定城市蓝线

C. 城市蓝线划定后，报规划审批机关备案

D. 划定城市蓝线，其控制范围应当界定清晰

【答案】C

【解析】《城市蓝线管理办法》第五条规定，编制各类城市规划，应当划定城市蓝线。第六条规定，划定城市蓝线，应遵循控制范围界定清晰等原则。故 ABD 正确。城市蓝线在编制各类城市规划时由审批机关审批，不需要再备案。故选 C。

2018-046. 根据《城市总体规划实施评估办法（试行)》，可根据实际情况，确定开展评估工作的具体时间，并报(　　)。

A. 城市人民政府建设主管部门　　　B. 本级人民代表大会常务委员会

C. 城市总体规划的审批机关　　　　D. 城市规划专家委员会

【答案】C

【解析】《城市总体规划实施评估办法（试行)》第六条规定，城市总体规划实施情况评估工作，原则上应当每两年进行一次。各地可以根据本地的实际情况，确定开展评估工作的具体时间，并上报城市总体规划的审批机关。故选 C。

2018-047. 根据《城市用地竖向规划规范》中有关城市主要建设用地适宜规划坡度的表述，下列说法正确的是(　　)。

A. 城市道路用地的最小坡度为 0.2%，最大坡度为 8%

B. 工业用地的最小坡度为 0.2%，最大坡度为 8%

C. 铁路用地的最小坡度为 0.2%，最大坡度为 2%

D. 仓储用地的最小坡度为 0.6%，最大坡度为 10%

【答案】A

【解析】题目过时。《城市用地竖向规划规范》CJJ 83—99 第 4.0.4 条规定，城市道路用地的最小坡度为 0.2%，最大坡度为 8%，故 A 正确。工业用地最小坡度为 0.2%，最大坡度为 10%；铁路用地的最小坡度为 0，最大坡度为 2%；仓储用地的最小坡度为 0.2%，最大坡度为 10%。由此可知 BCD 错误。故选 A。（注：该规范已被《城乡建设用地竖向规划规范》CJJ 83—2016 替代）

2018-048. 依据《城市紫线管理办法》，国家历史文化名城的城市紫线由人民政府在组织编制(　　)时划定。

A. 省域城镇体系规划　　　　　　　B. 市域城镇体系规划

C. 城市总体规划　　　　　　　　　D. 历史文化名城保护规划

【答案】D

【解析】《城市紫线管理办法》第三条规定，在编制城市规划时应当划定保护历史文化街区和历史建筑的紫线。国家历史文化名城的城市紫线由城市人民政府在组织编制历史文化名城保护规划时划定。其他城市的城市紫线由城市人民政府在组织编制城市总体规划时

划定。故选 D。

2018-049. 根据《城市绿线管理办法》，城市绿地系统规划是(   )的组成部分。

    A. 省域城镇体系规划   B. 城市总体规划

    C. 近期建设规划   D. 控制性详细规划

【答案】B

【解析】 依据《城市绿线管理办法》第五条，城市绿地系统规划是城市总体规划的组成部分。故选 B。

2018-050. 根据《建制镇规划建设管理办法》，下列选项中不正确的是(   )。

    A. 国家行政建制设立的镇，均应执行《建制镇规划建设管理办法》

    B. 建制镇规划区的具体范围，在建制镇总体规划中划定

    C. 灾害易发生地区的建制镇，在建制镇总体规划中要制定防灾措施

    D. 建制镇人民政府的建设行政主管部门负责建制镇的建设管理工作

【答案】A

【解析】《建制镇规划建设管理办法》第三条规定，本办法所称建制镇，是指国家按行政建制设立的镇，县城关镇虽然也是按行政建制设立的镇，但并不适用该管理办法。故选 A。

2018-051. 镇区和村庄的规划规模应按人口数量划分为(   )。

    A. 大、中、小型三级   B. 特大、大、中、小四级

    C. 超大、大、中、小四级   D. 超大、特大、大、中、小五级

【答案】B

【解析】 根据《镇规划标准》GB 50188—2007 第 3.1.3 条，镇区、村庄分别按规划人口的规模分为特大、大、中、小型四级。故选 B。

2018-052. 根据《城市、镇控制性详细规划编制审批办法》，中心区、(   )、近期建设地区，以及拟进行土地储备或者土地出让的地区，应当优先编制控制性详细规划。

    A. 新城区   B. 旧城改造地区

    C. 大专院校集中地区   D. 公共建筑集中地区

【答案】B

【解析】《城市、镇控制性详细规划编制审批办法》第十三条规定，中心区、旧城改造地区、近期建设地区，以及拟进行土地储备或者土地出让的地区，应当优先编制控制性详细规划。故选 B。

2018-053. 在城市规划区内以行政划拨方式提供国有土地使用权的建设项目，市规划管理部门核发建设用地规划许可证，应当依据(   )。

    A. 城市总体规划   B. 城市分区规划

    C. 控制性详细规划   D. 修建性详细规划

【答案】C

【解析】《城乡规划法》第三十七条规定，在城市、镇规划区内以划拨方式提供国有土

地使用权的建设项目，经有关部门批准、核准、备案后，建设单位应当向城市、县人民政府城乡规划主管部门提出建设用地规划许可申请，由城市、县人民政府城乡规划主管部门依据控制性详细规划核定建设用地的位置、面积、允许建设的范围，核发建设用地规划许可证。故选C。

2018-054. 根据《城市、镇控制性详细规划编制审批办法》，下列不属于控制性详细规划基本内容的是(　　)。

    A. 土地使用性质及其兼容性等用地功能控制要求

    B. 容积率、建筑高度、建筑密度、绿地率等用地指标

    C. 划定禁建区、限建区范围

    D. 基础设施、公共服务设施、公共安全设施的用地规模、范围及具体控制要求，地下管线控制要求

【答案】C

【解析】依据《城市、镇控制性详细规划编制审批办法》第十条，可知ABD正确，C为城市总体规划纲要的主要内容。故选C。

2018-055. 根据《城市、镇控制性详细规划编制审批办法》，下列表述中不正确的是(　　)。

    A. 城市人民政府城乡规划主管部门组织编制城市控制性详细规划

    B. 县人民政府组织编制县人民政府所在地镇控制性详细规划

    C. 城市的控制性详细规划由本级人民政府审批

    D. 镇控制性详细规划可以根据实际情况，适当调整或者减少控制要求和指标

【答案】B

【解析】《城市、镇控制性详细规划编制审批办法》第六、九条规定，县人民政府所在地镇的控制性详细规划，由县人民政府城乡规划主管部门根据镇总体规划的要求组织编制。故选B。

2018-056. 根据《开发区规划管理办法》，无权限批准设立开发区的是(　　)。

    A. 省人民政府　　　　　　　　　　B. 自治区人民政府

    C. 直辖市人民政府　　　　　　　　D. 副省级城市人民政府

【答案】D

【解析】题目过时。已失效的《开发区规划管理办法》第二条规定，本办法所称开发区是指由国务院和省、自治区、直辖市人民政府批准在城市规划区内设立的经济技术开发区、保税区、高新技术产业开发区、国家旅游度假区等实行国家特定优惠政策的各类开发区。故选D。

2018-057. 根据《城乡建设用地竖向规划规范》，城乡建设用地竖向规划应符合定的规定，下列选项中不正确的是(　　)。

    A. 应满足各项工程建设场地及工程管线敷设的高程要求

    B. 应满足城乡道路、交通运输的技术要求

    C. 应满足城市防洪、防涝的要求

D. 应满足区域内土石方平衡的要求

【答案】D

【解析】由《城乡建设用地竖向规划规范》CJJ 83—2016 第 3.0.2 条可知，城乡建设用地竖向规划应符合下列规定：(1) 低影响开发的要求；(2) 城乡道路、交通运输的技术要求和利用道路路面纵坡排除超标雨水的要求；(3) 各项工程建设场地及工程管线敷设的高程要求；(4) 建筑布置及景观塑造的要求；(5) 城市排水防涝、防洪以及安全保护、水土保持的要求；(6) 历史文化保护的要求；(7) 周边地区的竖向衔接要求。故选 D。

2018-058. 下表中建筑气候区与对应的日照标准符合《城市居住规划设计规范》的是( )。

	建筑气候区	大城市	中小城市
A.	Ⅰ、Ⅱ、Ⅲ	大寒日	冬至日
B.	Ⅳ	大寒日	冬至日
C.	Ⅴ、Ⅵ	大寒日	冬至日
D.	Ⅶ	大寒日	冬至日

【答案】B

【解析】根据《城市居住区规划设计规范》GB 50180—93 表 5.0.2-1，应选 B。（注：该规范已被《城市居住区规划设计标准》GB 50180—2018 替代）

住宅建筑日照标准　　　　　　　　　　　　　　表 5.0.2-1

建筑气候区划	Ⅰ、Ⅱ、Ⅲ、Ⅶ气候区		Ⅳ气候区		Ⅴ、Ⅵ气候区
	大城市	中小城市	大城市	中小城市	
日照标准日	大寒日				冬至日
日照时数（h）	≥2		≥3		≥1
有效日照时间带（h）	8～16				9～15
日照时间计算起点	底层窗台面				

2018-059. 根据《省域城镇体系规划编制审批办法》，下列选项中不属于省域城镇体系规划强制性内容的是( )。

A. 限制建设区、禁止建设区的管制要求　　B. 规定实施的政策措施
C. 重要资源和生态环境保护目标　　D. 区域性重大基础设施布局

【答案】B

【解析】《省域城镇体系规划编制审批办法》第二十六条规定，限制建设区、禁止建设区的管制要求，重要资源和生态环境保护目标，省域内区域性重大基础设施布局等，应当作为省域城镇体系规划的强制性内容。第二十七条规定，省域城镇体系规划的规划期限一般为 20 年，还可以对资源生态环境保护和城乡空间布局等重大问题作出更长远的预测性安排。故选 B。

2018-060. 在 2002 年 9 月 1 日起实施的《城市绿地分类标准》中，哪类绿地名称取消，不再使用？（   ）

A. 公共绿地   B. 公园绿地   C. 生产绿地   D. 附属绿地

【答案】A

【解析】题目过时。旧标准《城市绿地分类标准》CJJ/T 85—2002 取消了"公共绿地"的分类名称，将"公共绿地"改称为"公园绿地"。故选 A。（注：现行标准为《城市绿地分类标准》CJJ/T 85—2017）

2018-061. 根据《城市设计管理办法》，城市设计分为（   ）。

A. 总体城市设计和详细城市设计   B. 总体城市设计和重点地区城市设计
C. 重点地区城市设计和详细城市设计   D. 总体城市设计和专项城市设计

【答案】B

【解析】《城市设计管理办法》第七条规定，城市设计分为总体城市设计和重点地区城市设计。故选 B。

2018-062. 根据《市政公用设施抗灾设防管理规定》，下列选项中不正确的是（   ）。

A. 市政公用设施抗灾设防实行预防为主、平灾结合的方针

B. 任何单位和个人不得擅自降低抗灾设防标准

C. 对抗震设防区超过五千平方米的地下停车场等地下工程设施，建设单位应当在初步设计阶段组织专家进行抗震专项论证

D. 灾区人民政府建设主管部门进行恢复重建时，应当坚持基础设施先行原则

【答案】C

【解析】《市政公用设施抗灾设防管理规定》第十四条，超过一万平方米的地下停车场等地下工程设施，建设单位应当在初步设计阶段组织专家进行抗震专项论证。故选 C。

2018-063. 根据《城市总体规划审查工作规则》，不属于城市总体规划审查的重点内容是（   ）。

A. 城市的人口规模和用地规模   B. 城市基础设施建设和环境保护
C. 城市的空间布局和功能分区   D. 城市近期建设项目的具体落实

【答案】D

【解析】根据《城市总体规划审查工作规则》规划审查的重点内容，可知本题选 D。

2018-064. 根据《城市道路绿化规划与设计规范》，种植乔木的分车绿化带宽度不得小于（   ）。

A. 1.5m   B. 2m   C. 2.5m   D. 3m

【答案】A

【解析】由《城市道路绿化规划与设计规范》CJJ 75—97 第 3.2.1 条可知，道路绿地布局应符合下列规定：种植乔木的分车绿带宽度不得小于 1.5m。故选 A。

2018-065. 根据《住房和城乡建设部城乡规划督导员工作规程》，下列选项中不正确的是（   ）。

A. 当地重大城市规划事项的确定经过城乡规划督导员的同意

B. 《督导意见书》必须跟踪督办

C. 《督导建议书》视情况由督查组长决定是否跟踪督办

D. 督察员开展工作时，应主动出示《中华人民共和国规划检查督察证》

【答案】A

【解析】《住房和城乡建设部城乡规划督导员工作规程》第十条规定，《督察意见书》必须跟踪督办，《督察建议书》由督察组组长视情况决定是否跟踪督办。由此可知BC正确。第十二条规定，督察员开展工作时应主动出示《中华人民共和国城乡规划监督检查证》。因此D正确。城乡规划监督员只负责监督，不负责审批。故选A。

2018-066. 指出在以下几组历史文化名城中，哪一组均含世界文化遗产？（　　）

A. 北京、上海、平遥、丽江、泰安、邯郸

B. 广州、泉州、苏州、杭州、扬州、温州

C. 西安、洛阳、长沙、歙县、临海、龙泉

D. 拉萨、集安、敦煌、曲阜、大同、承德

【答案】D

【解析】目前我国世界文化遗产拥有26处，包括莫高窟（甘肃敦煌市），布达拉宫包括大昭寺、罗布林卡（西藏拉萨市），承德避暑山庄和周围寺庙（河北承德市），孔庙孔林孔府（山东曲阜市），云冈石窟（山西大同），高句丽王城、王陵及贵族墓葬（辽宁桓仁县与吉林集安市）。故选D。

2018-067. 根据《文物保护法》，对不可移动文物实施原址保护的，其工作内容不包括（　　）。

A. 事先确定保护措施

B. 根据文物保护单位的级别报相应的文物行政部门批准

C. 将保护措施列入可行性研究报告或者设计任务书

D. 编制保护规划

【答案】CD

【解析】2017年修正后的现行《文物保护法》第二十条规定，建设工程选址，应当尽可能避开不可移动文物；因特殊情况不能避开的，文物保护单位应当尽可能实施原址保护。实施原址保护的，建设单位应当事先确定保护措施，根据文物保护单位的级别报相应的文物行政部门批准；未经批准的，不得开工建设。故选CD。

2018-068. 根据《历史文化名城名镇名村保护条例》，下列选项中不正确的是（　　）。

A. 保护规划应当自历史文化名城名镇、名村批准公布之日起1年内编制完成

B. 历史文化名城的保护规划由国务院审批

C. 历史文化名镇、名村保护规划由省、自治区、直辖市人民政府审批

D. 依法批准的保护规划，确需修改的，保护规划的组织编制机关应当向原审批机关提出专题报告

【答案】B

【解析】依据《历史文化名城名镇名村保护条例》第十三条，保护规划应当自历史文化名城、名镇、名村批准公布之日起 1 年内编制完成（A 正确）。第十七条，保护规划由省、自治区、直辖市人民政府审批（B 错误，C 正确）。第十九条，经依法批准的保护规划，不得擅自修改；确需修改的，保护规划的组织编制机关应当向原审批机关提出专题报告，经同意后，方可编制修改方案（D 正确）。故选 B。

2018-069. 根据《县域村镇体系规划编制暂行办法》的规定，下列选项中不正确的是(　　)。

    A. 承担县域村镇体系规划编制的单位，应当具有甲级规划编制资质

    B. 县域村镇体系规划应当与县级人民政府所在地总体规划一同编制

    C. 县域村镇体系规划也可以单独编制

    D. 编制县域村镇体系规划，应当坚持政府组织、部门合作、公众参与、科学决策的原则

【答案】A

【解析】题目过时。依据已失效的《县域村镇体系规划编制暂行办法》第二条，县域村镇体系规划应当与县级人民政府所在地总体规划一同编制，也可以单独编制（BC 正确）；第五条，编制县域村镇体系规划，应当坚持政府组织、部门合作、公众参与、科学决策的原则（D 正确）；第八条，承担县域村镇体系规划编制的单位，应当具有乙级以上的规划编制资质（A 错误）。故选 A。

2018-070. 根据《历史文化名城保护规划规范》，下列有关历史城区道路交通的表述不正确的是(　　)。

    A. 历史城区道路系统要保持或延续原有道路格局

    B. 历史城区道路规划的密度指标可在国家标准规定的上限范围内选取

    C. 历史城区道路宽度可在国家标准规定的上限内选取

    D. 对富有特色的街巷，应保持原有的空间尺度

【答案】C

【解析】题目过时。《历史文化名城保护规划规范》GB 50357—2005 第 3.4.2 条规定，历史城区道路规划的密度指标可在国家标准规定的上限范围内选取，历史城区道路宽度可在国家标准规定的下限范围内选取。故选 C。（注：本规范已被《历史文化名城保护规划标准》GB/T 50357—2018 替代）

2018-071. 下列有关风景名胜区的选项不正确的是(　　)。

    A. 风景名胜区与自然保护区不得重合   B. 规划分为总体规划和详细规划

    C. 风景名胜区由国务院批准公布   D. 风景名胜区应提交风景名胜区规划

【答案】C

【解析】《风景名胜区条例》第十条规定，设立国家级风景名胜区，由省、自治区、直辖市人民政府提出申请，国务院建设主管部门会同国务院环境保护主管部门、林业主管部门、文物主管部门等有关部门组织论证，提出审查意见，报国务院批准公布。设立省级风景名胜区，由县级人民政府提出申请，省、自治区人民政府建设主管部门或者直辖市人民

政府风景名胜区主管部门，会同其他有关部门组织论证，提出审查意见，报省、自治区、直辖市人民政府批准公布。故选C。

2018-072. 依据《风景名胜区条例》，下列选项中不正确的是(　　)。
A. 国家级风景名胜总体规划由省、自治区人民政府建设主管部门或者直辖市人民政府风景名胜区主管部门组织编制
B. 省级风景名胜区总体规划由县人民政府组织编制
C. 国家级风景名胜区总体规划由国务院建设主管部门审批，报国务院备案
D. 省级风景名胜区的总体规划由省、自治区、直辖市人民政府审批，报国务院建设主管部门备案

【答案】C
【解析】《风景名胜区条例》第十九条规定，国家级风景名胜区的总体规划，由省、自治区、直辖市人民政府审查后，报国务院审批。故选C。

2018-073. 依据《城乡规划法》，制定和实施城乡规划，应当遵循城乡统筹、合理布局、节约用地、集约发展和(　　)的原则。
A. 保护生态环境
B. 先规划后建设
C. 保护耕地
D. 保持地方特色

【答案】B
【解析】《城乡规划法》第四条规定，制定和实施城乡规划，应当遵循城乡统筹、合理布局、节约土地、集约发展和先规划后建设的原则。故选B。

2018-074. 根据《建设项目选址规划管理办法》，以下选项中不属于建设项目选址依据的是(　　)。
A. 经批准的可行性研究报告
B. 经批准的项目建议书
C. 建设项目与城市规划布局的协调
D. 建设项目与城市交通、通信、能源、市政、防灾规划的衔接与协调

【答案】A
【解析】根据《建设项目选址规划管理办法》第六条第二款，建设项目规划选址的主要依据有：(1) 经批准的项目建议书；(2) 建设项目与城市规划布局的协调；(3) 建设项目与城市交通、通讯、能源、市政、防灾规划的衔接与协调；(4) 建设项目配套的生活设施与城市生活居住及公共设施规划的衔接与协调；(5) 建设项目对于城市环境可能造成的污染影响，以及与城市环境保护规划和风景名胜、文物古迹保护规划的协调。故选A。

2018-075. 根据《城乡规划法》，城市总体规划的编制应当(　　)。
A. 与国民经济和社会发展规划相衔接
B. 与土地利用总体规划相衔接
C. 与区域发展规划相衔接
D. 与省域城镇体系规划相衔接

【答案】B
【解析】《城乡规划法》第五条规定，城市总体规划、镇总体规划以及乡规划和村庄规划的编制，应当依据国民经济和社会发展规划，并与土地利用总体规划相衔接。故选B。

2018-076. 根据《城乡规划法》，下列有关城市总体规划修改的表述中，**不正确**的是( )。

　　A. 上级人民政府制定的城乡规划发生变更，提出修改规划要求的

　　B. 行政区划调整确需修改规划的

　　C. 因直辖市、省、自治区人民政府批准重大建设工程确需修改规划的

　　D. 经评估确需修改规划的

　　【答案】C

　　【解析】《城乡规划法》第四十七条的规定，有下列情况之一的，组织编制机关方可按照规定的权限和程序修改省域城镇体系规划、城市总体规划、镇总体规划：（一）上级人民政府制定的城乡规划发生变更，提出修改规划要求的；（二）行政区划调整确需修改规划的；（三）因国务院批准重大建设工程确需修改规划的；（四）经评估确需修改规划的；（五）城乡规划的审批机关认为应当修改规划的其他情形。故选C。

2018-077. 根据《城乡规划法》，在城市总体规划确定的( )范围以外，不得设立各类开发区和城市新区。

　　A. 旧城区　　　　　　B. 建设用地　　　　　C. 规划区　　　　　　D. 中心城区

　　【答案】B

　　【解析】《城乡规划法》第三十条规定，城市新区的开发和建设，应当合理确定建设规模和时序，充分利用现有市政基础设施和公共服务设施，严格保护自然资源和生态环境，体现地方特色。在城市总体规划、镇总体规划确定的建设用地范围以外，不得设立各类开发区和城市新区。故选B。

2018-078. 根据《城乡规划法》，下列选项中不正确的是( )。

　　A. 经依法审定的修建性详细规划、建设工程设计方案的总平面图不得随意修改

　　B. 控制性详细规划修改涉及城市总体规划、镇总体规划强制性内容的，应当先修改总体规划

　　C. 修改城市总体规划前，组织编制机关应向原审批机关提出专题报告，方可编制修改方案

　　D. 修改涉及镇总体规划强制性内容的，应当先向原审批机关提出专题报告，方可编制修改方案

　　【答案】C

　　【解析】《城乡规划法》第四十七条规定，城市总体规划修改前，应当对原规划的实施情况进行总结，并向原审批机关报告。故选C。

2018-079. 根据《城乡规划法》，对城乡规划主管部门违反本法规定作出行政许可的，下列表述中不确的是( )。

　　A. 上级人民政府城乡规划主管部门有权责令作出许可的城乡规划主管部门撤销该行政许可

　　B. 上级人民政府城乡规划主管部门有权直接撤销该行政许可

　　C. 上级人民政府派出的城乡规划督察员有权责令停止建设

D. 因撤销行政许可给当事人合法权益造成损失的，应当依法给予补偿

【答案】C

【解析】《城乡规划法》第五十七条规定，城乡规划主管部门违反本法规定作出行政许可的，上级人民政府城乡规划主管部门有权责令其撤销或者直接撤销该行政许可。因撤销行政许可给当事人合法权益造成损失的，应当依法给予赔偿。故选C。

2018-080. 根据《房地产管理法》，下列选项中与城市规划管理职能有关的是( )。

    A. 房地产转让   B. 房地产抵押

    C. 房地产租赁   D. 房地产中介服务

【答案】A

【解析】与规划相关的是房地产转让后改变原土地用途的规划管理。故选A。

二、多选题（每题五个选项，每题正确答案不少于两个选项，多选或漏选不得分）

2018-081. 依据中共中央、国务院办公厅关于印发《党政领导干部生态环境损害责任追究办法（试行）》，下列( )情形属于应当追究相关地方党委和政府主要领导成员的责任。

    A. 作出的决策与生态环境和资源方面政策、法律法规相违背的

    B. 本地区发生主要领导成员职责范围内的严重环境污染和生态破坏事件或者对严重环境污染和生态破坏（灾害）事件处置不力的

    C. 作出的决策严重违反城乡、土地利用、生态环境保护等规划的

    D. 生态环境保护意识不到位的

    E. 对公益诉讼裁决和资源环境保护督察整改要求执行不力的

【答案】ABCE

【解析】《党政领导干部生态环境损害责任追究办法（试行）》第五条规定：有下列情形之一的，应当追究相关地方党委和政府主要领导成员的责任：（一）贯彻落实中央关于生态文明建设的决策部署不力，致使本地区生态环境和资源问题突出或者任期内生态环境状况明显恶化的；（二）作出的决策与生态环境和资源方面政策、法律法规相违背的；（三）违反主体功能区定位或者突破资源环境生态红线、城镇开发边界，不顾资源环境承载能力盲目决策造成严重后果的；（四）作出的决策严重违反城乡、土地利用、生态环境保护等规划的；（五）地区和部门之间在生态环境和资源保护协作方面推诿扯皮，主要领导成员不担当、不作为，造成严重后果的；（六）本地区发生主要领导成员职责范围内的严重环境污染和生态破坏事件，或者对严重环境污染和生态破坏（灾害）事件处置不力的；（七）对公益诉讼裁决和资源环境保护督察整改要求执行不力的；（八）其他应当追究责任的情形。有上述情形的，在追究相关地方党委和政府主要领导成员责任的同时，对其他有关领导成员及相关部门领导成员依据职责分工和履职情况追究相应责任。故选ABCE。

2018-082. 依据《中共中央 国务院关于加快推进生态文明建设的意见》，"积极实施主体功能区规划"战略中提出的"多规合一"是指经济社会发展、( )等规划。

    A. 国土规划   B. 城乡规划

    C. 区域规划   D. 土地利用规划

E. 生态环境保护规划

【答案】 BDE

【解析】 根据《中共中央 国务院关于加快推进生态文明建设的意见》要求，全面落实主体功能区规划，健全财政、投资、产业、土地、人口、环境等配套政策和各有侧重的绩效考核评价体系。推进市县落实主体功能定位，推动经济社会发展、城乡、土地利用、生态环境保护等规划"多规合一"。故选 BDE。

2018-083. 下列法律属于程序法范畴的是(　　　)。

A. 刑法 　　　　　　　　　　　B. 刑事诉讼法

C. 民法通则 　　　　　　　　　D. 行政诉讼法

E. 行政复议法

【答案】 BD

【解析】 我国程序法一般包括《刑事诉讼法》《民事诉讼法》《行政诉讼法》。故选 BD。

2018-084. 根据《行政许可法》，设定行政许可，应当规定行政许可的(　　　)。

A. 实施机关 　　　　　　　　　B. 收费标准

C. 条件 　　　　　　　　　　　D. 程序

E. 期限

【答案】 ACDE

【解析】《行政许可法》第十八条规定，设定行政许可，应当规定行政许可的实施机关、条件、程序、期限。故选 ACDE。

2018-085. 下列哪些法律规定了应采取拍卖、招标或者双方协议的方式确定土地使用权出让?(　　　)

A. 物权法 　　　　　　　　　　B. 城乡规划法

C. 建筑法 　　　　　　　　　　D. 土地管理法

E. 房地产管理法

【答案】 AE

【解析】 题目过时。《物权法》第一百三十八条规定，采取招标、拍卖、协议等出让方式设立建设用地使用权的，当事人应当采取书面形式订立建设用地使用权出让合同。《城市房地产管理法》第十三条规定，土地使用权出让，可以采取拍卖、招标或者双方协议的方式。故选 AE。(注：自 2021 年 1 月 1 日《民法典》实施后，《物权法》同时废止)

2018-086. 我国行政法的渊源有很多，除宪法和法律除外，还包括(　　　)。

A. 有权司法解释 　　　　　　　B. 行为准则

C. 国际条约与协定 　　　　　　D. 国务院的规定

E. 社会规范

【答案】 ACD

【解析】 行政法的渊源有宪法、法律、有权法律解释（含司法解释）、国际条约与协定等。国务院的规定就是行政法规。故选 ACD。

2018-087. 追究行政法律责任的原则不包括(　　　)。

A. 劝诫的原则
B. 责任自负原则

C. 责任法定原则
D. 主客观一致原则

E. 处分与训诫的原则

【答案】AE

【解析】追究行政法律责任的原则包括教育与惩罚相结合的原则、责任法定原则、责任自负原则、主客观一致的原则。故选 AE。

2018-088. 下列具有立法主体资格的人民政府有(　　　)。

A. 设区城市
B. 直辖市人民政府

C. 经国务院批准的较大的市
D. 省、自治区人民政府

E. 人口在 100 万以上的城市

【答案】ABD

【解析】《立法法》第八十二条规定，省、自治区、直辖市和设区的市、自治州的人民政府，可以根据法律、行政法规和本省、自治区、直辖市的地方性法规，制定规章。故选 ABD。

2018-089. 《土地管理法》中规定的"临时用地"是(　　　)。

A. 建设项目施工需要的临时使用的国有土地

B. 地质勘察需要临时使用的集体土地

C. 建设临时厂房需要租用的集体土地

D. 建设临时报刊亭占用道路旁边的用地

E. 建设项目施工场地临时使用的集体土地

【答案】ABE

【解析】《土地管理法》第五十七条规定，建设项目施工和地质勘查需要临时使用国有土地或者农民集体所有的土地的，由县级以上人民政府自然资源主管部门批准。故选 ABE。

2018-090. 根据《节约能源法》，建筑主管部门对于不符合建筑节能标准的可采取的措施有(　　　)。

A. 不得批准开工建设

B. 已经开工建设的，责令停止施工，限期改正

C. 拒不停止施工的，进行强制拆除

D. 已经建成的，不得销售或者使用

E. 吊销建设工程规划许可证

【答案】ABD

【解析】《节约能源法》第三十五条规定，建筑工程的建设、设计、施工和监理单位应当遵守建筑节能标准。不符合建筑节能标准的建筑工程，建设主管部门不得批准开工建设；已经开工建设的，应当责令停止施工、限期改正；已经建成的，不得销售或者使用。故选 ABD。

2018-091. 根据《风景名胜区条例》，风景名胜区总体规划应当确定的内容包括(　　)。

A. 风景名胜区的范围　　　　　　　B. 禁止开发和限制开发的范围

C. 风景名胜区的性质　　　　　　　D. 风景名胜区的游客容量

E. 重大项目建设布局

【答案】BDE

【解析】根据《风景名胜区条例》第十三条，风景名胜区总体规划应当包括下列内容：（一）风景资源评价；（二）生态资源保护措施、重大建设项目布局、开发利用强度；（三）风景名胜区的功能结构和空间布局；（四）禁止开发和限制开发的范围；（五）风景名胜区的游客容量；（六）有关专项规划。故选 BDE。

2018-092. 根据《城市规划编制办法》，以下选项中属于土地使用强制性指标的是(　　)。

A. 容积率　　　　　　　　　　　　B. 建筑色彩

C. 建筑高度　　　　　　　　　　　D. 建筑体量

E. 建筑密度

【答案】ACE

【解析】《城市规划编制办法》第四十二条规定，控制性详细规划确定的各地块的主要用途、建筑密度、建筑高度、容积率、绿地率、基础设施和公共服务设施配套规定应当作为强制性内容。故选 ACE。

2018-093. 《城乡规划法》中规定的法律责任主体包括(　　)。

A. 人民政府　　　　　　　　　　　B. 人民政府城乡规划主管部门

C. 人民政府有关部门　　　　　　　D. 建设施工单位

E. 城乡规划编制单位

【答案】ABCE

【解析】《城乡规划法》中规定的法律责任主体包括：人民政府、人民政府城乡规划主管部门、人民政府有关部门、城乡规划编制单位、建设单位。故选 ABCE。

2018-094. 根据《城市综合交通体系规划编制导则》，以下选项中正确的是(　　)。

A. 城市综合交通体系规划范围应当与城市总体规划相一致

B. 城市综合交通体系规划期限应当与城市总体规划相一致

C. 城市综合交通体系规划成果编制应与城市总体规划成果编制相衔接

D. 城市综合交通体系规划是指导城市综合交通发展的基础性规划

E. 城市综合交通体系规划是城市总体规划的主要组成部分

【答案】ABCE

【解析】根据《城市综合交通体系规划编制导则》第 1.4.1 条，城市综合交通体系规划范围应当与城市总体规划相一致（A 正确）。第 1.4.2 条，城市综合交通体系规划期限应当与城市总体规划相一致（B 正确）。第 2.1.3 条，规划成果编制应与城市总体规划成果编制相衔接（C 正确）。第 1.2.1 条，城市综合交通体系规划是城市总体规划的重要组成部分，是指导城市综合交通发展的战略性规划（D 错误，E 正确）。故选 ABCE。

2018-095. 城市控制性详细规划调整应当( )。

A. 取得规划批准机关的同意

B. 报本级人大常委会和上级人民政府备案

C. 向社会公开

D. 听取有关单位和公众的意见

E. 划定限建区

【答案】ABCD

【解析】《城乡规划法》第四十八条规定，修改控制性详细规划的，组织编制机关应当对修改的必要性进行论证，征求规划地段内利害关系人的意见，并向原审批机关提出专题报告，经原审批机关同意后，方可编制修改方案。修改后的控制性详细规划，应当依照本法第十九条、第二十条规定的审批程序报批。控制性详细规划修改涉及城市总体规划、镇总体规划的强制性内容的，应当先修改总体规划。故选ABCD。

2018-096. 下列选项中属于市政管线工程规划主要内容的是( )。

A. 协调各工程管线布局
B. 确定工程管线的敷设方式

C. 确定管线管径大小设计
D. 确定工程管线敷设的排列顺序和位置

E. 确定交叉口周围用地

【答案】ABD

【解析】《城市工程管线综合规划规范》GB 50289—2016 第3.0.1条规定，城市工程管线综合规划的主要内容应包括：协调各工程管线布局；确定工程管线的敷设方式；确定工程管线敷设的排列顺序和位置，确定相邻工程管线的水平间距、交叉工程管线的垂直间距；确定地下敷设的工程管线控制高程和覆土深度等。故选ABD。

2018-097. 根据《城市用地分类与规划建设用地标准》，规划人均城市建设用地指标应依据( )，按照相关规定综合确定。

A. 现状人均城市建设用地指标
B. 现状人口规模

C. 城市（镇）所在气候区
D. 规划人口规模

E. 城市土地资源

【答案】ACD

【解析】《城市用地分类与规划建设用地标准》GB 50137—2011 第4.2.1条规定，规划人均城市建设用地面积指标应根据现状人均城市建设用地面积指标、城市（镇）所在的气候区以及规划人口规模确定。故选ACD。

2018-098. 下列选项中，不属于《村庄规划用地分类指南》中用地分类的是( )。

A. 对外交通设施用地
B. 生产绿地

C. 村庄生产仓储用地
D. 工业用地

E. 村庄道路用地

【答案】BD

【解析】依据《村庄规划用地分类指南》，选项中生产绿地、工业用地不属于《村庄规划用地分类指南》中的分类。故选BD。

2018-099.《城市给水工程规划规范》中，符合"给水系统安全性"说法的是( )。

 A. 工程设施不应设置在不良地质地区

 B. 地表水取水构筑物应设置在河岸及河床稳定的地段

 C. 工程设施的防洪排涝等级应不低于所在城市设防的相应等级

 D. 市区的配水管网应布置成环状

 E. 供水工程主要工程设施供电等级应为二级负荷

【答案】ABCD

【解析】由《城市给水工程规划规范》GB 50282—2016 第 6.2.1 条可知，ABC 正确。由第 6.2.3 条可知，配水管网应布置成环状，D 正确。由第 6.2.6 条可知，城市给水系统主要工程设施供电等级应为一级负荷，E 错误。故选 ABCD。

2018-100. 根据《住房和城乡建设部城乡规划督察员工作规程》，督察员的主要工作方式包括( )。

 A. 听取有关单位和人员对监督事项问题的说明

 B. 撤销城乡规划主管部门违反《城乡规划法》的行政许可

 C. 进入涉及监督事项的现场了解情况

 D. 调阅或复制涉及监督事项的文件和资料

 E. 对超越资质等级许可承担编制城乡规划行为进行处罚

【答案】ACD

【解析】《住房和城乡建设部城乡规划督察员工作规程》第七条规定，监督员的主要工作方式：（一）列席城市规划委员会会议、城市人民政府及其部门召开的涉及督察事项的会议；（二）调阅或复制涉及督察事项的文件和资料；（三）听取有关单位和人员对督察事项问题的说明；（四）进入涉及督察事项的现场了解情况；（五）利用当地城乡规划主管部门的信息系统搜集督察信息；（六）巡察督察范围内的国家级风景名胜区和历史文化名城；（七）公开督察员的办公电话，接收对城乡规划问题的举报。故选 ACD。

第七节 2019 年考试真题

一、单选题（每题四个选项，其中一个选项为正确答案）

2019-001.《中共中央关于全面深化改革若干重大问题的决定》提出，要坚持走中国特色城镇化道路，推进( )。

 A. 高质量的城镇化   B. 以人为核心的城镇化

 C. 城乡协调发展的城镇化   D. 绿色低碳发展的城镇化

【答案】B

【解析】《中共中央关于全面深化改革若干重大问题的决定》第六条，完善城镇化健康发展体制机制，坚持走中国特色新型城镇化道路，推进以人为核心的城镇化。故选 B。

2019-002. 下列对国土空间规划编制的近期相关工作要求中，不正确的是( )。

 A. 同步构建国土空间规划"一张图"实施监督信息系统

B. 统一采用第三次全国国土调查数据、西安 2000 坐标系和 1985 国家高程基准

C. 科学评估生态保护红线、永久基本农田、城镇开发边界等重要控制线划定情况，进行必要的调整完善

D. 开展资源环境承载能力和国土空间开发适宜性评价工作

【答案】B

【解析】 根据自然资源部《关于全面开展国土空间规划工作的通知》第五条，本次规划编制统一采用第三次全国国土调查数据作为规划现状底数和底图基础，统一采用 2000 国家大地坐标系和 1985 国家高程基准作为空间定位基础，各地要按此要求尽快形成现状底数和底图基础。故选 B。

2019-003. 中共中央、国务院印发的《生态文明体制改革总体方案》提出了建立国家公园体制，改革各部门分头设置(　　)的体制，对上述保护地进行功能重组，合理界定国家公园范围。

A. 自然保护区、风景名胜区、地质公园、森林公园等

B. 自然保护区、文化自然遗产、地质公园、森林公园等

C. 自然保护区、风景名胜区、文化自然遗产、森林公园等

D. 自然保护区、风景名胜区、文化自然遗产、地质公园、森林公园等

【答案】D

【解析】 根据《生态文明体制改革总体方案》第三条，加强对重要生态系统的保护和永续利用，改革各部门分头设置自然保护区、风景名胜区、文化自然遗产、地质公园、森林公园等的体制，对上述保护地进行功能重组，合理界定国家公园范围。故选 D。

2019-004. 根据《行政处罚法》，地方性法规不能设定的行政处罚种类是(　　)。

A. 警告、罚款
B. 没收违法所得、没收非法财物

C. 责令停产停业
D. 吊销企业营业执照

【答案】D

【解析】 根据《行政处罚法》第十二条，地方性法规可以设定除限制人身自由、吊销营业执照以外的行政处罚。故选 D。

2019-005. "建设用地使用权"属于《物权法》中(　　)的范畴。

A. 共有　　　　　B. 相邻关系　　　　　C. 所有权　　　　　D. 用益物权

【答案】D

【解析】 题目过时。根据《物权法》第一百三十五条，建设用地使用权属于用益物权。故选 D。(注：自 2021 年 1 月 1 日《民法典》实施后，《物权法》同时废止)

2019-006. 根据《水法》，下列关于水资源的叙述中，不正确的是(　　)。

A. 国家对水资源实行流域管理的管理体制

B. 开发利用水资源，应该服从防洪的总体安排

C. 开发利用水资源，应当首先满足城乡居民生活用水

D. 对城市中直接从地下水取水的单位，征收水资源费

【答案】A

【解析】《水法》第十二条规定，国家对水资源实行流域管理和行政区域管理相结合的管理体制。故选 A。

2019-007. 根据《消防法》，国务院住房和城乡建设主管部门规定的特殊建设工程，建设单位应当将消防设计文件报送住房和城乡建设主管部门（   ）。

A. 备案　　　　　B. 预审　　　　　C. 验收　　　　　D. 审查

【答案】D

【解析】《消防法》第十一条规定，国务院住房和城乡建设主管部门规定的特殊建设工程，建设单位应当将消防设计文件报送住房和城乡建设主管部门审查，住房和城乡建设主管部门依法对审查的结果负责。故选 D。

2019-008. 根据《人民防空法》，下列关于人民防空的叙述中，不正确的是（   ）。

A. 城市是人民防空的要点

B. 国家对重要经济目标实行分类防护

C. 人民防空是国防的组成部分

D. 城市人民政府应当制定人民防空工程建设规划

【答案】B

【解析】《人民防空法》第二条规定，人民防空是国防的组成部分。第十一条规定，城市是人民防空的重点。国家对城市实行分类防护。第十三条规定，城市人民政府应当制定人民防空工程建设规划，并纳入城市总体规划。故选 B。

2019-009. 下列关于临时用地的相关表述中，正确的是（   ）。

A. 城市规划区内的临时用地，在报批前，应当先经有关城市土地行政主管部门同意

B. 使用临时用地，应按照合同的约定支付临时使用土地补偿费

C. 临时用地在使用前应与村民签订用地合同

D. 临时用地期限一般不超过五年

【答案】B

【解析】《土地管理法》第五十七条规定，建设项目施工和地质勘查需要临时使用国有土地或者农民集体所有的土地的，由县级以上人民政府自然资源主管部门批准。其中，在城市规划区内的临时用地，在报批前，应当先经有关城市规划行政主管部门同意（A 错误）。土地使用者应当根据土地权属，与有关自然资源主管部门或者农村集体经济组织、村民委员会签订临时使用土地合同（C 错误），并按照合同的约定支付临时使用土地补偿费（B 正确）。临时使用土地期限一般不超过二年（D 错误）。故选 B。

2019-010. 按照行政行为的生效规则，城乡规划主管部门核发的建设工程规划许可证应该（   ）。

A. 即时生效　　　B. 受领生效　　　C. 告知生效　　　D. 附条件生效

【答案】B

【解析】受领生效一般适用于特定认为行为对象的行政行为，行政行为的对象明确、具体。城乡规划主管部门核发的建设工程规划许可证属于受领生效。故选 B。

2019-011. 根据《防震减灾法》，对于重大建设工程和可能发生严重次生灾害的建设工程，应当依据( )确定其抗震设防要求。

    A. 地震活动趋势
                B. 地震区域图

    C. 地震减灾规划
                D. 地震安全性评价结果

【答案】D

【解析】《防震减灾法》第三十五条规定，重大建设工程和可能发生严重次生灾害的建设工程，应当按照国务院有关规定进行地震安全性评价，并按照经审定的地震安全性评价报告所确定的抗震设防要求进行抗震设防。故选D。

2019-012. 根据《物权法》，下列关于建设用地使用权的叙述中，不正确的是( )。

    A. 设立建设用地使用权，可以采取出让或者划拨等方式

    B. 设立建设用地使用权，应当向登记机构申请建设用地使用权登记

    C. 建设用地使用权自登记时设立

    D. 建设用地使用权不得在地下设立

【答案】D

【解析】题目过时。《物权法》第一百三十六条规定，建设用地使用权可以在土地的地表、地上或者地下分别设立。故选D。（注：自2021年1月1日《民法典》实施后，《物权法》同时废止）

2019-013. 下列对"土地用途"的划分的选项中，符合《土地管理法》规定的是( )。

    A. 农用地、建设用地、未利用用地
        B. 基本农田、建设用地、未利用地

    C. 工业用地、居住用地、公用设施用地
    D. 耕地、林草用地、农田水利用地

【答案】A

【解析】《土地管理法》第四条规定，国家编制土地利用总体规划，规定土地用途，将土地分为农用地、建设用地和未利用地。故选A。

2019-014. 关于设定和实施行政许可应当遵循的原则，下列说法中错误的是( )。

    A. 公开原则
                B. 公平公正原则

    C. 便民原则
                D. 协商原则

【答案】D

【解析】根据《行政许可法》第五条规定，应当遵循公开、公平、公正、非歧视的原则设定和实施行政许可。第六条规定，应当遵循便民的原则实施行政许可，提高办事效率，提供优质服务。故选D。

2019-015. 国务院城乡规划主管部门行文，对"违法建设"行为进行解释，应该属于( )。

    A. 立法解释
    B. 司法解释
    C. 执法解释
    D. 行政解释

【答案】D

【解析】行政解释指国家行政机关（城乡规划主管部门）在依法行使职权时，对非由其创制的有关法律、法规如何具体应用问题所作的解释。故选D。

2019-016. 行政层级监督属于(　　)范畴。

　　A. 行政内部监督　　B. 权力机关监督　　C. 政治监督　　D. 社会监督

【答案】A

【解析】层级监督是指行政机关监督纵向划分为若干层级，各层级的业务性质和职能基本相同，各层级分别对上一层级负责而形成的层级节制的监督体制，属于行政内部监督。故选 A。

2019-017. 人们的行为规则，在法学上统称为(　　)。

　　A. 法律　　　　　B. 法规　　　　　C. 道德　　　　　D. 规范

【答案】D

【解析】法律是一种行为规则，人们的行为规则在法学上统称为规范。故选 D。

2019-018. 在城乡规划许可中，下列行为属于"行政法律关系"产生的是(　　)。

　　A. 建设单位申请工程报建　　　　　B. 规划部门受理工程报建后
　　C. 规划部门审定总平面图后　　　　D. 规划部门核发建设工程规划许可证

【答案】D

【解析】在规划管理中，规划部门核发建设工程规划许可证后法律关系即产生。故选 D。

2019-019. 规划部门依法核发的"一书三证"规定的内容，非依法不得随意变更，在行政法中称为行政行为的(　　)。

　　A. 确定力　　　　B. 拘束力　　　　C. 执行力　　　　D. 公定力

【答案】A

【解析】行政行为确定力是行政行为有效成立后，非依法不得随意变更的法律效力。故选 A。

2019-020. 根据《城乡规划法》，县级以上地方人民政府城乡规划主管部门法定行政管理范围是(　　)。

　　A. 城市规划区　　　　　　　　　B. 城市建成区
　　C. 城市限建区和适建区　　　　　D. 行政区域

【答案】D

【解析】《城乡规划法》第十一条规定，国务院城乡规划主管部门负责全国的城乡规划管理工作。县级以上地方人民政府城乡规划主管部门负责本行政区域内的城乡规划管理工作。故选 D。

2019-021. 根据《城乡规划法》，下列选项中需要申请选址意见书的建设项目是(　　)。

　　A. 以划拨方式提供国有土地使用权的　　B. 依法出让土地使用权的
　　C. 以国家租赁方式提供国有土地使用权　　D. 取得房地产开发用地的土地使用权的

【答案】A

【解析】依据《城乡规划法》第三十六条，按照国家规定需要有关部门批准或者核准的建设项目，以划拨方式提供国有土地使用权的，建设单位在报送有关部门批准前，应当向城乡规划主管部门申请核发选址意见书。故选 A。

2019-022. 按照《土地管理法》，下列说法中正确的是（　　）。

A. 农民集体所有的土地，由县级人民政府登记造册，核发证书，确认使用权

B. 农民集体所有的土地，由县级人民政府土地行政主管部门登记造册，核发证书，确认所有权

C. 农民集体所有的土地，由镇级人民政府土地行政主管部门登记造册，核发证书，确认所有权

D. 农民集体所有的土地，由乡人民政府登记造册，核发证书，确认所有权

【答案】无

【解析】题目过时。2019 年修订后的现行《土地管理法》无相关规定。

2019-023. 根据《城乡规划法》，下列选项中不属于城市总体规划强制性内容的是（　　）。

A. 城市性质　　　　　　　　　　B. 水源地和水系

C. 防震减灾　　　　　　　　　　D. 基础设施和公共服务

【答案】A

【解析】依据《城乡规划法》第十七条规定，规划区范围、规划区内建设用地规模、基础设施和公共服务设施用地、水源地和水系、基本农田和绿化用地，环境保护、自然与历史文化遗产保护以及防灾减灾等内容，应当作为城市总体规划、镇总体规划的强制性内容。故选 A。

2019-024. 根据《环境保护法》，以下需要国家划定生态保护红线、实行严格保护的是（　　）。

A. 重点生态功能区、生态环境敏感区和脆弱区等区域

B. 重点生态功能区、水源涵养区和脆弱区等区域

C. 珍惜、濒危的野生动植物自然分布区域、生态敏感区和脆弱区等区域

D. 生态功能区、生态环境敏感区和脆弱区等区域

【答案】A

【解析】《环境保护法》第三条规定，国家在重点生态功能区、生态环境敏感区和脆弱区等区域划定生态保护红线，实行严格保护。故选 A。

2019-025. 根据《城乡规划法》，实施规划时应遵循的原则不包括（　　）。

A. 统筹兼顾进城务工人员生活和周边农村经济社会发展村民生产与生活的需要

B. 优先安排基础设施以及公共服务设施的建设

C. 妥善处理新区开发与旧区改建的关系

D. 合理确定建设规模和时序

【答案】D

【解析】《城乡规划法》第二十九条规定，城市的建设和发展，应当优先安排基础设施以及公共服务设施的建设，妥善处理新区开发与旧区改建的关系，统筹兼顾进城务工人员生活和周边农村经济社会发展、村民生产与生活的需要。故选 D。

2019-026. 对"**违法建设行为进行行政强制**"的行为说法中正确的是(   )。

    A. 是所在地城市人民政府依职权的行政行为

    B. 是所在地综合执法部门依职权的行政行为

    C. 是所在地规划部门依职权的行政行为

    D. 是所在地人民法院的职责

【答案】A

【解析】根据《城乡规划法》第六十八条规定,城乡规划主管部门作出责令停止建设或者限期拆除的决定后,当事人不停止建设或者逾期不拆除的,建设工程所在地县级以上地方人民政府可以责成有关部门采取查封施工现场、强制拆除等措施。行政强制执行分为行政机关自行强制执行和向法院申请强制执行两类。行政机关依据法律授予的职权,无须相对方的请求而主动实施的行政行为属于依职权行政行为。依职权行政行为的种类很多,包括行政规划、行政命令、行政征收、行政处罚、行政强制等。因此,对"**违法建设行为进行行政强制**"的行为是所在地城市人民政府依职权的行政行为。故选A。

2019-027. 根据《城市道路交通规划设计规范》,小城市乘客平均换乘系数不应大于(   )。

    A. 1.3   B. 1.5   C. 1.7   D. 2.0

【答案】A

【解析】题目过时。根据《城市道路交通规划设计规范》GB 50220—95 第 3.2.3 条,大城市乘客平均换乘系数不应大于 1.5;中、小城市不应大于 1.3。故选A。(注:该规范已被《城市综合交通体系规划标准》GB/T 51328—2018 替代)

2019-028. 根据《城乡规划法》,城乡规划主管部门不得在城乡规划确定的(   )以外做出行政许可。

    A. 城市行政区范围   B. 建设用地范围

    C. 规划区范围   D. 建成区范围

【答案】B

【解析】《城乡规划法》第四十二条规定,城乡规划主管部门不得在城乡规划确定的建设用地范围以外作出规划许可。故选B。

2019-029. 下列规划不属于县级人民政府组织编制的是(   )。

    A. 县人民政府所在地镇总体规划   B. 乡规划和村庄规划

    C. 历史文化名镇保护规划   D. 省级风景名胜区规划

【答案】B

【解析】《城乡规划法》第二十二条规定,乡、镇人民政府组织编制乡规划、村庄规划,报上一级人民政府审批。故选B。

2019-030. 根据《**历史文化名城名镇名村保护规划编制要求(试行)**》,下列说法错误的是(   )。

    A. 历史文化名城保护规划范围与城市总体规划一致

    B. 历史文化名城保护规划应单独编制

C. 历史文化名镇保护规划应单独编制

D. 历史文化名村保护规划应单独编制

【答案】D

【解析】《历史文化名城名镇名村保护规划编制要求（试行）》第三条规定，历史文化名城、名镇保护规划的规划范围与城市、镇总体规划的范围一致，历史文化名村保护规划与村庄规划的范围一致。历史文化名城、名镇保护规划应单独编制。历史文化名村的保护规划与村庄规划同时编制。凡涉及文物保护单位的，应考虑与文物保护单位保护规划相衔接。故选D。

2019-031. 根据《乡村建设规划许可实施意见》，下列选项中不准确的是（　　）。

    A. 乡村建设规划许可实施范围是乡、村庄规划区内

    B. 乡村建设规划许可的内容应包括对地块位置、用地范围、用地性质

    C. 乡村建设规划许可申请主体为乡人民政府

    D. 城乡规划主管部门不得在城乡规划确定的建设用地范围以外作出乡村建设规划许可

【答案】C

【解析】依据《乡村建设规划许可实施意见》第四条，乡村建设规划许可的申请主体为个人或建设单位。故选C。

2019-032. 根据《城市、镇控制性详细规划编制审批办法》，下列叙述中不正确的是（　　）。

    A. 控制性详细规划是城乡规划主管部门作出的规划行政许可，实施规划管理的依据

    B. 国有土地使用权的划拨、出让应当符合控制性详细规划

    C. 县人民政府所在城镇的控制性详细规划由镇人民政府组织编制

    D. 任何单位和个人都应当遵守经依法批准并公布的控制线详细规划

【答案】C

【解析】依据《城市、镇控制性详细规划编制审批办法》第六条，城市、县人民政府城乡规划主管部门组织编制城市、县人民政府所在地镇的控制性详细规划；其他镇的控制性详细规划由镇人民政府组织编制。故选C。

2019-033. 根据《城市规划编制办法》，对住宅、医院、学校和托幼等建筑进行日照分析属于（　　）。

    A. 景观设计　　　　　　　　　　　B. 控制性详细规划

    C. 修建性详细规划　　　　　　　　D. 近期建设规划

【答案】C

【解析】依据《城市规划编制办法》第四十三条，修建性详细规划应当包括下列内容：……（三）对住宅、医院、学校和托幼等建筑进行日照分析。故选C。

2019-034. 根据《城市规划编制办法》，下列叙述中不正确的是（　　）。

    A. 城市规划分为总体规划和详细规划两个阶段

    B. 城市详细规划分为控制性详细规划和修建性详细规划

C. 城市总体规划包括中心区规划和近期建设规划

D. 历史文化名城的城市总体规划，应当包括专门的历史文化名城保护规划

【答案】C

【解析】依据《城市规划编制办法》第二十条，城市总体规划包括市域城镇体系规划和中心城区规划。故选C。

2019-035. 根据《城市、镇控制性详细规划编制审批办法》，应当优先编制控制性详细规划的地区包括（　　）。

A. 中心城区、旧城改造地区、近期建设地区

B. 中心城区、旧城改造地区、历史文化街区

C. 中心城区、旧城改造地区、棚户区

D. 中心城区、旧城改造地区、限建区

【答案】A

【解析】依据《城市、镇控制性详细规划编制审批办法》第十三条，中心区、旧城改造地区、近期建设地区，以及拟进行土地储备或土地出让的地区，应当优先编制控制性详细规划。故选A。

2019-036. 根据《城市规划编制办法》，各地块的建筑体量、体型、色彩等城市设计指导原则是（　　）的内容。

A. 城市分区规划

B. 控制性详细规划

C. 城市近期建设规划

D. 城市总体规划

【答案】B

【解析】依据《城市规划编制办法》第四十一条，控制性详细规划应当包括下列内容：……（三）提出各地块的建筑体量、体型、色彩等城市设计指导原则。故选B。

2019-037. 根据《城市设计管理办法》，城市、县人民政府城乡规划主管部门负责组织编制本区域内总体城市设计、重点地区的城市设计，（　　）。

A. 经本级人民政府批准后，报本级人民代表大会常务委员会备案

B. 经本级人民政府批准后，报上一级人民政府备案

C. 报本级人民政府审批

D. 报上级人民政府审批

【答案】C

【解析】依据《城市设计管理办法》第十七条，城市、县人民政府城乡规划主管部门负责组织编制本行政区域内总体城市设计、重点地区的城市设计，并报本级人民政府审批。故选C。

2019-038. 根据《城市规划制图标准》，城市总体规划图上标示风玫瑰叠加绘制了虚线玫瑰，代表的是（　　）。

A. 污染系数玫瑰　　　B. 污染频率玫瑰　　　C. 夏季风玫瑰　　　D. 冬季风玫瑰

【答案】A

【解析】依据《城市规划制图标准》CJJ/T 97—2003第2.4.5条，风象玫瑰图应以细

实线绘制风频玫瑰图，以细虚线绘制污染系数玫瑰图。风频玫瑰图与污染系数玫瑰图应重叠绘制在一起。故选 A。

2019-039. 根据《城市对外交通规划规范》，高速铁路客运站应合理设置在(   )。

    A. 中心城区内   B. 城市中心区

    C. 城市中心区外围   D. 城市郊区

【答案】A

【解析】依据《城市对外交通规划规范》GB 50925—2013 第 5.3.1 条，高速铁路客运站应设置在中心城区内，以利客流集散和土地的合理开发。故选 A。

2019-040. 根据《城市规划强制性内容暂行规定》，下列选项中不属于城市详细规划强制性内容的是(   )。

    A. 规划地段内各个地块的土地主要用途   B. 规划地段内各个地块允许的建设总量

    C. 规划地段内各个地块允许的人口数量   D. 规划地段内各个地块允许的建设高度

【答案】C

【解析】依据《城市规划强制性内容暂行规定》第七条，城市详细规划的强制性内容包括：（一）规划地段各个地块的土地主要用途；（二）规划地段各个地块允许的建设总量；（三）规划地段各个地块允许建设高度；（四）规划地段各个地块的绿化率、公共绿地面积规定；（五）规划地段基础设施和公共服务设施配套建设的规定；（六）历史文化保护区内重点保护地段的建设控制指标和规定建设控制地区的建设控制指标。故选 C。

2019-041. 根据《城市环境卫生设施规划规范》，下列不属于环境卫生设施的是(   )。

    A. 公共厕所   B. 生活垃圾收集点

    C. 城市污水处理设施   D. 粪便污水前段处理设施

【答案】C

【解析】题目过时。依据《城市环境卫生设施规划规范》GB 50337—2003，环境卫生设施包括环境卫生公共设施、环境卫生工程设施、公共厕所及粪便污水前段处理设施。故选 C。（注：本规范已被《城市环境卫生设施规划标准》GB/T 50337—2018 替代）

2019-042. 城市抗震防灾规划分为甲、乙、丙三种模式，下列选项中不属于编制模式划分依据的是(   )。

    A. 城市规模   B. 城市重要性   C. 城市性质   D. 抗震防灾要求

【答案】C

【解析】依据《城市抗震防灾规划管理规定》第十一条，城市抗震防灾规划应当按照城市规模、重要性和抗震防灾的要求，分为甲、乙、丙三种模式。故选 C。

2019-043. 根据《城市公共设施规划规范》，下列说法中不正确的是(   )。

    A. 新建高等院校宜在城市边缘地区选址

    B. 规划新的大型游乐设施用地应选址在城市边缘区外围交通方便的地段

    C. 传染性疾病的医疗卫生设施宜选址在城市边缘地区的下风方向

    D. 老年人设施布局宜邻近居住区环境较好的地段

【答案】B

【解析】依据《城市公共设施规划规范》GB 50442—2008 第5.0.4条，规划中宜保留原有的文化娱乐设施，规划新的大型游乐设施用地应选址在城市中心区外围交通方便的地段。故选B。

2019-044.《城市地下空间开发利用管理规定》所称的城市地下空间，是指(　　)。

　　A. 城市规划区　　　B. 城市建设区　　　C. 城市中心城区　　　D. 城市行政区

【答案】A

【解析】依据《城市地下空间开发利用管理规定》第二条，编制城市地下空间规划，对城市规划区范围内的地下空间进行开发利用，必须遵守本规定。本规定所称的城市地下空间是指城市规划区内地表以下的空间。故选A。

2019-045. 根据《城市停车规划规范》，下列说法中不正确的是(　　)。

　　A. 城市停车规划应采取停车位总量控制

　　B. 城市停车规划应采取区域差别化的供给原则

　　C. 城市中心区的人均机动车停车位的供给水平应高于城市外围地区

　　D. 公共交通服务水平较高的地区的人均机动车停车位供给水平不应高于公共交通服务水平较低的地区

【答案】C

【解析】依据《城市停车规划规范》GB/T 51149—2016 第3.0.1条，差别化的分区机动车停车规划应符合下列规定：城市中心区的人均机动车停车位供给水平不应高于城市外围地区。故选C。

2019-046. 根据《城市消防规划规范》，下列说法中错误的是(　　)。

　　A. 历史文化街区应配置大型的消防设施

　　B. 历史文化街区外围宜设置环形消防车通道

　　C. 历史文化街区不得设置汽车加油站

　　D. 历史文化街区不得设置汽车加气站

【答案】A

【解析】依据《城市消防规划规范》GB 50180—2015 第3.0.4条，历史文化街区应配置小型、适用的消防设施、装备和器材；不符合消防车通道和消防给水要求的街巷，应设置水池、水缸、沙池、灭火器等消防设施和器材。故选A。

2019-047. 根据《城市用地分类与规划建设用地标准》下列说法正确的是(　　)。

　　A. 公共服务设施用地中包括商业服务设施用地

　　B. 风景名胜区管理及服务设施用地包括在绿地与广场用地中

　　C. 对外交通用地包括在道路交通设施用地中

　　D. 城乡居民点建设用地包括城市、镇、乡、村庄建设用地

【答案】D

【解析】根据《城市用地分类与规划建设用地标准》GB 50137—2011 第3.2.2条，城乡居民点建设用地范围包括城市、镇、乡、村庄建设用地。故选D。

2019-048. 根据《历史文化名城名镇名村保护条例》，历史文化名城保护规划应由（　　）审批。

    A. 国务院

    B. 国务院建设主管部门会同国务院文物主管部门

    C. 省、自治区、直辖市人民政府

    D. 省、自治区、直辖市人民政府建设主管部门同省级文物主管部门

【答案】C

【解析】根据《历史文化名城名镇名村保护条例》第十七条，保护规划由省、自治区、直辖市人民政府审批。经依法批准的历史文化名城保护规划和中国历史文化名镇、名村保护规划，应当由保护规划的组织编制机关报国务院建设主管部门和国务院文物主管部门备案。故选C。

2019-049. 根据《城市地下空间开发利用管理规定》，下列说法中错误的是（　　）。

    A. 城市地下空间规划是城市规划的重要组成部分

    B. 城市地下空间规划需要变更的，需经原审批机关审批

    C. 承担城市地下空间规划编制任务的单位，应当符合国家规定的资源要求

    D. 城市地下空间建设规划应报城市上级人民政府批准

【答案】D

【解析】依据《城市地下空间开发利用管理规定》第九条，城市地下空间建设规划由城市人民政府城市规划行政主管部门负责审查后，报城市人民政府批准。故选D。

2019-050. 根据《城市绿线管理办法》，下列选项中不正确的是（　　）。

    A. 编制城市总体规划，应当划定城市绿线

    B. 城市园林绿化行政主管部门负责城市绿线的划定工作

    C. 审批的城市绿线要向社会公布

    D. 因建设或其他特殊情况，需要临时占用城市绿地内用地的，必须依法办理相关审批手续

【答案】B

【解析】依据《城市绿线管理办法》第四条，城市人民政府规划、园林绿化行政主管部门，按照职责分工负责城市绿线的监督和管理工作。第七条，修建性详细规划应当根据控制性详细规划，明确绿地布局，提出绿化配置的原则或者方案，划定绿地界线（B错误）。第五条，城市绿地系统规划是城市总体规划的组成部分，应当确定城市绿化目标和布局，规定城市各类绿地的控制原则（A正确）。第九条，批准的城市绿线要向社会公布，接受公众监督（C正确）。第十一条，因建设或者其他特殊情况，需要临时占用城市绿线内用地的，必须依法办理相关审批手续（D正确）。故选B。

2019-051. 根据《城市绿线管理办法》，绿线是指城市（　　）范围的控制线。

    A. 公园绿地与广场等公共开放空间用地   B. 公园绿地、居住区绿地

    C. 公园绿地、居住区绿地，道路绿地   D. 各类绿地

【答案】D

【解析】依据《城市绿线管理办法》第二条，本办法所称城市绿线，是指城市各类绿地范围的控制线。故选 D。

2019-052. 根据《城市防洪规划规范》，下列选项中不正确的是（　　）。

    A. 城市用地布局必须满足行洪要求

    B. 城市公园绿地、广场、运动场应当布置在城市防洪安全性较高的地区

    C. 城市规划区内的调洪水库应划入城市蓝线进行严格保护

    D. 城市规划区内的堤防应划入城市黄线进行保护

【答案】B

【解析】依据《城市防洪规划规范》GB 51079—2016 第4.0.4条，城市用地布局必须满足行洪需要，留出行洪通道（A正确）。第4.0.2条，城市防洪安全性较高的地区应布置城市中心区、居住区、重要的工业仓储区及重要设施。城市易涝低地可用作生态湿地、公园绿地、广场、运动场等（B错误）。第7.0.4条，城市规划区内的调洪水库、具有调蓄功能的湖泊和湿地、行洪通道、排洪渠等地表水体保护和控制的地域界线应划入城市蓝线进行严格保护（C正确）。第7.0.5条，城市规划区内的堤防、排洪沟、截洪沟、防洪（潮）闸等城市防洪工程设施的用地控制界线应划入城市黄线进行保护与控制（D正确）。故选 B。

2019-053. 根据《城乡用地评定标准》，下列选项中正确的是（　　）。

    A. 对现状建成区用地，可只采用定量计算评判法进行判定

    B. 对现状建成区用地，可只采用定性评判法进行评定

    C. 对拟定的新区用地，可只采用定量计算判定法进行评定

    D. 对拟定的新区用地，可只采用定性评判法进行评定

【答案】B

【解析】依据《城乡用地评定标准》CJJ 132—2009 第5.2.1条，城乡用地评定方法的采用，应结合评定区的构成特点，并应符合下列规定：（1）对现状建成区用地，可只采用定性评判法进行评定；（2）对拟定的新区用地，应采用定性评判与定量计算评判相结合的方法进行评定。故选 B。

2019-054. 根据《城乡用地评定标准》，城乡用地评定单元按照建设适宜性分为（　　）。

    A. 适于修建用地、改善条件后才能修建的用地、不适宜修建的用地

    B. 有利建设用地、可以建设绿地、不利建设用地

    C. 适宜建设用地、较适宜建设用地、适宜性差的建设用地

    D. 适宜建设用地、可建设用地、不适宜建设用地、不可建设用地

【答案】D

【解析】依据《城乡用地评定标准》CJJ 132—2009 第3.0.3条，城乡用地评定单元的建设适宜性等级类别、名称，应符合下列规定：Ⅰ类—适宜建设用地；Ⅱ类—可建设用地；Ⅲ类—不宜建设用地；Ⅳ类—不可建设用地。故选 D。

2019-055. 根据《城市用地分类与规划建设用地标准》，"设施较齐全、环境良好，以多中高层住宅为主的用地"属于（　　）。

A. 一类居住用地　　　　　　　　　B. 二类居住用地

C. 小区游园属于附属绿地　　　　　D. 生产绿地应参与城市建设用地平衡

【答案】B

【解析】依据《城市用地分类与规划建设用地标准》GB 50137—2011 第 3.3.2 条，R2 二类居住用地为设施较齐全，环境良好，以多、中、高层住宅为主的用地。故选 B。

2019-056. 根据《城市用地分类与规划建设用地标准》，下列选项中属于城乡用地大类的是(　　　)。

A. 城市建设用地、乡建设用地　　　B. 建设用地、非建设用地

C. 城乡居民点建设用地、镇建设用地　D. 城镇建设用地、村庄建设用地

【答案】B

【解析】依据《城市用地分类与规划建设用地标准》GB 50137—2011 第 2.0.1 条，城乡用地指市（县、镇）域范围内所有土地，包括建设用地与非建设用地。故选 B。

2019-057. 根据《防洪标准》，防洪等级确定为 I 级的"特别重要"城市，在经济规模当量大于 300 万人时，常住人口应大于等于(　　　)。

A. 100 万人　　　　B. 150 万人　　　　C. 260 万人　　　　D. 250 万人

【答案】B

【解析】依据《防洪标准》GB 50201—2014 第 4.2.1 条，城市防护区应根据政治、经济地位的重要性、常住人口或当量经济规模指标分为四个防护等级，其防护等级和防洪标准应按表 4.2.1 确定。

城市防护区的防护等级和防洪标准　　　　　　　　　　　　　　表 4.2.1

防护等级	重要性	常住人口（万人）	当量经济规模（万人）	防洪标准〔重现期（年）〕
I	特别重要	≥150	≥300	≥200
II	重要	<150，≥50	<300，≥100	200～100
III	比较重要	<50，≥20	<100，≥40	100～50
IV	一般	<20	<40	50～20

2019-058. 根据《城市绿地分类标准》，下列说法中错误的是(　　　)。

A. 附属绿地不能单独参与城市建设用地平衡

B. 位于城市建设用地以内的风景名胜公园，应归类于"其他专类公园"

C. 小区游园归属于附属用地

D. 生产绿地应参与城市建设用地平衡

【答案】D

【解析】根据《城市绿地分类标准》CJJ/T 85—2017 条文说明，生产绿地指为城乡绿化服务的各类苗圃、花圃、草圃等，不包括农业生产园地。随着城市的建设发展，"生产绿地"逐步向城市建设用地外转移，城市建设用地中已经不再包括生产绿地。故选 D。

2019-059. 在《城市用地分类与规划建设用地标准》和《镇规划标准》中，一些用地的代

码相同，但名称和内涵不同，下表不正确的一项是(　　　)。

	类别代号	城市建设用地分类	镇用地分类
A.	S	道路与交通设施用地	道路与对外交通用地
B.	M	工业用地	生产设施用地
C.	U	公共设施用地	工程设施用地
D.	G	绿地与广场用地	绿地

【答案】A

【解析】根据《城市用地分类与规划建设用地标准》GB 50137—2011 第 3.3.2 条与《镇规划标准》GB 50188—2007 附录 B 可知，本题选 A。

2019-060. 根据《城市用地分类与规划建设用地标准》，下列说法错误的是(　　　)。

A. 社会停车场用地不包括位于地下的社会停车场

B. 供电用地不包括电厂用地

C. 行政办公用地不包括公安局用地

D. 广场用地不包括以集散为主的广场用地

【答案】C

【解析】依据《城市用地分类与规划建设用地标准》GB 50137—2011 第 3.3.2 条，A1 行政办公用地包括党政机关、社会团体、事业单位等办公机构及其相关设施用地。故选 C。

2019-061. 根据《城市水系规划规范》，下列说法中错误的是(　　　)。

A. 水系改造应保持现有水系结构的完整性　B. 水系改造不得减少现状水域总面积

C. 水系改造可以减少水体涨落带的宽度　　D. 水系改造应符合水系综合利用要求

【答案】C

【解析】《城市水系规划规范》GB 50513—2009（2016 年版）第 5.5.6 条规定，水系改造应有利于提高城市水生态系统的环境质量，增强水系各水体之间的联系，不宜减少水体涨落带的宽度。故选 C。

2019-062. 根据《停车场建设和管理暂行规定》，下列选项中不正确的是(　　　)。

A. 规划和建设居民住宅区应根据需要配建相应的停车场

B. 应当配建停车场而未配建或停车场地不足的应逐步补建或扩建

C. 停车场分为专用停车场和公用停车场

D. 改变停车场的使用性质，需经城市建设主管部门批准

【答案】D

【解析】题目过时。依据已失效的《停车场建设和管理暂行规定》第五条，规划和建设居民住宅区，应根据需要配建相应的停车场，应当配建停车场而未配建或停车场地不足的，应逐步补建或扩建（AB 正确）。第三条，停车场分为公共停车场和专用停车场（C 正确）。第六条，改变停车场的使用性质，须经当地公安交通管理部门和城市规划部门批准（D 正确）。故选 D。

2019-063. 根据《城市综合交通体系规划编制导则》，下列选项中不属于步行和自行车系统规划主要内容的是（   ）。

A. 提出行人、自行车过街设施布局基本要求以及步行街区和范围

B. 提出行人、自行车流量预测报告

C. 确定城市自行车停车设施规划布局原则

D. 确定步行、自行车交通系统网络专用布局框架及规范指标

【答案】B

【解析】依据《城市综合交通体系规划编制导则》第 3.6.2 条，步行与自行车系统规划主要内容有：（1）确定步行、自行车交通系统网络布局框架及规划指标；（2）提出行人、自行车过街设施布局基本要求；（3）提出步行街区布局和范围；（4）确定城市自行车停车设施规划布局原则；（5）提出无障碍设施的规划原则和基本要求。故选 B。

2019-064. 某城市人口大于 200 万，拟建设城市快速路，提出了四个设计方案如下表，其中符合《城市道路交通规划设计规范》的方案是（   ）。

选项	机动车设计车速 （km/h）	道路网密度 （km/km²）	机动车车道数 （条）	道路宽度 （m）
A.	120	0.6～0.7	8～10	50～55
B.	100	0.5～0.6	8	45～50
C.	80	0.4～0.5	6～8	40～45
D.	60	0.3～0.4	6	35～40

【答案】C

【解析】题目过时。依据《城市道路交通规划设计规范》GB 50220—95 第 7.1.6 条可知，城市人口≥200 万，快速路设计车速为 80km/h，道路网密度为 0.4～0.5km/km²；车道数 6～8 条；道路宽度 40～45m。故选 C。（注：该规范已被《城市综合交通体系规划标准》GB/T 51328—2018 替代）

2019-065. 根据《城市居住区规划设计标准》下列说法错误的是（   ）。

A. 住宅建筑日照标准计算起点为底层窗台面

B. 老年人居住建筑日照不应低于冬日日照时数 2h

C. 旧区改造建设项目内新建住宅建筑日照标准不应低于大寒日日照时数 1h

D. 既有住宅建筑进行无障碍改造加装电梯，不应使相邻住宅原有日照标准降低

【答案】D

【解析】依据《城市居住区规划设计标准》GB 50180—2018 第 4.0.9 条，在原设计建筑外增加任何设施不应使相邻住宅原有日照标准降低，既有住宅建筑进行无障碍改造加装电梯除外。故选 D。

2019-066. 根据《城市居住区规划设计标准》下列说法不正确的是（   ）。

A. 围合居住街坊道路一般为城市道路

B. 居住区应该采用"小街区、密路网"的交通组织方式

C. 居住区内城市道路间距不应超过 500m

D. 居住区内行人与机动车混行的路段机动车车速不应超过 10km/h

【答案】C

【解析】依据《城市居住区规划设计标准》GB 50180—2018 第 6.0.2 条，居住区的路网系统应与城市道路交通系统有机衔接，并应符合下列规定：居住区应采取"小街区、密路网"的交通组织方式，路网密度不应小于 8km/km²；城市道路间距不应超过 300m，宜为 150~250m，并应与居住街坊的布局相结合。故选 C。

2019-067. 建筑气候区是住宅布局的考虑因素之一，我国建筑气候区划分为( )。

    A.3 类   B.5 类   C.7 类   D.9 类

【答案】C

【解析】根据《城市居住区规划设计标准》GB 50180—2018 第 4.0.9 条可知，我国建筑气候区划分为 7 类。故选 C。

2019-068. 根据《城市居住区规划设计标准》，居住区用地由( )组成。

    A. 住宅用地、公园用地、道路用地和公共绿地

    B. 住宅用地、公园用地、道路用地和公共服务设施用地

    C. 住宅用地、配套设施用地、公共绿地和城市道路用地

    D. 住宅用地、配套设施用地、公园绿地和城市道路用地

【答案】C

【解析】依据《城市居住区规划设计标准》GB 50180—2018 附录 A 技术指标与用地面积计算方法中 A.0.1 条，居住区用地面积应包括住宅用地、配套设施用地、公共绿地和城市道路用地。故选 C。

2019-069. 根据《城市排水工程规划规范》，城市污水收集、输送不能采用的方式是( )。

    A. 管道   B. 暗渠   C. 明渠   D. 综合管廊

【答案】C

【解析】依据《城市排水工程规划规范》GB 50318—2017 第 3.5.2 条，城市污水收集、输送应采用管道或暗渠，严禁采用明渠。故选 C。

2019-070. 根据《城市给水工程规划规范》，下列说法错误的是( )。

    A. 地下水为城市水源时，取水量不得大于允许开采量

    B. 缺水城市再生水利用率不应低于 20%

    C. 自备水源可与公共给水系统相连接

    D. 非常规水源严禁与公共给水系统连接

【答案】C

【解析】根据《城市给水工程规划规范》GB 50282—2016 第 8.1.6 条，自备水源或非常规水源给水系统严禁与公共给水系统连接。故选 C。

2019-071. 根据《城市水系规划规范》，城市水系保护内容应包括( )。

A. 水域保护、水质保护、滨水空间控制、水生态保护

B. 水质保护、水域保护、滨水空间控制、水环境保护

C. 水域保护、滨水空间控制、水环境保护、水生态保护

D. 水质保护、滨水空间控制、水环境保护、水生态保护

【答案】A

【解析】依据《城市水系规划规范》GB 50513—2009（2016年版）第4.1.1条，城市水系的保护应包括水域保护、水质保护、水生态保护和滨水空间控制等内容，根据实际需要，可增加水系历史文化保护和水系景观保护的内容。故选A。

2019-072. 下列说法中符合《城市给水工程规划规范》的是(   )。

A. 某特大城市综合生活用水量指标为250L/(人·d)

B. 某中等城市综合生活用水量指标为120L/(人·d)

C. 居住用水量指标为200L/(hm² · d)

D. 工业用水量指标为200L/(hm² · d)

【答案】A

【解析】依据《城市给水工程规划规范》GB 50282—2016 表4.0.3-2及表4.0.3-3，A符合题意。

综合生活用水量指标 q_2 [L/(人·d)]　　　　表4.0.3-2

区域	城市规模						
	超大城市 ($P \geqslant 1000$)	特大城市 ($500 \leqslant P < 1000$)	大城市		中等城市 ($50 \leqslant P < 100$)	小城市	
			Ⅰ型 ($300 \leqslant P < 500$)	Ⅱ型 ($100 \leqslant P < 300$)		Ⅰ型 ($20 \leqslant P < 50$)	Ⅱ型 ($P < 20$)
一区	250~480	240~450	230~420	220~400	200~380	190~350	180~320
二区	200~300	170~280	160~270	150~260	130~240	120~230	110~220
三区	—	—	—	150~250	130~230	120~220	110~210

不同类别用地用水量指标 q_i [m³/(hm² · d)]　　　　表4.0.3-3

类别代码	类别名称		用水量指标
R	居住用地		50~130
A	公共管理与公共服务设施用地	行政办公用地	50~100
		文化设施用地	50~100
		教育科研用地	40~100
		体育用地	30~50
		医疗卫生用地	70~130
B	商业服务业设施用地	商业用地	50~200
		商务用地	50~120

类别代码	类别名称		用水量指标
M	工业用地		30～150
W	物流仓储用地		20～50
S	道路与交通设施用地	道路用地	20～30
		交通设施用地	50～80
U	公用设施用地		25～50
G	绿地与广场用地		10～30

2019-073. 下列术语解释中不符合《城市规划基本术语标准》的是( )。

	术语名称	术语解释
A.	城市道路系统	城市范围内由不同功能、等级、区位的道路以一定方式组成的有机整体
B.	城市给水系统	城市给水的取水、水质处理、输水和配水等工程设施以一定方式组成的总体
C.	城市排水系统	城市污水和雨水的收集、输送、处理和排放等工程设施以一定方式组成的总体
D.	城市供热系统	由集中热源、供热管网等设施和热能用户使用设施组成的总体

【答案】A

【解析】依据《城市规划基本术语标准》GB/T 50280—98 第4.6.4条，城市道路系统指城市范围内由不同功能、等级、区位的道路，以及不同形式的交叉口和停车设施，以一定方式组成的有机整体。故选A。

2019-074. 下列规划术语中，不符合《城市电力规划规范》的是( )。

A. 城市用电负荷——城市内或城市规划片区内，所有用电户在某一时刻实际耗用的有功功率的总和

B. 城市供电电源——为城市提供电能来源的发电厂和接受市域内电力系统电能的电源变电站的总称

C. 城市电网——城市区域内，为城市用户供电的各级电网的总称

D. 开关站——城网中设有高、中压配电进出线，对功率进行再分配的供电设施

【答案】B

【解析】依据《城市电力规划规范》GB/T 50293—2014 第2.0.4条，城市供电电源，为城市提供电能来源的发电厂和接受域外电力系统电能的电源变电站总称。故选B。

2019-075.《城镇燃气规划规范》规定，城镇中压燃气管道不宜敷设在( )。

A. 道路绿化带下   B. 非机动车道下

C. 人行步道下   D. 机动车道下

【答案】D

【解析】依据《城市燃气规划规范》GB/T 51098—2015 第6.2.6条，城镇中压燃气

管道布线,宜符合下列规定:宜沿道路布置,一般敷设在道路绿化带、非机动车道或人行步道下。故选 D。

2019-076. 根据《城乡建设用地竖向规划规范》,规划地面形式可分为平坡式、台阶式和混合式,下列说法中错误的是( )。

    A. 用地自然坡度小于 5% 时,宜规划为平坡式

    B. 用地自然坡度大于 8% 时,宜规划为台阶式

    C. 用地自然坡度为 5%～8% 时,宜规划为混合式

    D. 用地自然坡度大于 15% 时,不宜作为城镇中心区建设用地

    【答案】D

    【解析】根据《城市建设用地竖向规划规范》CJJ 83—2016 第 4.0.3 条,用地自然坡度小于 5% 时,宜规划为平坡式;用地自然坡度大于 8% 时,宜规划为台阶式;用地自然坡度为 5%～8% 时,宜规划为混合式。ABC 正确。

    第 4.0.1 条,城乡建设用地选择及用地布局应充分考虑竖向规划的要求。并应符合下列规定:城镇中心区用地应选择地质、排水防涝及防洪条件较好且相对平坦和完整的用地,其自然坡度宜小于 20%,规划坡度宜小于 15%。故选 D。

2019-077. 根据《城镇老年人设施规划规范》,新建老年人设施场地范围内的绿地率不应低于( )。

    A. 30%   B. 35%   C. 40%   D. 45%

    【答案】C

    【解析】依据《城镇老年人设施规划规范》GB 50437—2007(2018 年版)第 5.3.1 条,老年人设施场地范围内的绿地率:新建不应低于 40%,扩建和改建不应低于 35%。故选 C。

2019-078. 某居住区的人口规模约为 18000 人,住宅户数量 6000 套,则该区域在居住区控制规模上应该是( )。

    A. 居住街坊   B. 五分钟生活圈居住区

    C. 十分钟生活圈居住区   D. 十五分钟生活圈居住区

    【答案】C

    【解析】依据《城市居住区规划设计标准》GB 50180—2018 第 2.0.3 条,十分钟生活圈居住区指以居民步行十分钟可满足其基本物质与生活文化需求为原则划分的居住区范围;一般由城市干路、支路或用地边界线所围合、居住人口规模为 15000～25000 人(约 5000～8000 套住宅),配套设施齐全的地区。故选 C。

2019-079. 根据《城市排水工程规划规范》,下列说法中错误的是( )。

    A. 同一城市应采用统一的排水机制

    B. 除干旱地区外,城市新建地区排水系统应采用分流制

    C. 不具备改造条件的合流制地区可采用截流式合流排水体制

    D. 除干旱地区外,旧城改造地区的排水系统应采用分流制

    【答案】A

【解析】依据《城市排水工程规划规范》GB 50318—2017 第 3.3.1 条，城市排水体制应根据城市环境保护要求、当地自然条件（地理位置、地形及气候）、受纳水体条件和原有排水设施情况，经综合分析比较后确定。同一城市的不同地区可采用不同的排水体制。故选 A。

2019-080. 根据《土地管理法》，下列关于建设用地的说法中，错误的是(   )。

  A. 在城市规划区内，城市建设用地应当符合城市规划

  B. 城市总体规划中建设用地规模不得超过土地利用总体规划确定的城市建设用地规模

  C. 城市土地利用计划实行建设用地存量控制

  D. 城市建设用地规模应当符合国家规定的标准

【答案】C

【解析】《土地管理法》第二十一条规定，城市建设用地规模应当符合国家规定的标准，充分利用现有建设用地，不占或者尽量少占农用地。城市总体规划、村庄和集镇规划，应当与土地利用总体规划相衔接，城市总体规划、村庄和集镇规划中建设用地规模不得超过土地利用总体规划确定的城市和村庄、集镇建设用地规模。在城市规划区内、村庄和集镇规划区内，城市和村庄、集镇建设用地应当符合城市规划、村庄和集镇规划。因此 ABD 正确。第二十三条规定，各级人民政府应当加强土地利用计划管理，实行建设用地总量控制。故选 C。

二、多选题（每题五个选项，每题正确答案不少于两个选项，多选或漏选不得分）

2019-081. 《中共中央 国务院关于建立国土空间规划体系并监督实施的若干意见》中明确，要坚持底线思维，立足资源和环境承载能力，加快构建(   )。

  A. 生态环保红线   B. 环境质量安全底线

  C. 永久基本农田保护红线   D. 生态功能保障基线

  E. 自然资源利用上线

【答案】BDE

【解析】依据《中共中央 国务院关于建立国土空间规划体系并监督实施的若干意见》第七条，加强组织领导。各地区各部门要落实国家发展规划提出的国土空间开发保护要求，发挥国土空间规划体系在国土空间开发保护中的战略引领和刚性管控作用，统领各类空间利用，把每一寸土地都规划得清清楚楚。坚持底线思维，立足资源禀赋和环境承载能力，加快构建生态功能保障基线、环境质量安全底线、自然资源利用上线。故选 BDE。

2019-082. 根据《关于统筹推进自然资源资产产权制度改革的指导意见》，宅基地"三权分置"是指(   )分置。

  A. 所有权   B. 资格权

  C. 使用权   D. 经营权

  E. 开发权

【答案】ABC

【解析】依据《关于统筹推进自然资源资产产权制度改革的指导意见》第二条，探索宅基地所有权、资格权、使用权"三权分置"。故选 ABC。

2019-083. 根据《行政许可法》，下列属于公民、法人或者其他组织的权利是(　　)。

  A. 许可权　 B. 陈述权

  C. 申辩权　 D. 处罚权

  E. 执行权

【答案】BC

【解析】依据《行政许可法》第七条，公民、法人或者其他组织对行政机关实施行政许可，享有陈述权、申辩权；有权依法申请行政复议或者提起行政诉讼；其合法权益因行政机关违法实施行政许可受到损害的，有权依法要求赔偿。故选BC。

2019-084. 根据《行政诉讼法》，人民法院审理行政案件，以(　　)为依据。

  A. 政策　 B. 法律

  C. 行政法规　 D. 地方性法规

  E. 政府规范性文件

【答案】BCDE

【解析】依据《行政诉讼法》第六十三条，人民法院审理行政案件，以法律和行政法规、地方性法规为依据。地方性法规适用于本行政区域内发生的行政案件。人民法院审理民族自治地方的行政案件，并以该民族自治地方的自治条例和单行条例为依据。人民法院审理行政案件，参照规章。部门规章即为政府规范性文件。故选BCDE。

2019-085. 行政合法性原则的内容包括(　　)。

  A. 行政权限合法　 B. 行政主体合法

  C. 行政行为合法　 D. 行政方式合法

  E. 行政对象合法

【答案】ABC

【解析】行政行为合法性原则包括主体合法、权限合法、行为合法、程序合法四方面。故选ABC。

2019-086. 根据《城乡规划法》，近期建设规划的重点内容有(　　)。

  A. 重要基础设施　 B. 公共服务设施

  C. 中低收入居民住房建设　 D. 生态环境保护

  E. 防震防灾

【答案】ABCD

【解析】《城乡规划法》第三十四条规定，近期建设规划应当以重要基础设施、公共服务设施和中低收入居民住房建设以及生态环境保护为重点内容，明确近期建设的时序、发展方向和空间布局。近期建设规划的规划期限为五年。故选ABCD。

2019-087. 根据《城乡规划法》，乡规划、村庄规划应当(　　)。

  A. 从农村实际出发　 B. 尊重村民意愿

  C. 体现地方特色　 D. 体现农村特色

  E. 明确产业发展

【答案】ABCD

【解析】《城乡规划法》第十八条规定，乡规划、村庄规划应当从农村实际出发，尊重村民意愿，体现地方和农村特色。故选 ABCD。

2019-088. 《城市紫线管理办法》规定，城市紫线范围内禁止进行(　　)活动。

A. 各类基础设施建设

B. 违反保护规划的大面积拆除、开发

C. 占用或者破坏保护规划确定保留的园林绿地、河湖水系、道路和古树名木等

D. 进行影视摄制，举办大型群众活动

E. 修建破坏历史街区传统风貌的建筑物和其他设施

【答案】BCE

【解析】依据《城市紫线管理办法》第十三条，在城市紫线范围内禁止进行下列活动：（一）违反保护规划的大面积拆除、开发；（二）对历史文化街区传统格局和风貌构成影响的大面积改建；（三）损坏或者拆毁保护规划确定保护的建筑物、构筑物和其他设施；（四）修建破坏历史文化街区传统风貌的建筑物、构筑物和其他设施；（五）占用或者破坏保护规划确定保留的园林绿地、河湖水系、道路和古树名木等；（六）其他对历史文化街区和历史建筑的保护构成破坏性影响的活动。故选 BCE。

2019-089. 根据《土地管理法》，可以以划拨方式取得的建设用地包括(　　)。

A. 国家机关用地　　　　　　　　　B. 军事用地

C. 国家重点扶持产业结构升级项目用地　　D. 城市基础设施用地

E. 国家重点扶持的能源、交通用地

【答案】ABDE

【解析】依据《土地管理法》第五十四条，建设单位使用国有土地，应当以出让等有偿使用方式取得，但是下列建设用地，经县级以上人民政府依法批准，可以以划拨方式取得：（一）国家机关用地和军事用地；（二）城市基础设施用地和公益事业用地；（三）国家重点扶持的能源、交通、水利等基础设施用地；（四）法律、行政法规规定的其他用地。故选 ABDE。

2019-090. 对历史文化名城实施整体保护是指保持历史文化名城的(　　)。

A. 城市布局　　　　　　　　　　　B. 城市结构

C. 传统格局　　　　　　　　　　　D. 历史风貌

E. 空间尺度

【答案】CDE

【解析】依据《历史文化名城名镇名村保护条例》第二十一条，历史文化名城，名镇、名村应当整体保护，保持传统格局、历史风貌和空间尺度，不得改变与其相互依存的自然景观和环境。故选 CDE。

2019-091. 在风景名胜区内开展的活动，应当经风景名胜区管理机构审核后，依法报有关主管部门批准的是(　　)。

A. 设置、张贴商业广告　　　　　　B. 举办大型游乐等活动

C. 改变水资源、水环境自然状态的活动　　D. 其他影响生态和景观的活动

E. 环境保护、防火安全等公益宣传活动

【答案】ABCD

【解析】根据《风景名胜区条例》第二十九条规定，在风景名胜区内进行下列活动，应当经风景名胜区管理机构审核后，依照有关法律、法规的规定报有关主管部门批准：（一）设置、张贴商业广告；（二）举办大型游乐等活动；（三）改变水资源、水环境自然状态的活动；（四）其他影响生态和景观的活动。故选ABCD。

2019-092. 根据《城乡规划法》，组织编制机关可按照规定权利和程序修改城市总体规划的情形有(　　)。

A. 行政区划调整确需修改规划的

B. 上级人民政府制定的城乡规划发生变更，提出修改规划要求的

C. 因省、自治区、直辖市人民政府批准重大建设工程确需修改规划的

D. 经评估确需修改规划的

E. 城乡规划主管部门经评估确要修改的其他情形

【答案】ABDE

【解析】《城乡规划法》第四十七条规定，有下列情形之一的，组织编制机关方可按照规定的权限和程序修改省域城镇体系规划、城市总体规划、镇总体规划：（一）上级人民政府制定的城乡规划发生变更，提出修改规划要求的；（二）行政区划调整确需修改规划的；（三）因国务院批准重大建设工程确需修改规划的；（四）经评估确需修改规划的；（五）城乡规划的审批机关认为应当修改规划的其他情形。故选ABDE。

2019-093. 根据《城市规划强制性内容暂行规定》，下列规划编制中，必须明确强制性内容的是(　　)。

A. 省域城镇体系规划　　　　　　　　　B. 城市总体规划

C. 城市国民经济社会发展规划　　　　　D. 城市详细规划

E. 城市景观规划

【答案】ABD

【解析】题目过时。根据已失效的《城市规划强制性内容暂行规定》第三条，城市规划强制性内容是省域城镇体系规划、城市总体规划和详细规划的必备内容，应当在图纸上有准确标明，在文本上有明确、规范的表述，并应当提出相应的管理措施。故选ABD。

2019-094. 《城市公共设施规划规范》的适用范围为(　　)。

A. 城镇体系规划　　　　　　　　　　　B. 设市城市的城市总体规划

C. 大、中城市的城市分区规划　　　　　D. 建制镇的总体规划

E. 乡村规划

【答案】BC

【解析】依据《城市公共设施规划规范》GB 50442—2008第1.0.2条，该规范适用于设市城市的城市总体规划及大、中城市的城市分区规划编制中的公共设施规划。故选BC。

2019-095. 根据《城市工程管线综合规划规范》，在道路红线宽度超过 40m 的城市干道布置工程管线时，宜在道路两侧布置的有( )。

A. 配水
B. 通信
C. 热力
D. 排水
E. 配气

【答案】ABDE

【解析】依据《城市工程管线综合规划规范》GB 50289—2016 第 4.1.5 条，道路红线宽度超过 40m 的城市干道宜两侧布置配水、配气、通信、电力和排水管线。故选 ABDE。

2019-096. 根据《城市绿地分类标准》，下列选项中不属于公园绿地分类中类的有( )。

A. 综合公园
B. 社区公园
C. 游园
D. 带状公园
E. 街旁绿地

【答案】DE

【解析】《城市绿地分类标准》CJJ/T 85—2017 表 2.0.4-1 中 G1 公园绿地包括综合公园、社区公园、专类公园、游园。

2019-097. 根据《城市排水工程规划规范》，城市污水处理厂选址，除了要考虑便于污水再生利用，符合供水水源防护要求外，还需要考虑的有( )。

A. 位于城市夏季最小频率风向的上风侧
B. 工程地质及防洪排涝条件良好的地区
C. 与城市居住及公共服务设施用地保持必要的卫生防护距离
D. 交通比较方便
E. 有扩建的可能

【答案】ABCE

【解析】依据《城市排水工程规划规范》GB 50318—2017 第 4.4.2 条，城市污水处理厂选址，宜根据下列因素综合确定：(1)便于污水再生利用，并符合供水水源防护要求；(2)城市夏季最小频率风向的上风侧；(3)与城市居住及公共服务设施用地保持必要的卫生防护距离；(4)工程地质及防洪排涝条件良好的地区；(5)有扩建的可能。故选 ABCE。

2019-098. 根据《城乡用地评定标准》，对城乡用地进行评定时涉及的特殊指标有( )。

A. 泥石流
B. 地基承载力
C. 地面高程
D. 地下水埋深
E. 矿藏

【答案】ACE

【解析】依据《城乡用地评定标准》CJJ 132—2009 第 4.1.1 条，城乡用地评定单元的评定指标体系应由指标类型、一级和二级指标层构成。指标类型应分为特殊指标和基本指标；一级指标层应分为工程地质、地形、水文气象、自然生态和人为影响五个层面；二级指标层应为具体指标。

本标准表 4.1.2 为城乡用地评定单元的评定指标体系，其中特殊指标工程地质的二级指标包括：泥石流（工程地质）、地面高程（地形）、矿藏（工程地质）。地基承载力、地下水埋深（水位）为基本指标。故选 ACE。

2019-099. 根据《城市消防规划规范》，下列说法中正确的有(　　)。

A. 无市政消火栓或消防水的城市区域应设置消防水池

B. 无消防车通道的城市区域应设置消防水池

C. 消防供水不足的城市区域应设置消防水池

D. 体育场馆等人员密集场所应设置消防水池

E. 每个消防辖区内，至少应设置一个为消防车提供应急水源的消防水池

【答案】ABC

【解析】依据《城市消防规划规范》GB 50180—2015 第 4.3.5 条，当有下列情况之一时，应设置城市消防水池：（1）无市政消火栓或消防水鹤的城市区域；（2）无消防车通道的城市区域；（3）消防供水不足的城市区域或建筑群。第 4.3.7 条，每个消防站辖区内至少应设置一个为消防车提供应急水源的消防水池，或设置一处天然水源或人工水体的取水点，并应设置消防车取水通道等设施。故选 ABC。

2019-100. 根据《城市居住区规划设计标准》，居住区选址必须遵循的强制性条文有(　　)。

A. 不得在有滑坡、泥石流、山洪等自然灾害威胁的地段进行建设

B. 应有利于采用低影响开发的建设方式

C. 存在噪声污染、光污染的地段，应采取相应的降低噪声和光污染的防护措施

D. 土壤存在污染的地段，必须采取有效措施进行无害化处理，并应达到居住用地土壤环境质量要求

E. 应符合所在地经济社会发展水平和文化习俗

【答案】ACD

【解析】依据《城市居住区规划设计标准》GB 50180—2018 第 3.0.2 条，居住区应选择在安全、适宜居住的地段进行建设，并应符合以下规定：（1）不得在有滑坡、泥石流、山洪等自然灾害威胁的地段进行建设；（2）与危险化学品及易燃易爆品等危险源的距离，必须满足有关安全规定；（3）存在噪声污染、光污染的地段，应采取相应的降低噪声和光污染的防护措施；（4）土壤存在污染的地段，必须采取有效措施进行无害化处理，并应达到居住用地土壤环境质量的要求。故选 ACD。

第八节　2020年考试真题[①]

一、单选题（每题四个选项，其中一个选项为正确答案）

2020-001. 根据《中共中央 国务院关于建立国土空间规划体系并监督实施的若干意见》，以下关于总体规划、详细规划和相关专项规划之间关系，不正确的是(　　)。

---

① 2020 年考试真题不完整，待新版本补充。

A. 国土空间总体规划是详细规划的依据、相关专项规划的基础

B. 相关专项规划要相互协同，并与详细规划做好衔接

C. 相关专项规划要遵循国土空间总体规划，不得违背总体规划强制性内容，其主要内容要纳入详细规划

D. 详细规划要服从总体规划和相关专项规划

【答案】D

【解析】根据《中共中央 国务院关于建立国土空间规划体系并监督实施的若干意见》第十一条，相关专项规划、详细规划要服从总体规划。故选 D。

2020-002. 根据《中共中央 国务院关于建立国土空间规划体系并监督实施的若干意见》，完善国土空间基础信息平台，以下说法不正确的是(　　)。

A. 以自然资源调查监测数据为基础，采用国家统一的测绘基准和测绘系统

B. 以国土空间基础信息平台为底板，结合各级各类国土空间规划编制，同步完成市级以上国土空间基础信息平台建设

C. 实现主体功能区战略和各类空间管控要素精准落地

D. 推进政府部门之间的数据共享以及政府与社会之间的信息交互

【答案】B

【解析】根据《中共中央 国务院关于建立国土空间规划体系并监督实施的若干意见》第十八条，应为同步完成县级以上国土空间基础信息平台建设。故选 B。

2020-003. 根据《关于在国土空间规划中统筹划定落实三条控制线的指导意见》，关于三条控制线的强化保障措施不包括(　　)。

A. 地方各级党委和政府对本行政区域内三条控制线划定和管理工作负总责，结合国土空间规划编制工作有序推进落地

B. 建立健全统一的国土空间基础信息平台，实现部门信息共享，严格三条控制线监测监管

C. 涉及生态保护红线、永久基本农田占用和突破城镇开发边界的，报国务院审批

D. 将三条控制线划定和管控情况作为地方党政领导班子和领导干部政绩考核内容

【答案】C

【解析】根据《关于在国土空间规划中统筹划定落实三条控制线的指导意见》第十一条，三条控制线是国土空间用途管制的基本依据，涉及生态保护红线、永久基本农田占用的，报国务院审批；对于生态保护红线内允许的对生态功能不造成破坏的有限人为活动，由省级政府制定具体监管办法；城镇开发边界调整报国土空间规划原审批机关审批。故选 C。

2020-004. 根据《关于在国土空间规划中统筹划定落实三条控制线的指导意见》，三条控制线出现矛盾时，协调过程中退出的永久基本农田一般在(　　)行政区域内同步补划。

A. 乡镇级　　　　　　B. 县级　　　　　　C. 市级　　　　　　D. 省级

【答案】B

【解析】根据《关于在国土空间规划中统筹划定落实三条控制线的指导意见》第九条，协调过程中退出的永久基本农田在县级行政区域内同步补划，确实无法补划的在市级行政

区域内补划。故选 B。

2020-005. 根据《自然资源部关于全面开展国土空间规划工作的通知》，对现行土地利用总体规划、城市（镇）总体规划实施中存在矛盾的图斑，要结合国土空间基础信息平台的建设，作一致性处理，以下说法中不正确的是(　　)。

A. 不得突破土地利用总体规划确定的 2020 年建设用地和耕地保有量等约束性指标

B. 不得突破生态保护红线和永久基本农田保护红线、城镇开发边界

C. 不得突破土地利用总体规划和城市（镇）总体规划确定的禁止建设区和强制性内容

D. 不得与新的国土空间规划管理要求矛盾冲突

【答案】B

【解析】根据《自然资源部关于全面开展国土空间规划工作的通知》第二条，一致性处理不得突破土地利用总体规划确定的 2020 年建设用地和耕地保有量等约束性指标，不得突破生态保护红线和永久基本农田保护红线，不得突破土地利用总体规划和城市（镇）总体规划确定的禁止建设区和强制性内容，不得与新的国土空间规划管理要求矛盾冲突。故选 B。

2020-006. 根据《自然资源部关于以"多规合一"为基础推进规划用地"多审合一、多证合一"改革的通知》，建设项目用地预审与选址意见书有效期为(　　)年。

A. 二　　　　　　B. 三　　　　　　C. 四　　　　　　D. 五

【答案】B

【解析】根据《自然资源部关于以"多规合一"为基础推进规划用地"多审合一、多证合一"改革的通知》第一条，建设项目用地预审与选址意见书有效期为三年，自批准之日起计算。故选 B。

2020-007. 根据《自然资源部关于以"多规合一"为基础推进规划用地"多审合一、多证合一"改革的通知》，以下关于国有土地使用权出让不正确的是(　　)。

A. 以出让方式取得国有土地使用权的，市、县自然资源主管部门依据规划条件编制土地出让方案，经依法批准后组织土地供应，将规划条件纳入国有建设用地使用权出让合同

B. 未确定规划条件的地块，不得出让国有土地使用权

C. 建设单位在签订国有建设用地使用权出让合同后，向自然资源主管部门领取建设用地规划许可证和建设用地批准书

D. 作为国有土地使用权出让合同组成部分的规划条件，不得擅自改变

【答案】C

【解析】根据《自然资源部关于以"多规合一"为基础推进规划用地"多审合一、多证合一"改革的通知》第二条，合并建设用地规划许可和用地批准。将建设用地规划许可证、建设用地批准书合并，自然资源主管部门统一核发新的建设用地规划许可证，不再单独核发建设用地批准书。建设单位在签订国有建设用地使用权出让合同后，市、县自然资源主管部门向建设单位核发建设用地规划许可证。故选 C。

2020-008. 根据《自然资源部关于加强规划和用地保障支持养老服务发展的指导意见》，敬老院、老年养护院、养老院等机构养老服务设施用地一般应单独成宗供应，用地规模原则上控制在(　　)公顷以内。

A. 2 　　　　　　　　 B. 3 　　　　　　　　 C. 4 　　　　　　　　 D. 5

【答案】B

【解析】根据《自然资源部关于加强规划和用地保障支持养老服务发展的指导意见》第七条，敬老院、老年养护院、养老院等机构养老服务设施用地一般应单独成宗供应，用地规模原则上控制在3公顷以内。故选B。

2020-009. 根据《自然资源部办公厅关于加强国土空间规划监督管理的通知》，以下关于规划的编制实施不正确的是(　　)。

A. 不得以其他规划替代国土空间规划作为各类开发保护建设活动的规划审批依据

B. 不得以城市设计、工程设计或建设方案等非法定方式擅自修改规划、违规变更规划条件

C. 未取得规划许可，不得实施新建、改建、扩建工程

D. 未编制详细规划，不得办理规划许可证

【答案】D

【解析】根据《自然资源部办公厅关于加强国土空间规划监督管理的通知》第二条，（三）下级国土空间规划不得突破上级国土空间规划确定的约束性指标，不得违背上级国土空间规划的刚性管控要求。各地不得违反国土空间规划约束性指标和刚性管控要求审批其他各类规划，不得以其他规划替代国土空间规划作为各类开发保护建设活动的规划审批依据。（四）规划修改必须严格落实法定程序要求，深入调查研究，征求利害关系人意见，组织专家论证，实行集体决策。不得以城市设计、工程设计或建设方案等非法定方式擅自修改规划、违规变更规划条件。第三条，（一）坚持先规划、后建设。严格按照国土空间规划核发建设项目用地预审与选址意见书、建设用地规划许可证、建设工程规划许可证和乡村建设规划许可证。未取得规划许可，不得实施新建、改建、扩建工程。不得以集体讨论、会议决定等非法定方式替代规划许可、搞"特事特办"。故选D。

2020-010. 根据《自然资源部办公厅关于加强国土空间规划监督管理的通知》，以下关于规划管理许可的说法，不正确的是(　　)。

A. 严格依据规划条件和建设用地规划许可证开展规划核实

B. 规划核实必须两人以上现场审核并全过程记录，核实结果应及时公开，接受社会监督

C. 无规划许可或违反规划许可的建设项目不得通过规划核实，不得组织竣工验收

D. 严禁借农用地流转、土地整治等名义违反规划搞非农建设、乱占耕地建房等，坚决杜绝集体土地失管失控现象

【答案】A

【解析】根据《自然资源部办公厅关于加强国土空间规划监督管理的通知》第三条，（二）严格依据规划条件和建设工程规划许可证开展规划核实。故选A。

2020-011. 根据《关于开展"大棚房"问题专项清理整治行动坚决遏制农地非农化的方案》，清理整治的范围不包括(　　)。

　　A. 占用耕地建设休闲度假设施　　　　B. 占用耕地建设商品住宅

　　C. 建设农业大棚看护房严重超标准　　D. 农民利用宅基地搞农家乐旅游

【答案】D

【解析】根据《关于开展"大棚房"问题专项清理整治行动坚决遏制农地非农化的方案》第二条，清理整治范围主要包括以下三类问题：（一）在各类农业园区内占用耕地或直接在耕地上违法违规建设非农设施，特别是别墅、休闲度假设施等；（二）在农业大棚内违法违规占用耕地建设商品住宅；（三）建设农业大棚看护房严重超标准，甚至违法违规改变性质用途，进行住宅类经营性开发。故选D。

2020-012. 根据《自然资源部办公厅关于加强村庄规划促进乡村振兴的通知》，下列关于村庄规划编制不正确的是(　　)。

　　A. 可以一个或几个行政村为单元编制

　　B. 力争到2020年底，结合国土空间规划编制在县域层面基本完成村庄布局工作，有条件、有需求的村庄应编尽编

　　C. 对已经编制的原村庄规划、村土地利用规划，均需补充完善后再报批

　　D. 村庄规划由乡镇政府组织编制，报上一级政府审批

【答案】C

【解析】根据《自然资源部办公厅关于加强村庄规划促进乡村振兴的通知》第三条，对已经编制的原村庄规划、村土地利用规划，经评估符合要求的，可不再另行编制；需补充完善的，完善后再行报批。故选C。

2020-013. 根据自然资源调查监测体系构建总体方案，调查监测体系为(　　)。

　　A. 国土普查和重点调查　　　　　　　B. 综合调查和专项调查

　　C. 基础调查和专项调查　　　　　　　D. 全面调查和重点调查

【答案】C

【解析】根据自然资源调查监测体系构建总体方案，自然资源调查体系为基础调查和专项调查。故选C。

2020-014. 根据《省级国土空间规划编制指南（试行）》，以下关于三条控制线的说法，不正确的是(　　)。

　　A. 将三条控制线作为调整经济结构、规划产业发展、推进城镇化不可逾越的红线

　　B. 确定省域三条控制线的总体格局和控制区域

　　C. 将三条控制线的成果在市县乡级国土空间规划中落地

　　D. 协调解决划定矛盾，做到边界不交叉、空间不重叠、功能不冲突

【答案】B

【解析】根据《省级国土空间规划编制指南（试行）》第3.2.6条，相关表述应为确定省域三条控制线的总体格局和重点区域。故选B。

2020-015. 根据《省级国土空间规划编制指南（试行）》，图件编制规范，湖泊和水库名称表示不正确的是(　　)。

    A. 水平字列　　　　　B. 垂直字列　　　　　C. 雁形字列　　　　　D. 屈曲字列

【答案】D

【解析】根据《省级国土空间规划编制指南（试行）》附录 H 中第 3.1.5 条，湖泊和水库名称采用水平、垂直字列或雁形字列表示。故选 D。

2020-016. 根据《资源环境承载能力和国土空间开发适宜性评价指南（试行）》，关于省级本底评价，下列说法不正确的是(　　)。

    A. 综合形成生态保护极重要区和重要区

    B. 在生态保护极重要区以外的区域，识别农业生产适宜区和不适宜区

    C. 在生态保护极重要区以外的区域，识别城镇建设适宜区

    D. 市级（或县级）行政区为单元评价承载规模

【答案】C

【解析】根据《资源环境承载能力和国土空间开发适宜性评价指南（试行）》附录中 A.3.1 条，在生态保护极重要区以外的区域，开展城镇建设适宜性评价，着重识别不适宜城镇建设的区域。故选 C。

2020-017. 根据《资源环境承载能力和国土空间开发适宜性评价指南（试行）》，关于开展农业适宜性评价，下列说法不正确的是(　　)。

    A. 光热条件不能满足作物一年两熟需要的区域，确定为种植业生产不适宜区

    B. 一般地，可将农区内种植业生产适宜区全部确定为畜牧业适宜区

    C. 渔业资源再生产能力退化水域确定为渔业捕捞不适宜区

    D. 在农业生产适宜区以外的区域，开展城镇建设适宜性评价

【答案】A

【解析】根据《资源环境承载能力和国土空间开发适宜性评价指南（试行）》附录中 A.2.1 条，光热条件不能满足作物一年一熟需要（大于等于 0℃积温小于 1500℃），土壤污染物含量大于风险管控值的区域，确定为种植业生产不适宜区。故选 A。

2020-018. 根据《关于规范城乡规划行政处罚裁量权的指导意见》，对尚可采取改正措施消除对规划实施影响的情形，下列处理规定不正确的是(　　)。

    A. 以书面形式责令停止建设；不停止建设的，依法查封施工现场

    B. 以书面形式责令限期改正；对尚未取得建设工程规划许可证即开工建设的，同时责令其及时取得建设工程规划许可证

    C. 对按期改正违法建设部分的，处建设工程造价 5% 的罚款

    D. 对逾期不改正的，没收实物或者违法收入，并处建设工程造价 10% 的罚款

【答案】B

【解析】根据《关于规范城乡规划行政处罚裁量权的指导意见》第五条，对按期改正违法建设部分的，处建设工程造价 5% 的罚款；对逾期不改正的，依法采取强制拆除等措施，并处建设工程造价 10% 的罚款。故选 B。

2020-019. 根据《立法法》，在不同宪法、法律、行政法规和本省、自治区的地方性法规相抵触的前提下，(   )可以制定地方性法规。

    A. 设区的市   B. 较大的市

    C. 地级以上的市   D. 县级以上的市

【答案】A

【解析】根据《立法法》第七十二条，设区的市的人民代表大会及其常务委员会根据本市的具体情况和实际需要，在不同宪法、法律、行政法规和本省、自治区的地方性法规相抵触的前提下，可以对城乡建设与管理、环境保护、历史文化保护等方面的事项制定地方性法规。故选A。

2020-020. 根据《立法法》，以下关于法律效力的说法，不正确的是(   )。

    A. 新法优于旧法   B. 特殊法优于一般法

    C. 地方性法规高于本级地方政府规章   D. 部门规章高于地方政府规章

【答案】D

【解析】根据《立法法》第九十一条，部门规章之间、部门规章与地方政府规章之间具有同等效力，在各自的权限范围内施行。故选D。

2020-021. 根据《行政许可法》，设立和实施行政许可，需要遵循的原则不包括(   )。

    A. 公开   B. 非歧视   C. 公正   D. 平等

【答案】D

【解析】根据《行政许可法》第五条，设定和实施行政许可，应当遵循公开、公平、公正、非歧视的原则。故选D。

2020-022. 根据《行政许可法》，下列关于听证的说法，不正确的是(   )。

    A. 行政机关应当于举行听证的十日前将举行听证的时间、地点通知申请人、利害关系人

    B. 听证应当公开举行

    C. 申请人、利害关系人不承担行政机关组织听证的费用

    D. 行政机关应当根据听证笔录，作出行政许可决定

【答案】A

【解析】根据《行政许可法》第四十八条，听证按照下列程序进行：行政机关应当于举行听证的七日前将举行听证的时间、地点通知申请人、利害关系人，必要时予以公告。故选A。

2020-023. 根据《行政许可法》，公民对实施行政许可享有的权利不包括(   )。

    A. 依法申请复议

    B. 提起行政诉讼

    C. 其合法权益因行政机关违法实施行政许可受到损害的，有权依法要求赔偿

    D. 依据合同内容，转让依法取得的行政许可

【答案】D

【解析】根据《行政许可法》第九条，依法取得的行政许可，除法律、法规规定依照法定条件和程序可以转让的外，不得转让。故选 D。

2020-024. 根据《行政处罚法》，行政机关依照法律、法规或者规章的规定，可以在其法定权限内委托符合法定条件的(   )实施行政处罚。

　　A. 行政机关　　　　　　　　　　　　B. 管理公共事务的事业组织

　　C. 国有企业　　　　　　　　　　　　D. 中介机构

【答案】B

【解析】根据《行政处罚法》第二十条，行政机关依照法律、法规、规章的规定，可以在其法定权限内书面委托符合本法第二十一条规定条件的组织实施行政处罚。行政机关不得委托其他组织或者个人实施行政处罚。第二十一条，受委托组织必须符合以下条件：（一）依法成立并具有管理公共事务职能；（二）有熟悉有关法律、法规、规章和业务并取得行政执法资格的工作人员；（三）需要进行技术检查或者技术鉴定的，应当有条件组织进行相应的技术检查或者技术鉴定。故选 B。

2020-025. 根据《行政处罚法》，下列关于行政处罚适用，正确的是(   )。

　　A. 不满十四周岁的人有违法行为的，从轻或者减轻行政处罚

　　B. 违法行为在一年内未被发现的，不再给予行政处罚

　　C. 对当事人的同一个违法行为，可以给予两次以上罚款的行政处罚

　　D. 违法行为轻微并及时纠正，没有造成危害后果的，不予行政处罚

【答案】D

【解析】根据《行政处罚法》第三十条，不满十四周岁的未成年人有违法行为的，不予行政处罚，责令监护人加以管教；已满十四周岁不满十八周岁的未成年人有违法行为的应当从轻或者减轻行政处罚（A 错误）。第三十六条，违法行为在二年内未被发现的，不再给予行政处罚（B 错误）。第二十九条，对当事人的同一个违法行为，不得给予两次以上罚款的行政处罚（C 错误）。第三十三条，违法行为轻微并及时改正，没有造成危害后果的，不予行政处罚（D 正确）。故选 D。

2020-026. 根据《行政诉讼法》，因不动产提起的行政诉讼，由(   )法院管辖。

　　A. 原告所在地　　　　　　　　　　　B. 被告所在地

　　C. 不动产所在地　　　　　　　　　　D. 不动产权人所在地

【答案】C

【解析】根据《行政诉讼法》第二十条，因不动产提起的行政诉讼，由不动产所在地人民法院管辖。故选 C。

2020-027. 根据《行政诉讼法》，公民、法人或者其他组织认为行政行为所依据的规范性文件不合法，在对行政行为提起诉讼时，可以一并请求对该规范性文件进行审查。规范性文件不包括(   )。

　　A. 规章　　　　　　B. 决定　　　　　　C. 规定　　　　　　D. 通告

【答案】A

【解析】根据《行政诉讼法》第五十三条，公民、法人或者其他组织认为行政行为所

依据的国务院部门和地方人民政府及其部门制定的规范性文件不合法，在对行政行为提起诉讼时，可以一并请求对该规范性文件进行审查。前款规定的规范性文件不含规章。故选A。

2020-028. 根据《行政复议法》，以下哪种情况不能申请行政复议？（   ）

    A. 行政处分或者人事处理决定   B. 罚款、没收违法所得、没收非法财物

    C. 限制人身自由   D. 许可证、执照变更、终止、撤销的决定

【答案】A

【解析】根据《行政复议法》第八条，不服行政机关作出的行政处分或者其他人事处理决定的，依照有关法律、行政法规的规定提出申诉。不能申请行政复议。故选A。

2020-029. 根据《行政复议法》，下列说法不正确的是（   ）。

    A. 申请人可以委托代理人代为参加行政复议

    B. 申请人可以书面申请行政复议

    C. 申请人可以口头申请行政复议

    D. 申请人可以在申请行政复议的同时，向人民法院提起行政诉讼

【答案】D

【解析】根据《行政复议法》第十六条，公民、法人或者其他组织申请行政复议，行政复议机关已经依法受理的，或者法律、法规规定应当先向行政复议机关申请行政复议、对行政复议决定不服再向人民法院提起行政诉讼的，在法定行政复议期限内不得向人民法院提起行政诉讼。公民、法人或者其他组织向人民法院提起行政诉讼，人民法院已经依法受理的，不得申请行政复议。故选D。

2020-030. 根据《城乡规划法》，在规划区内拟建下列项目，不需要申请建设工程规划许可证的是（   ）。

    A. 在某文化广场内建一座城市雕塑   B. 在后退道路用地红线内建设路灯

    C. 在中心公园内建气象观测雷达站   D. 在城中村内建设村卫生服务中心

【答案】D

【解析】根据《城乡规划法》第四十一条，在乡、村庄规划区内进行乡镇企业、乡村公共设施和公益事业建设的，建设单位或者个人应当向乡、镇人民政府提出申请，由乡、镇人民政府报城市、县人民政府城乡规划主管部门核发乡村建设规划许可证。故选D。

2020-031. 根据《城乡规划法》，以下关于临时建设说法不正确的是（   ）。

    A. 临时建设应当在批准的使用期限内自行拆除

    B. 镇规划区内进行临时建设的，报镇人民政府批准

    C. 影响近期建设规划的临时建设，不得批准

    D. 影响控制性详细规划的实施的临时建设，不得批准

【答案】B

【解析】根据《城乡规划法》第四十四条，在城市、镇规划区内进行临时建设的，应当经城市、县人民政府城乡规划主管部门批准。临时建设影响近期建设规划或者控制性详细规划的实施以及交通、市容、安全等的，不得批准。临时建设应当在批准的使用期限内

自行拆除。故选 B。

2020-044. 根据《测绘法》，下列关于永久性测量标志保护的说法，不正确的是( )。

A. 测绘人员使用永久性测量标志，应当持有测绘作业证件，并保证测量标志的完好

B. 永久性测量标志的建设单位应当对永久性测量标志设立明显标记，并负责保管

C. 任何单位和个人不得损毁或者擅自移动永久性测量标志，不得侵占永久性测量标志用地

D. 任何单位和个人不得在永久性测量标志安全控制范围内从事危害测量标志安全和使用效能的活动

【答案】B

【解析】根据《测绘法》第四十二条，永久性测量标志的建设单位应当对永久性测量标志设立明显标记，并委托当地有关单位指派专人负责保管。故选 B。

2020-045. 根据《军事设施保护法》，国家可以划定军事禁区、军事禁区安全控制范围和军事管理区。下列说法中不正确的是( )。

A. 军事禁区、军事管理区范围的划定，应当在确保军事设施安全保密和使用效能的前提下，兼顾经济建设、自然环境保护和当地群众的生产、生活

B. 在水域军事管理区内，经批准后可以从事水产养殖

C. 依照国家有关规定获得批准的航空器可以进入空中军事禁区

D. 在军事禁区外围安全控制范围内，当地群众不得进行爆破等危害军事设施安全的活动

【答案】B

【解析】根据《军事设施保护法》第十八条，在水域军事禁区内，禁止建造、设置非军事设施，禁止从事水产养殖、捕捞以及其他妨碍军用舰船行动、危害军事设施安全保密和使用效能的活动。故选 B。

2020-046. 根据《风景名胜区条例》，下列关于风景名胜区规划编制的说法，正确的是( )。

A. 风景名胜区的范围、性质和保护目标，应通过编制风景名胜区总体规划确定

B. 风景名胜区总体规划，应当划定禁止开发、适宜开发的范围

C. 风景名胜区详细规划，应当区分重点景区和一般景区的不同要求进行编制

D. 风景名胜区详细规划，应当确定基础设施、旅游设施、文化设施等建设项目的选址、布局与规模

【答案】D

【解析】根据《风景名胜区条例》第九条，申请设立风景名胜区应当提交包含下列内容的有关材料：……（二）拟设立风景名胜区的范围以及核心景区的范围（A 错误）。第十三条，风景名胜区总体规划应当包括下列内容：……（四）禁止开发和限制开发的范围（B 错误）。第十五条，风景名胜区详细规划应当根据核心景区和其他景区的不同要求编制，确定基础设施、旅游设施、文化设施等建设项目的选址、布局与规模，并明确建设用地范围和规划设计条件（C 错误，D 正确）。故选 D。

2020-047. 根据《风景名胜区条例》，下列关于风景名胜区规划修改或重新编制的说法，不正确的是（   ）。

    A. 确需对风景名胜区总体规划中确定的风景名胜区功能结构、空间布局、游客容量进行修改的，应当报原审批机关批准

    B. 确需对风景名胜区总体规划中确定的重大建设项目布局、开发利用强度、建设用地规模进行修改的，应当报原审批机关备案

    C. 风景名胜区总体规划的规划期届满前2年，规划的组织编制机关应当组织专家对规划进行评估，作出是否重新编制规划的决定

    D. 风景名胜区详细规划确需修改的，应当报原审批机关批准

【答案】B

【解析】根据《风景名胜区条例》第二十二条，经批准的风景名胜区规划不得擅自修改。确需对风景名胜区总体规划中的风景名胜区范围、性质、保护目标、生态资源保护措施、重大建设项目布局、开发利用强度以及风景名胜区的功能结构、空间布局、游客容量进行修改的，应当报原审批机关批准；对其他内容进行修改的，应当报原审批机关备案（A正确，B错误）。风景名胜区详细规划确需修改的，应当报原审批机关批准（D正确）。第二十三条，风景名胜区总体规划的规划期届满前2年，规划的组织编制机关应当组织专家对规划进行评估，作出是否重新编制规划的决定（C正确）。故选B。

2020-048. 根据《历史文化名城名镇名村保护条例》，在历史文化名城、名镇、名村保护范围内允许进行的活动是（   ）。

    A. 在历史建筑上刻划、涂污

    B. 改变园林绿地、河湖水系等自然状态的活动

    C. 开山、采石、开矿等破坏传统格局和历史风貌的活动

    D. 修建生产、储存爆炸性、易燃性、放射性、毒害性、腐蚀性物品的工厂、仓库等

【答案】B

【解析】根据《历史文化名城名镇名村保护条例》第二十五条，在历史文化名城、名镇、名村保护范围内进行下列活动，应当保护其传统格局、历史风貌和历史建筑；制订保护方案，并依照有关法律、法规的规定办理相关手续：（一）改变园林绿地、河湖水系等自然状态的活动；（二）在核心保护范围内进行影视摄制、举办大型群众性活动；（三）其他影响传统格局、历史风貌或者历史建筑的活动。故选B。

2020-049. 根据《城市紫线管理办法》，在城市紫线范围内，依法办理相关手续后方可进行的是（   ）。

    A. 对历史文化街区传统格局构成影响的大面积改建

    B. 修建破坏历史文化街区风貌的构筑物

    C. 占用保护规划确定保留的道路

    D. 改变建筑物、构筑物的使用性质

【答案】D

【解析】根据《城市紫线管理办法》第十三条，在城市紫线范围内禁止进行下列活动：（一）违反保护规划的大面积拆除、开发；（二）对历史文化街区传统格局和风貌构成影响

的大面积改建（A 错误）；（三）损坏或者拆毁保护规划确定保护的建筑物、构筑物和其他设施；（四）修建破坏历史文化街区传统风貌的建筑物、构筑物和其他设施（B 错误）；（五）占用或者破坏保护规划确定保留的园林绿地、河湖水系、道路和古树名木等（C 错误）；（六）其他对历史文化街区和历史建筑的保护构成破坏性影响的活动。故选 D。

2020-050. 根据《公共文化体育设施条例》，因城乡建设确需拆除公共文化体育设施或者改变其功能用途的，下列说法不正确的是（　　）。

    A. 有关地方人民政府在作出决定前，应当组织专家论证

    B. 涉及大型公共文化体育设施的，应当举行听证会

    C. 重新建设的公共文化体育设施，一般不得大于原有规模

    D. 迁建工作应当坚持先建设后拆除或者建设拆除同时进行的原则

【答案】C

【解析】根据《公共文化体育设施条例》第二十七条，因城乡建设确需拆除公共文化体育设施或者改变其功能、用途的，有关地方人民政府在作出决定前，应当组织专家论证（A 正确），并征得上一级人民政府文化行政主管部门、体育行政主管部门同意，报上一级人民政府批准。涉及大型公共文化体育设施的，上一级人民政府在批准前，应当举行听证会，听取公众意见（B 正确）。经批准拆除公共文化体育设施或者改变其功能、用途的，应当依照国家有关法律、行政法规的规定择地重建。重新建设的公共文化体育设施，应当符合规划要求，一般不得小于原有规模（C 错误）。迁建工作应当坚持先建设后拆除或者建设拆除同时进行的原则（D 正确）。迁建所需费用由造成迁建的单位承担。故选 C。

2020-051. 根据《城市道路管理条例》，除特殊情况外，（　　）3 年内不得挖掘。

    A. 新建的城市道路交付使用后　　　　B. 扩建的城市道路交付使用后

    C. 改建的城市道路交付使用后　　　　D. 大修的城市道路竣工后

【答案】D

【解析】根据《城市道路管理条例》第三十三条，因工程建设需要挖掘城市道路的，应当提交城市规划部门批准签发的文件和有关设计文件，经市政工程行政主管部门和公安交通管理部门批准，方可按照规定挖掘。新建、扩建、改建的城市道路交付使用后 5 年内、大修的城市道路竣工后 3 年内不得挖掘；因特殊情况需要挖掘的，须经县级以上城市人民政府批准。故选 D。

2020-052. 根据《城市地下空间开发利用管理规定》，下列关于城市地下空间工程建设的管理要求，正确的是（　　）。

    A. 附着地面建筑进行地下工程建设，视工程需要既可随地面建筑一并向城市规划行政主管部门申办规划许可手续，也可单独申请办理

    B. 在取得建设工程规划许可证和其他有关批准文件后，方可向建设行政主管部门申请办理建设工程施工许可证

    C. 地下工程竣工验收合格之日起 30 日内，建设单位应向主管部门移交建设项目档案

    D. 建设单位在使用中需改变原结构设计的，由具备相应资质等级的设计单位设计后施工，无需办理审批手续

【答案】B

【解析】根据《城市地下空间开发利用管理规定》第十一条，附着地面建筑进行地下工程建设，应随地面建筑一并向城市规划行政主管部门申请办理选址意见书、建设用地规划许可证、建设工程规划许可证（A错误）。第十三条，建设单位或者个人在取得建设工程规划许可证和其他有关批准文件后，方可向建设行政主管部门申请办理建设工程施工许可证（B正确）。第二十三条，地下工程竣工后，建设单位应当组织设计、施工、工程监理等有关单位进行竣工验收，经验收合格的方可交付使用。建设单位应当自竣工验收合格之日起15日内，将建设工程竣工验收报告和规划、公安消防、环保等部门出具的认可文件或者准许使用文件报建设行政主管部门或者其他有关部门备案，并及时向建设行政主管部门或者其他有关部门移交建设项目档案（C错误）。第二十八条，建设单位或者使用单位在使用或者装饰装修中不得擅自改变地下工程的结构设计，需改变原结构设计的，应当由具备相应资质的设计单位设计，并按照规定重新办理审批手续（D错误）。故选B。

2020-053. 根据《注册城乡规划师职业资格制度规定》，下列关于注册和执业的说法，不正确的是（   ）。

A. 以不正当手段取得注册证书的，由发证机构撤销其注册证书，2年内不予重新注册

B. 注册证书的每一注册有效期为3年

C. 继续教育是注册城乡规划师延续注册、重新注册和逾期初始注册的必备条件

D. 注册城乡规划师在执业活动中，须对所签字的城乡规划编制成果中的图件、文本的图文一致、标准规范的落实等负责，并承担相应责任

【答案】A

【解析】根据《注册城乡规划师职业资格制度规定》第十五条，以不正当手段取得注册证书的，由发证机构撤销其注册证书，3年内不予重新注册。故选A。

2020-054. 根据《关于城乡规划公开公示的规定》，城乡规划及重大变更批准后应当向社会公告，运用政府网站和固定场所进行批后公布的，批后公布的时间不得少于（   ）日。

A. 10   B. 20   C. 30   D. 60

【答案】C

【解析】根据《关于城乡规划公开公示的规定》第十五条，城乡规划制定的公开公示时间：（一）城乡规划报送审批前，公示的时间不得少于三十日；（二）城乡规划及重大变更自批准后二十日内应当向社会公告，运用政府网站和固定场所进行批后公布的，批后公布的时间不得少于三十日，在规划期内应当纳入政府信息公开渠道，向社会公开。故选C。

2020-055. 根据《城市抗震防灾规划管理规定》，下列关于城市抗震防灾规划的说法，正确的是（   ）。

A. 在城市抗震防灾规划确定的危险地段进行新的建设，必须进行严格审查

B. 当遭受罕遇地震时，城市一般功能及生命线工程基本正常，不发生次生灾害，是

城市抗震防灾规划编制的基本目标之一

C. 城市抗震防灾规划中的抗震设防标准、建设用地评价与要求、抗震防灾措施应当作为编制控制性详细规划的依据

D. 城市抗震防灾规划应当按照城市规模、重要性和抗震防灾的要求，分为甲、乙、丙、丁四种模式

【答案】C

【解析】根据《城市抗震防灾规划管理规定》第十七条，在城市抗震防灾规划所确定的危险地段不得进行新的开发建设，已建的应当限期拆除或者停止使用（A错误）。第八条，城市抗震防灾规划编制应当达到下列基本目标：（一）当遭受多遇地震时，城市一般功能正常；（二）当遭受相当于抗震设防烈度的地震时，城市一般功能及生命系统基本正常，重要工矿企业能正常或者很快恢复生产；（三）当遭受罕遇地震时，城市功能不瘫痪，要害系统和生命线工程不遭受破坏，不发生严重的次生灾害（B错误）。第十条，城市抗震防灾规划中的抗震设防标准、建设用地评价与要求、抗震防灾措施应当列为城市总体规划的强制性内容，作为编制城市详细规划的依据（C正确）。第十一条，城市抗震防灾规划应当按照城市规模、重要性和抗震防灾的要求，分为甲、乙、丙三种模式（D错误）。故选C。

2020-056. 根据《风景名胜区总体规划标准》，风景区按用地规模可分为小型风景区、中型风景区、大型风景区和特大型风景区，特大型风景区的用地规模为(   )km² 以上。

A. 200　　　　　　　B. 300　　　　　　　C. 400　　　　　　　D. 500

【答案】D

【解析】根据《风景名胜区总体规划标准》GB/T 50298—2018 第 3.0.1 条，风景区按用地规模可分为小型风景区（20km² 以下）、中型风景区（21～100km²）、大型风景区（101～500km²）、特大型风景区（500km² 以上）。故选D。

2020-057. 根据《城乡用地评定标准》，特殊指标、基本指标的定量分值评定取向分别以(   )为优。

A. 小分值、大分值　　　　　　　　　　B. 小分值、小分值

C. 大分值、小分值　　　　　　　　　　D. 大分值、大分值

【答案】A

【解析】根据《城乡用地评定标准》CJJ 132—2009 表 4.2.3，特殊指标小分值为优，基本指标大分值为优。故选A。

评定指标的定量分值　　　　　　　　　　　　　　表 4. 2. 3

指标类型	定性分级	定量分值		
		分数	代号	评定取向
特殊指标	一般影响	2分	Y_j	以小分值为优
	较重影响	5分		
	严重影响	10分		

指标类型	定性分级	定量分值			评定取向
		分数	代号		
基本指标	适宜	10分	X_i		以大分值为优
	较适宜	6分			
	适宜性差	3分			
	不适宜	1分			

2020-058. 根据《城市综合交通调查技术标准》，居民出行调查内容不包括(   )。

　　A. 住户特征　　　　　　　　　　B. 出行特征

　　C. 车辆特征　　　　　　　　　　D. 社会经济特征

【答案】D

【解析】根据《城市综合交通调查技术标准》GB/T 51334—2018 第 4.0.3 条，居民出行调查内容应包括住户特征、个人特征、车辆特征和出行特征四大类。故选 D。

2020-059. 根据《城市道路交叉口规划规范》，下列关于平面交叉口规划的说法，不正确的是(   )。

　　A. 平面交叉口红线规划必须满足安全停车视距三角形限界的要求

　　B. 视距三角形限界内，不得规划布设任何高出道路平面标高 1.0m 且影响驾驶员视线的物体

　　C. 在多车道的道路上，检验安全视距三角形限界时，视距线必须设在最不易发生冲突的车道上

　　D. 平面交叉口转角处路缘石宜为圆曲线

【答案】C

【解析】根据《城市道路交叉口规划规范》GB 50647—2011 第 3.5.2 条，平面交叉口红线规划必须满足安全停车视距三角形限界的要求（A 正确）。视距三角形限界内，不得规划布设任何高出道路平面标高 1.0m 且影响驾驶员视线的物体（B 正确）。在多车道的道路上，检验安全视距三角形限界时，视距线必须设在最易发生冲突的车道上（C 错误）。平面交叉口转角处路缘石宜为圆曲线（D 正确）。故选 C。

2020-060. 根据《城市轨道交通线网规划标准》，下列关于城市轨道交通线网组织与布局的说法，正确的是(   )。

　　A. 城市轨道交通线网布局应优先与居住用地、商业服务设施用地、大型市政公用设施用地等相结合

　　B. 有民用机场的城市应设置城市轨道交通接驳机场与城市中心

　　C. 城市轨道交通车站与铁路客运站的换乘距离不应大于 500m

　　D. 中心城区城市轨道交通线网布局应有利于降低换乘系数

【答案】D

【解析】根据《城市轨道交通线网规划标准》GB/T 50546—2018 第 6.1.2 条，城市

轨道交通线网布局应与沿线土地使用功能相协调，应优先与居住用地、公共管理与公共服务用地、商业服务设施用地、客运交通用地相结合（A错误）。

第6.2.6条，规划年旅客吞吐量大于或等于4000万人次的机场应设置城市轨道交通进行接驳，大于或等于1000万人次且小于4000万人次的机场宜设置城市轨道交通进行接驳。机场与城市主中心之间轨道交通内部出行时间不宜大于40min（B错误）。

第6.2.5条，规划高峰小时旅客发送量大于或等于1万人次的特大型铁路客运站应设置城市轨道交通进行接驳，大于或等于3000人次且小于1万人次的大型铁路客运站宜设置城市轨道交通进行接驳。城市轨道交通车站应与铁路客运站结合设置，不能结合设置的，换乘距离不应大于300m（C错误）。

第6.3.2条，中心城区线网布局应与中心城区空间结构形态、主要公共服务中心布局、主要客流走廊分布相吻合，并应符合下列规定：线网应提高沿客流主导方向的直达客流联系，降低线网换乘客流量和换乘系数（D正确）。

故选D。

2020-061. 根据《城市对外交通规划规范》，下列关于机场规划的说法，不正确的是(　　)。

A. 支线机场距离市中心宜为10～20km
B. 机场跑道轴线方向应避免穿越城区和城市发展主导方向
C. 跑道中心线延长线与城区边缘的垂直距离应大于10km
D. 跑道中心线延长线穿越城市时，其靠近城市的一端与城区边缘的距离应大于15km

【答案】C

【解析】根据《城市对外交通规划规范》GB 50925—2013 第8.1.4条，机场跑道轴线方向应避免穿越城区和城市发展主导方向，宜设置在城市一侧。跑道中心线延长线与城区边缘的垂直距离应大于5km；跑道中心线延长线穿越城市时，跑道中心线延长线靠近城市的一端与城区边缘的距离应大于15km，与居住区的距离应大于30km。故选C。

二、多选题（每题五个选项，每题正确答案不少于两个选项，多选或漏选不得分）

2020-081. 根据《测绘法》，下列国家设立和采用的全国统一的基准中，不正确的是(　　)。

A. 大地基准 　　　　　　　　B. 高程基准
C. 深度基准 　　　　　　　　D. 力量基准
E. 平面基准

【答案】DE

【解析】根据《测绘法》第九条，国家设立和采用全国统一的大地基准（A）、高程基准（B）、深度基准（C）和重力基准，其数据由国务院测绘地理信息主管部门审核，并与国务院其他有关部门、军队测绘部门会商后，报国务院批准。故选DE。

第九节　2021年考试真题

一、单选题（每题四个选项，其中一个选项为正确答案）

2021-001. 根据《中共中央 国务院关于建立国土空间规划体系并监督实施的若干意见》，下列关于专项规划的说法中，不正确的是(　　)。

  A. 自然保护地等专项规划及跨行政区域或流域的国土空间规划，由所在区域或上一级自然主管部门牵头组织编制，报同级政府审批

  B. 相关专项规划要服从总体规划、详细规划

  C. 相关专项规划要遵循国土空间总体规划，不得违背总体规划强制性内容，其主要内容要纳入详细规划

  D. 不同层级、不同地区的专项规划可结合实际选择编制的类型和精度

【答案】B

【解析】根据《中共中央 国务院关于建立国土空间规划体系并监督实施的若干意见》第三条，相关专项规划要相互协同，并与详细规划做好衔接（B错误）。

  第五条，强化对专项规划的指导约束作用。海岸带、自然保护地等专项规划及跨行政区域或流域的国土空间规划，由所在区域或上一级自然资源主管部门牵头组织编制，报同级政府审批（A正确）；相关专项规划可在国家、省和市县层级编制，不同层级、不同地区的专项规划可结合实际选择编制的类型和精度（D正确）。

  第九条，详细规划要根据批准的国土空间总体规划进行编制和修改。相关专项规划要遵循国土空间总体规划，不得违背总体规划强制性内容，其主要内容要纳入详细规划（C正确）。

  第十一条，下级国土空间规划要服从上级国土空间规划，相关专项规划、详细规划要服从总体规划（B错误）。故选B。

2021-002. 根据《中共中央 国务院关于建立国土空间规划体系并监督实施的若干意见》，下列关于国土空间规划的说法中，不正确的是(　　)。

  A. 国土空间规划是对一定区域国土空间开发保护在空间和时间上作出的安排

  B. 国土空间规划包括总体规划、详细规划和相关专项规划

  C. 全国国土空间规划侧重协调性

  D. 市县和乡镇国土空间规划侧重实施性

【答案】C

【解析】根据《中共中央 国务院关于建立国土空间规划体系并监督实施的若干意见》第三条，分级分类建立国土空间规划。国土空间规划是对一定区域国土空间开发保护在空间和时间上作出的安排，包括总体规划、详细规划和相关专项规划（A、B正确）。

  第四条，全国国土空间规划是对全国国土空间作出的全局安排，是全国国土空间保护、开发、利用、修复的政策和总纲，侧重战略性（C错误）。市县和乡镇国土空间规划是本级政府对上级国土空间规划要求的细化落实，是对本行政区域开发保护作出的具体安排，侧重实施性（D正确）。故选C。

2021-003. 根据《中共中央 国务院关于全面推进乡村振兴加快农业农村现代化的意见》，2021 年我国建设( )亿亩旱涝保收，高产稳产标准农田。

A. 0.6　　　　　　B. 0.8　　　　　　C. 1.0　　　　　　D. 1.2

【答案】C

【解析】根据《中共中央 国务院关于全面推进乡村振兴加快农业农村现代化的意见》第九条，实施新一轮高标准农田建设规划，提高建设标准和质量，健全管护机制，多渠道筹集建设资金，中央和地方共同加大粮食主产区高标准农田建设投入，2021 年建设 1 亿亩旱涝保收、高产稳产高标准农田。故选 C。

2021-004. 根据《关于在国土空间规划中统筹划定落实三条控制线的指导意见》，目前已划入自然保护地核心保护区的永久基本农田、镇村、矿业权逐步有序退出，协调过程中退出的永久基本农田在( )级行政区域内同步补划。

A. 乡镇　　　　　　B. 县　　　　　　C. 市　　　　　　D. 省

【答案】B

【解析】根据《关于在国土空间规划中统筹划定落实三条控制线的指导意见》第九条，协调边界矛盾。目前已划入自然保护地核心保护区的永久基本农田、镇村、矿业权逐步有序退出；已划入自然保护地一般控制区的，根据对生态功能造成的影响确定是否退出，其中，造成明显影响的逐步有序退出，不造成明显影响的可采取依法依规相应调整一般控制区范围等措施妥善处理。协调过程中退出的永久基本农田在县级行政区域内同步补划，确实无法补划的在市级行政区域内补划。故选 B。

2021-005. 根据《关于在国土空间规划中统筹划定落实三条控制线的指导意见》，下列关于生态保护红线的说法中，不正确的是( )。

A. 生态保护红线是指在生态空间范围内具有特殊重要生态功能、必须强制性严格保护的区域

B. 其他经评估具有潜在重要生态价值但目前不能确定的区域，不能划入生态保护红线

C. 对自然保护地进行调整优化，评估调整后的自然保护地应划入生态保护红线

D. 生态保护红线内，自然保护地核心保护区原则上禁止人为活动，其他区域严格禁止开发性、生产性建设活动

【答案】B

【解析】根据《关于在国土空间规划中统筹划定落实三条控制线的指导意见》第四条，按照生态功能划定生态保护红线。生态保护红线是指在生态空间范围内具有特殊重要生态功能、必须强制性严格保护的区域（A 正确）。优先将具有重要水源涵养、生物多样性维护、水土保持、防风固沙、海岸防护等功能的生态功能极重要区域，以及生态极敏感脆弱的水土流失、沙漠化、石漠化、海岸侵蚀等区域划入生态保护红线。其他经评估目前虽然不能确定但具有潜在重要生态价值的区域也划入生态保护红线（B 错误）。对自然保护地进行调整优化，评估调整后的自然保护地应划入生态保护红线（C 正确）；自然保护地发生调整的，生态保护红线相应调整。生态保护红线内，自然保护地核心保护区原则上禁止人为活动，其他区域严格禁止开发性、生产性建设活动（D 正确）。故选 B。

2021-006. 根据《中华人民共和国国民经济和社会发展第十四个五年规划和2035年远景目标纲要》，下列说法不正确的是（　　　）。

A. 实施以碳强度控制为主、碳排放总量控制为辅的制度，支持有条件的地方和重点行业、重点企业率先达到碳排放峰值

B. 加强全球气候变暖对我国承受力脆弱地区影响的观测和评估，提升城乡建设、农业生产、基础设施适应气候变化能力。

C. 坚持公平、共同但有区别的责任及各自能力原则，建设性参与和引领应对气候变化国际合作，推动落实联合国气候变化框架公约及其巴黎协定，积极开展气候变化南南合作

D. 锚定努力争取2060年前实现碳达峰，采取更加有力的政策和措施

【答案】D

【解析】根据《中华人民共和国国民经济和社会发展第十四个五年规划和2035年远景目标纲要》第十篇第三十八章，持续改善环境质量（第四节，积极应对气候变化），落实2030年应对气候变化国家自主贡献目标，制定2030年前碳排放达峰行动方案。完善能源消费总量和强度双控制度，重点控制化石能源消费。实施以碳强度控制为主、碳排放总量控制为辅的制度，支持有条件的地方和重点行业、重点企业率先达到碳排放峰值（A正确）。推动能源清洁低碳安全高效利用，深入推进工业、建筑、交通等领域低碳转型。加大甲烷、氢氟碳化物、全氟化碳等其他温室气体控制力度。提升生态系统碳汇能力。锚定努力争取2060年前实现碳中和，采取更加有力的政策和措施（D错误）。加强全球气候变暖对我国承受力脆弱地区影响的观测和评估，提升城乡建设、农业生产、基础设施适应气候变化能力。加强青藏高原综合科学考察研究（B正确）。坚持公平、共同但有区别的责任及各自能力原则，建设性参与和引领应对气候变化国际合作，推动落实联合国气候变化框架公约及其巴黎协定，积极开展气候变化南南合作（C正确）。故选D。

2021-007. 根据《国务院办公厅关于加强城市内涝治理的实施意见》，下列关于实施河湖水系和生态空间治理与修复的说法中，不正确的是（　　　）。

A. 在城市建设和更新中留白增绿，做到一地专用

B. 保护城市山体，修复江河、湖泊、湿地等，保留天然雨洪通道、蓄滞洪空间，构建连续完整的生态基础设施体系

C. 在蓄滞洪空间开展必要的土地利用、开发建设时，要依法依规严格论证审查，保证足够的调蓄容积和功能

D. 恢复并增加水空间，扩展城市及周边自然调蓄空间，按照有关标准和规划开展蓄滞洪空间和安全工程建设

【答案】A

【解析】根据《国务院办公厅关于加强城市内涝治理的实施意见》之二，系统建设城市排水防涝工程体系，第一条，实施河湖水系和生态空间治理与修复。保护城市山体，修复江河、湖泊、湿地等，保留天然雨洪通道、蓄滞洪空间，构建连续完整的生态基础设施体系（B正确）。恢复并增加水空间，扩展城市及周边自然调蓄空间，按照有关标准和规划开展蓄滞洪空间和安全工程建设（D正确）；在蓄滞洪空间开展必要的土地利用、开发

建设时，要依法依规严格论证审查，保证足够的调蓄容积和功能（C正确）。在城市建设和更新中留白增绿，结合空间和竖向设计，优先利用自然洼地、坑塘沟渠、园林绿地、广场等实现雨水调蓄功能，做到一地多用（A错误）。因地制宜、集散结合建设雨水调蓄设施，发挥削峰错峰作用。故选A。

2021-008. 根据《国务院办公厅关于加强全民健身场地设施建设发展群众体育的意见》，下列关于挖掘存量建设用地潜力的说法中，不正确的是(　　)。

A. 盘活城市空闲土地
B. 用好城市公益性建设用地
C. 支持以租赁方式供地
D. 不倡导复合用地模式

【答案】D

【解析】根据《国务院办公厅关于加强全民健身场地设施建设发展群众体育的意见》之三，挖掘存量建设用地潜力：（四）盘活城市空闲土地；（五）用好城布公益性建设用地；（六）支持以租赁方式供地；（七）倡导复合用地模式。故选D。

2021-009. 根据《自然资源部 农业农村部关于保障农村村民住宅建设合理用地的通知》，下列说法错误的是(　　)。

A. 在县、乡级国土空间规划和村庄规划中，要为农村村民住宅建设用地预留空间
B. 农村村民住宅建设要依法落实"一户一宅"要求
C. 尊重农民意愿，提倡并鼓励在城市和集镇规划区外拆并村庄、建设大规模农民集中住区
D. 在年度全国土地利用计划中单专项保障农村村民住宅建设用地，年底实报实销

【答案】C

【解析】根据《自然资源部 农业农村部关于保障农村村民住宅建设合理用地的通知》第一条，计划指标单列。各省级自然资源主管部门会同农业农村主管部门，每年要以县域为单位，提出需要保障的农村村民住宅建设用地计划指标需求，经省级政府审核后报自然资源部。自然资源部征求农业农村部意见后，在年度全国土地利用计划中单列安排，原则上不低于新增建设用地计划指标的5%，专项保障农村村民住宅建设用地，年底实报实销（D正确）。

第三条，加强规划管控。在县、乡级国土空间规划和村庄规划中，要为农村村民住宅建设用地预留空间（A正确）。

第五条，严格遵守相关规定。农村村民住宅建设要依法落实"一户一宅"要求（B正确），严格执行各省（自治区、直辖市）规定的宅基地标准，不得随意改变。注意分户的合理性，做好与户籍管理的衔接，不得设立互为前置的申请条件。人均土地少、不能保障一户拥有一处宅基地的地区，可以按照《土地管理法》采取措施，保障户有所居。充分尊重农民意愿，不提倡、不鼓励在城市和集镇规划区外拆并村庄、建设大规模农民集中居住区，不得强制农民搬迁和上楼居住（C错误）。故选C。

2021-010. 根据《自然资源部 国家文物局关于在国土空间规划编制和实施中加强历史文化遗产保护管理的指导意见》，下列选项中错误的是(　　)。

A. 不得以历史文化遗产保护利用设计方案、实施方案取代经依法批准的详细规划实

施许可

    B. 经核定可能存在历史文化遗存的土地，要实行"先考古、后出让"制度，在依法完成考古调查、勘探、发掘前，原则上不予收储入库或出让

    C. 在不对生态功能造成破坏的前提下，允许在生态保护红线和自然保护地核心保护区内，开展考古调查、勘探、发掘和文物保护活动

    D. 历史文化保护线及空间形态控制指标和要求是国土空间规划的强制性内容

【答案】C

【解析】根据《自然资源部 国家文物局关于在国土空间规划编制和实施中加强历史文化遗产保护管理的指导意见》第二条，历史文化保护线及空间形态控制指标和要求是国土空间规划的强制性内容（D 正确）。

第四条，严格历史文化保护相关区域的用途管制和规划许可。经依法批准的详细规划是各类开发建设活动的根据，不得以历史文化遗产保护利用设计方案、实施方案等取代详细规划实施规划许可（A 正确）。

第五条，健全"先考古，后出让"的政策机制。经文物主管部门核定可能存在历史文化遗存的土地，要实行"先考古、后出让"制度，在依法完成考古调查、勘探、发掘前，原则上不予收储入库或出让（B 正确）。

第六条，促进历史文化遗产活化利用。在不对生态功能造成破坏的前提下，允许在生态保护红线内、自然保护地核心保护区外，开展经依法批准的考古调查、勘探、发掘和文物保护活动（C 错误）。故选 C。

2021-011. 根据《自然资源部关于以"多规合一"为基础推进规划用地"多审合一、多证合一"改革的通知》，建设项目用地预审与选址意见书的期限为(   )年。

    A. 1   B. 2   C. 3   D. 5

【答案】C

【解析】根据《自然资源部关于以"多规合一"为基础推进规划用地"多审合一、多证合一"改革的通知》第一条，合并规划选址和用地预审：建设项目用地预审与选址意见书有效期为三年，自批准之日起计算。故选 C。

2021-012. 根据《自然资源部办公厅关于进一步做好村庄规划工作的意见》，关于村庄规划，下列说法中错误的是(   )。

    A. 集聚提升类等建设需求量大的村庄加快编制

    B. 城郊融合类的村庄可纳入城镇控制性详细规划统筹编制

    C. 搬迁撤并类的村庄应单独编制

    D. 要全域全要素编制村庄规划

【答案】C

【解析】根据《自然资源部办关厅关于进一步做好村庄规划工作的意见》第一条，统筹城乡发展，有序推进村庄规划编制。集聚提升类等建设需求量大的村庄加快编制，城郊融合类的村庄可纳入城镇控制性详细规划统筹编制，搬迁撤并类的村庄原则上不单独编制（AB 正确，C 错误）。第二条，全域全要素编制村庄规划（D 正确）。故选 C。

2021-013. 根据《自然资源部办公厅关于加强国土空间规划监督管理的通知》，下列说法不正确的是( )。

    A. 国土空间规划编制实行首席专家终身负责

    B. 规划审查应充分发挥规划委员会的作用，实行参编单位专家回避制度，推动开展第三方独立技术审查

    C. 规划修改必须严格落实法定程序要求，深入调查研究，征求利害关系人意见，组织专家论证，实行集体决策

    D. 下级国土空间规划不得突破上级国土空间规划确定的约束性指标

【答案】A

【解析】根据《自然资源部办公厅关于加强国土空间规划监督管理的通知》之二，规范规划编制审批：

（二）建立健全国土空间规划"编""审"分离机制。规划编制实行编制单位终身负责制（A错误）；规划审查应充分发挥规划委员会的作用，实行参编单位专家回避制度，推动开展第三方独立技术审查（B正确）。

（三）下级国土空间规划不得突破上级国土空间规划确定的约束性指标，不得违背上级国土空间规划的刚性管控要求（D正确）。

（四）规划修改必须严格落实法定程序要求，深入调查研究，征求利害关系人意见，组织专家论证，实行集体决策（C正确）。

故选A。

2021-014. 根据《省级国土空间规划编制指南（试行）》，下列不属于区域协调和规划传导的重点管控性内容的是( )。

    A. 国家协调   B. 省际协调

    C. 省域重点地区协调   D. 市县规划传导

【答案】A

【解析】根据《省级国土空间规划编制指南（试行）》，"3.6 区域协调与规划传导"部分分为：3.6.1 省际协调；3.6.2 省域重点地区协调；3.6.3 市县规划传导；3.6.4 专项规划指导约束。故选A。

2021-015. 根据《市级国土空间总体规划编制指南（试行）》，不属于强制性内容的是( )。

    A. 约束性指标落实及分解，如生态保护红线面积、用水总量、永久基本农田保护面积等

    B. 涵盖各类历史文化遗存的历史文化保护体系、历史文化线及空间管控要求

    C. 市域范围内结构性绿地、水体等开敞空间的控制范围和均衡分布要求

    D. 城乡公共服务设施配置标准，城镇政策性住房和教育、卫生、养老、文化体育等城乡公共服务设施布局选择和标准

【答案】C

【解析】根据《市级国土空间总体规划编制指南（试行）》附录F，市级总规中强制性内容应包括：

（1）约束性指标落实及分解情况，如生态保护红线面积、用水总量、永久基本农田保护面积等（A 正确）；

（2）生态屏障、生态廊道和生态系统保护格局，自然保护地体系；

（3）生态保护红线、永久基本农田和城镇开发边界三条控制线；

（4）涵盖各类历史文化遗存的历史文化保护体系、历史文化保护线及空间管控要求（B 正确）；

（5）中心城区范围内结构性绿地、水体等开敞空间的控制范围和均衡分布要求（C 错误）；

（6）城乡公共服务设施配置标准，城镇政策性住房和教育、卫生、养老、文化体育等城乡公共服务设施布局原则和标准（D 正确）；

（7）重大交通枢纽、重要线性工程网络、城市安全与综合防灾体系、地下空间、邻避设施等设施布局。

故选 C。

2021-016. 根据《国土空间调查、规划、用途管制用地用海分类指南（试行）》，盐田属于(   )。

A. 人工湿地　　　　B. 工矿用地　　　　C. 自然湿地　　　　D. 沿海滩涂

【答案】B

【解析】根据《国土空间调查、规划、用途管制用地用海分类指南（试行)》表 3.1，应选 B。

用地用海分类名称、代码　　　　　　　　　　　　　表 3.1

10	工矿用地	1001	工业用地	100101	一类工业用地
				100102	二类工业用地
				100103	三类工业用地
		1002	采矿用地		
		1003	盐田		

2021-017. 以下关于行政程序的说法，正确的是(   )。

A. 行政程序必须向利害关系人公开

B. 行政程序根据其环节分为法定程序和自由裁量程序

C. 行政程序的基本规则由行政部门自行设定

D. 行政程序的价值是保障行政主体的自由裁量权

【答案】A

【解析】根据行政法学基础知识：（1）行政程序的基本规则必须由法律定，不得由行政部门自行设定、变更或撤销（C 错误）。（2）行政程序必须向利害关系人公开（A 正确），并设置适当的程序规则予以保障。（3）行政程序根据不同标准有多种分类。以行政程序使用的范围划分行政程序可分为内部行政程序和外部行政程序。以行政程序是否由法律加以明确规定为标准，分为法定程序和自由裁量程序（B 错误）。（4）行政程序的价值，是保障行政相对人的权利，保障行政主体自由裁量的随意性（D错误）。故选A。

2021-018. 关于行政法学基础，下列说法错误的是（　　　）。

　　A. 行政法主体是行政主体　　　　　　B. 行政主体是行政法主体

　　C. 行政法律关系主体是行政法主体　　D. 行政主体是行政法律关系主体

【答案】A

【解析】根据行政法的概念与行政法律关系，行政主体是指在行政法律关系中享有行政权，能以自己的名义实施行政决定，并能独立承担实施行政决定所产生相应法律后果的一方主体。行政主体是行政法主体的一部分，行政主体必定是行政法主体，但行政法主体未必就是行政主体。故选A。

2021-019. 自然资源主管部门对建设用地使用权的确认不属于（　　　）。

　　A. 具体行政行为　　　　　　　　　　B. 依申请行政行为

　　C. 单方行政行为　　　　　　　　　　D. 确认法律地位的行政行为

【答案】C

【解析】根据行政法学基础知识，以决定行政行为成立时参与意思表示的当事人的数目为标准，把行政行为划分为单方行政行为与双方（多方）行政行为。单方行政行为是指行政机关单方意思的表示，无须征得相对人同意即可成立的行政行为。如行政处罚、行政监督等。故选C。

2021-020. 行政合法性原则的具体内容不包括（　　　）。

　　A. 行政主体必须依法设立

　　B. 行政主体应当在法律授权的时间空间限制范围内行使国家行政权力

　　C. 行政机关做出的具体行政行为必须以事实为根据，以法律为准绳

　　D. 实体合法优先于程序合法

【答案】D

【解析】行政合法性原则的内容为：

（1）行政主体合法。行政合法性原则要求行政主体必须是依法设立的，并具备相应资格（A正确）。

（2）行政权限合法。行政权限，是指行政权力的边界。行政权限合法，是指行政主体运用国家行政权力对社会生活进行调整的行为应当有法律根据，应当在法律授权的范围内进行。包括时间、空间范围限制等（B正确）。

（3）行政行为合法。即行政行为依照法律规定的范围、手段、方式、程序进行。行政机关做出的具体行政行为必须以事实为根据，以法律为准绳（C正确）。

（4）行政程序合法。行政程序，是指行政主体的行政行为在时间和空间上的表现形式，即行政行为所遵循的方式、步骤、顺序以及时限的总和。程序合法是实体合法、公正的保障（D错误）。故选D。

2021-021. 下列选项中对于行政法制监督的说法不正确的是（　　　）。

　　A. 行政法制监督的对象是行政相对人

　　B. 行政法制监督的主体是国家权力机关等

C. 行政法制监督是对行政主体行为合法性的监督

D. 行政法制监督的方式有审查调查等

【答案】A

【解析】根据行政法学基础知识，行政法制监督与行政监督的区别主要有四点：

（1）监督对象不同。行政法制监督的对象是行政主体和国家公务员（A错误）。

（2）监督主体不同。行政法制监督的主体是国家权力机关、国家司法机关、专门行政监督机关以及行政机关以外的个人和组织（B正确）。

（3）监督内容不同。行政法制监督主要是对行政主体行为合法性的监督和对公务员遵纪守法的监督（C正确）。

（4）监督方式不同。行政法制监督主要采取权力机关审查、调查、质询和司法审查、行政监察、审计、舆论监督等方式（D正确）。

故选A。

2021-022. 下列关于公共产品的说法中，不正确的是(   )。

A. 公共产品是消费者排他性消费的产品

B. 公共产品是由以政府机关为主的公共部门生产

C. 公共产品体系构成政府所管理公共事务的范围

D. 公共行政的主要责任是生产和提供公共产品

【答案】A

【解析】根据公共行政学基础知识，所有社会产品可以分为两类：公共产品和私人产品。私人产品是由私人部门相互竞争生产的，由市场供求关系决定价格，消费者排他性消费的产品（A错误）。公共产品则是由以政府机关为主的公共部门生产的（B正确）、供全社会所有公民共同消费、所有消费者平等享受的社会产品。

在市场经济条件下，公共行政的主要责任是生产和提供公共产品（D正确），因而，政府要建立科学、全面、公平的政府公共产品体系；公共产品体系构成政府所管理公共事务的范围（C正确）。故选A。

2021-023. 我国行政法渊源不包括(   )。

A. 地方性法规   B. 有权法律解释

C. 国际条约和约定   D. 技术规划标准

【答案】D

【解析】根据行政法学基础，行政法的渊源为：（1）宪法；（2）法律；（3）行政法规；（4）地方性法规；（5）自治法规；（6）行政规章；（7）有权法律解释；（8）国际条约与协定；（9）其他行政法渊源。故选D。

2021-024. 决定行政立法在形式上多样性的是行政立法主体的(   )。

A. 多层次性   B. 强适应性   C. 灵活性   D. 有效性

【答案】A

【解析】根据行政立法的特点，行政立法具有多样性和灵活性，是由国家行政管理事务广泛、多样所决定的。国家机关可以根据需要，灵活、多样地制定行政法规和规章。行政立法主体的多层次性，决定了行政立法在形式上的多样性，可以采取多样的发布形式，如：国务院批准主管部门发布，主管部门直接发布，主管部门联合发布等。故选A。

2021-025. 根据《行政许可法》，下列关于行政许可的期限说法不正确的是( )。

    A. 行政机关应当自受理行政许可申请之日起二十日内作出行政许可决定。二十日内不能作出决定的，经本行政机关负责人批准，可以延长十日

    B. 行政机关作出行政许可决定，依法需要听证、招标、检验、检测、鉴定和专家评审的，所需时间计算在规定的期限内

    C. 行政许可采取统一办理或者联合办理、集中办理的，办理的时间不得超过四十五日；四十五日内不能办结的，经本级人民政府负责人批准，可以延长十五日

    D. 行政机关作出准予行政许可的决定，应当自作出决定之日起十日内向申请人颁发、送达行政许可证件

【答案】B

【解析】根据《行政许可法》第二十六条，行政许可采取统一办理或者联合办理、集中办理的，办理的时间不得超过四十五日；四十五日内不能办结的，经本级人民政府负责人批准，可以延长十五日，并应当将延长期限的理由告知申请人（C正确）。

第四十二条，除可以当场作出行政许可决定的外，行政机关应当自受理行政许可申请之日起二十日内作出行政许可决定。二十日内不能作出决定的，经本行政机关负责人批准，可以延长十日，并应当将延长期限的理由告知申请人（A正确）。

第四十四条，行政机关作出准予行政许可的决定，应当自作出决定之日起十日内向申请人颁发、送达行政许可证件，或者加贴标签、加盖检验、检测、检疫印章（D正确）。

第四十五条，行政机关作出行政许可决定，依法需要听证、招标、拍卖、检验、检测、检疫、鉴定和专家评审的，所需时间不计算在本节规定的期限内（B错误）。

故选B。

2021-026. 《行政许可法》规定行政机关组织听证会费用由( )。

    A. 申请人承担   B. 利害关系人承担

    C. 申请人、利害关系人共同承担   D. 申请人、利害关系人都不承担

【答案】D

【解析】根据《行政许可法》第四十七条，行政许可直接涉及申请人与他人之间重大利益关系的，行政机关在作出行政许可决定前，应当告知申请人、利害关系人享有要求听证的权利；申请人、利害关系人在被告知听证权利之日起五日内提出听证申请的，行政机关应当在二十日内组织听证。申请人、利害关系人不承担行政机关组织听证的费用。故选D。

2021-027. 《行政处罚法》中，以下只能由法律设定的是( )。

    A. 限制人身自由   B. 责令停产停业   C. 没收非法财物   D. 吊销许可证件

【答案】A

【解析】根据《行政处罚法》第十条，法律可以设定各种行政处罚。限制人身自由的行政处罚，只能由法律设定。故选A。

2021-028. 根据《行政复议法》，下列说法错误的是(　　)。

A. 行政复议机关收到行政复议申请后，应当在五日内进行审查，对不符合该法规规定的行政复议申请决定不予受理，应书面告知申请人

B. 对符合该法规定，但不属于本行政复议机关受理的行政复议申请，应当告知申请人向有关行政复议机关提出

C. 公民、法人或其他组织依法提出了行政复议申请，行政复议机关无正当理由不予受理的，上级行政机关应当责令其受理

D. 行政复议期间，被申请人认为需要停止执行的具体行政行为不停止执行

【答案】D

【解析】根据《行政复议法》第十七条，行政复议机关收到行政复议申请后，应当在五日内进行审查，对不符合本法规定的行政复议申请，决定不予受理，并书面告知申请人；对符合本法规定，但是不属于本机关受理的行政复议申请，应当告知申请人向有关行政复议机关提出（AB正确）。

第二十条，公民、法人或者其他组织依法提出行政复议申请，行政复议机关无正当理由不予受理的，上级行政机关应当责令其受理；必要时，上级行政机关也可以直接受理（C正确）。

第二十一条，行政复议期间具体行政行为不停止执行；但是，有下列情形之一的，可以停止执行：（一）被申请人认为需要停止执行的（D错误）。故选D。

2021-029. 《行政诉讼法》中因不动产提起了行政诉讼，有管辖权的是(　　)。

A. 原告所在地人民法院　　　　　B. 被告所在地人民法院

C. 不动产所在地人民法院　　　　D. 双方协定商议

【答案】C

【解析】根据《行政诉讼法》第二十条，因不动产提起的行政诉讼，由不动产所在地人民法院管辖。故选C。

2021-030. 《民法典》关于物权登记的说法，不正确的是(　　)。

A. 不动产物权的设立、变更、转让和消灭经依法登记产生效力

B. 依法属于国家所有的自然资源，管理部门应当登记设立所有权

C. 不动产登记由不动产所在地的登记机构办理

D. 国家对不动产实行统一登记制度

【答案】B

【解析】根据《民法典》第二百零九条，不动产物权的设立、变更、转让和消灭，经依法登记，发生效力（A正确）；未经登记，不发生效力，但是法律另有规定的除外。依法属于国家所有的自然资源，所有权可以不登记（B错误）。

第二百一十条，不动产登记，由不动产所在地的登记机构办理（C正确）。国家对不动产实行统一登记制度（D正确）。故选B。

2021-031. 根据《民法典》相邻关系的表述，不正确的是(　　)。

A. 不动产的相邻权利人应当按照有利生产、方便生活、团结互助、效率最大的原则，

正确处理相邻关系

    B. 相邻关系法律、法规没有规定的，可以按照当地习惯

    C. 对自然流水的利用，应当在不动产的相邻权利人之间合理分配

    D. 对自然流水的利用，应当尊重自然流向

【答案】A

【解析】根据《民法典》第二百八十八条，不动产的相邻权利人应当按照有利生产、方便生活、团结互助、公平合理的原则，正确处理相邻关系（A错误）。

    第二百八十九条，法律、法规对处理相邻关系有规定的，依照其规定；法律、法规没有规定的，可以按照当地习惯（B正确）。

    第二百九十条，不动产权利人应当为相邻权利人用水、排水提供必要的便利。对自然流水的利用，应当在不动产的相邻权利人之间合理分配。对自然流水的排放，应当尊重自然流向（CD正确）。故选A。

2021-032. 根据《立法法》，下列关于国务院部门规章的说法中，不正确的是(　　　)。

    A. 国务院部门规章制定、修改和废止依照《立法法》有关规定执行

    B. 国务院部门规章由国务院总理签署命令公布

    C. 国务院部门规章之间具有同等效力，在各自的权限范围内施行

    D. 国务院部门规章与地方政府规章之间具有同等效力，在各自的权限范围内施行

【答案】B

【解析】根据《立法法》第二条，法律、行政法规、地方性法规、自治条例和单行条例的制定、修改和废止，适用本法。国务院部门规章和地方政府规章的制定、修改和废止，依照本法的有关规定执行（A正确）。

    第八十五条，部门规章由部门首长签署命令予以公布（B错误）。

    第九十一条，部门规章之间、部门规章与地方政府规章之间具有同等效力，在各自的权限范围内施行（CD正确）。故选B。

2021-033. 根据《土地管理法》，县级以上人民政府自然资源主管部门履行监督检查职责时，采取的下列措施中，不正确的是(　　　)。

    A. 要求被检查的单位或者个人提供有关土地权利的文件和资料

    B. 要求被检查的单位或者个人就有关土地权利的问题作出说明

    C. 责令非法占用土地的单位或者个人停止违反土地管理法律、法规的行为

    D. 查封单位或者个人非法占用的土地现场

【答案】D

【解析】根据《土地管理法》第六十八条，县级以上人民政府自然资源主管部门履行监督检查职责时，有权采取下列措施：（一）要求被检查的单位或者个人提供有关土地权利的文件和资料，进行查阅或者予以复制（A正确）；（二）要求被检查的单位或者个人就有关土地权利的问题作出说明（B正确）；（三）进入被检查单位或者个人非法占用的土地现场进行勘测；（四）责令非法占用土地的单位或者个人停止违反土地管理法律、法规的行为（C正确）。

    故选D。

2021-034. 根据《土地管理法》，关于永久基本农田的说法，下列说法不准确的是（　　）。

　　A. 严格落实永久基本农田保护，由乡镇为单位划定永久基本农田

　　B. 不得随意占用永久基本农田

　　C. 县级人民政府应当将永久基本农田的位置、范围向社会公告，并设立保护标志

　　D. 严格管护永久基本农田，杜绝"非农化"

【答案】C

【解析】根据《土地管理法》第三十四条，永久基本农田划定以乡（镇）为单位进行，由县级人民政府自然资源主管部门会同同级农业农村主管部门组织实施（A正确）。永久基本农田应当落实到地块，纳入国家永久基本农田数据库严格管理。乡（镇）人民政府应当将永久基本农田的位置、范围向社会公告，并设立保护标志（C错误）。

　　第三十五条，永久基本农田经依法划定后，任何单位和个人不得擅自占用或者改变其用途。国家能源、交通、水利、军事设施等重点建设项目选址确实难以避让永久基本农田，涉及农用地转用或者土地征收的，必须经国务院批准（BD正确）。故选C。

2021-035. 根据《土地管理法》，某县计划征收林地1000亩，需报（　　）批准。

　　A. 国务院　　　　　　　　　　　　B. 国务院下属自然资源系统

　　C. 国务院下属林业系统　　　　　　D. 省、自治区、直辖市人民政府

【答案】D

【解析】根据《土地管理法》第四十六条，征收下列土地的，由国务院批准：（一）永久基本农田；（二）永久基本农田以外的耕地超过三十五公顷的；（三）其他土地超过七十公顷的。征收前款规定以外的土地的，由省、自治区、直辖市人民政府批准。故选D。

2021-036. 根据《城市房地产管理法》，下列哪项不属于房地产交易？（　　）

　　A. 房地产评估　　　B. 房地产转让　　　C. 房地产抵押　　　D. 房地产租赁

【答案】A

【解析】根据《城市房地产管理法》第二条，在中华人民共和国城市规划区国有土地（以下简称国有土地）范围内取得房地产开发用地的土地使用权，从事房地产开发、房地产交易，实施房地产管理，应当遵守本法。本法所称房地产交易，包括房地产转让、房地产抵押和房屋租赁。故选A。

2021-037. 根据《城市房地产管理法》，下列关于土地使用权的说法中，正确的是（　　）。

　　A. 土地使用权出让，可采取拍卖、招标或者双方协议的方式

　　B. 土地使用权不因土地灭失而终止

　　C. 以出让方式取得土地使用权进行房地产开发的，超过出让合同约定的动工开发日期满一年的，可以无偿收回土地使用权

　　D. 以划拨方式或出让方式取得土地使用权的期限相同

【答案】A

【解析】根据《城市房地产管理法》第十三条，土地使用权出让，可以采取拍卖、招标或者双方协议的方式（A正确）。

　　第二十一条，土地使用权因土地灭失而终止（B错误）。

第二十三条，土地使用权划拨，是指县级以上人民政府依法批准，在土地使用者缴纳补偿、安置等费用后将该幅土地交付其使用，或者将土地使用权无偿交付给土地使用者使用的行为。依照本法规定以划拨方式取得土地使用权的，除法律、行政法规另有规定外，没有使用期限的限制（D错误）。

第二十六条，以出让方式取得土地使用权进行房地产开发的，必须按照土地使用权出让合同约定的土地用途、动工开发期限开发土地，超过出让合同约定的动工开发日期满一年未动工开发的，可以征收相当于土地使用权出让金百分之二十以下的土地闲置费；满二年未动工开发的，可以无偿收回土地使用权（C错误）。故选A。

2021-038. 根据《环境保护法》，污染防治措施应与建筑主体(   )。

A. 同时设计、同时发包、同时组织施工

B. 同时发包、同时施工、同时工程监理

C. 同时设计、同时施工、同时投产使用

D. 同时承包、同时施工、同时质量管理

【答案】C

【解析】根据《环境保护法》第四十一条，建设项目中防治污染的设施，应当与主体工程同时设计、同时施工、同时投产使用。故选C。

2021-039. 根据《环境影响评价法》，对可能造成重大环境影响的建设项目，建设单位应当(   )。

A. 编制环境影响报告书，对产生的环境影响进行全面评价

B. 编制环境影响报告表，对产生的环境影响进行综合分析

C. 编制环境影响报告表，对产生的环境影响进行专项评价

D. 填报环境影响登记表，对产生的环境影响进行分析或专项评价

【答案】A

【解析】根据《环境影响评价法》第十六条，建设单位应当按照下列规定组织编制环境影响报告书、环境影响报告表或者填报环境影响登记表：（一）可能造成重大环境影响的，应当编制环境影响报告书，对产生的环境影响进行全面评价。故选A。

2021-040. 根据《水法》，下列有关水资源供求的说法中不正确的是(   )。

A. 国务院水行政主管部门负责全国水资源的宏观调配

B. 水中长期供求规划应当根据水的供求现状、国民经济和社会发展规划、流域规划、区域规划制定

C. 水中长期供求规划应当按照水资源供需协调、综合平衡、保护生态、厉行节约、合理开源的原则制定

D. 全国和跨省、自治区、直辖市的水中长期供求规划由国务院水行政主管部门会同有关部门制定

【答案】A

【解析】根据《水法》第四十四条，国务院发展计划主管部门和国务院水行政主管部门负责全国水资源的宏观调配（A错误）。全国的和跨省、自治区、直辖市的水中长期供

求规划，由国务院水行政主管部门会同有关部门制订，经国务院发展计划主管部门审查批准后执行（D正确）。地方的水中长期供求规划，由县级以上地方人民政府水行政主管部门会同同级有关部门依据上一级水中长期供求规划和本地区的实际情况制定，经本级人民政府发展计划主管部门审查批准后执行。水中长期供求规划应当根据水的供求现状、国民经济和社会发展规划、流域规划、区域规划，按照水资源供需协调、综合平衡、保护生态、厉行节约、合理开源的原则制定（BC正确）。故选A。

2021-041. 根据《森林法》，对国务院确定的国家重点林区的森林、林木和林地负责登记的部门是(   )。

A. 国务院自然资源主管部门　　　　B. 国务院林业主管部门

C. 所在地自然资源主管部门　　　　D. 所在地林业主管部门

【答案】A

【解析】根据《森林法》第十五条，林地和林地上的森林、林木的所有权、使用权，由不动产登记机构统一登记造册，核发证书。国务院确定的国家重点林区的森林、林木和林地，由国务院自然资源主管部门负责登记。故选A。

2021-042. 根据《测绘法》，下列选项中关于地理信息测绘，错误的是(   )。

A. 属于国家公益性事业

B. 实行国家分级管理

C. 进行中华人民共和国国界测绘时，国务院地理信息主管部门会同军队测绘部门一起

D. 县级以上地理信息主管部门应当会同不动产主管部门，加强不动产测绘管理

【答案】C

【解析】根据《测绘法》第十五条，基础测绘是公益性事业。国家对基础测绘实行分级管理。本法所称基础测绘，是指建立全国统一的测绘基准和测绘系统，进行基础航空摄影，获取基础地理信息的遥感资料，测制和更新国家基本比例尺地图、影像图和数字化产品，建立、更新基础地理信息系统（AB正确）。

第二十条，中华人民共和国国界线的测绘，按照中华人民共和国与相邻国家缔结的边界条约或者协定执行，由外交部组织实施。中华人民共和国地图的国界线标准样图，由外交部和国务院测绘地理信息主管部门拟定，报国务院批准后公布（C错误）。

第二十二条，县级以上人民政府测绘地理信息主管部门应当会同本级人民政府不动产登记主管部门，加强对不动产测绘的管理（D正确）。故选C。

2021-043. 根据《防震减灾法》，下列选项中错误的是(   )。

A. 建设单位对建设工程的抗震设计、施工的全过程负责

B. 新建、扩建、改建建设工程，应当避免对地震监测设施和地震观测环境造成危害

C. 观测到可能与地震有关的异常现象的单位和个人，可以直接向国务院地震工作主管部门报告

D. 对学校、医院等人员密集的建设工程，应当按照地震安全评价进行设计和施工，采取有效措施，增强抗震设防能力

【答案】D

【解析】根据《防震减灾法》第二十四条，新建、扩建、改建建设工程，应当避免对地震监测设施和地震观测环境造成危害（B正确）。

第二十七条，观测到可能与地震有关的异常现象的单位和个人，可以向所在地县级以上地方人民政府负责管理地震工作的部门或者机构报告，也可以直接向国务院地震工作主管部门报告（C正确）。

第三十五条，对学校、医院等人员密集场所的建设工程，应当按照高于当地房屋建筑的抗震设防要求进行设计和施工，采取有效措施，增强抗震设防能力（D错误）。

第三十八条，建设单位对建设工程的抗震设计、施工的全过程负责（A正确）。故选D。

2021-044. 根据《防震减灾法》，下列选项错误的是( )。

    A. 国务院自然资源部门会同国务院有关部门组织编制国家防震减灾规划，报国务院批准后组织实施

    B. 县有关部门组织编制本行政区域的防震减灾规划，报本级人民政府批准后组织实施

    C. 县级以上地方人民政府有关部门应当根据编制防震减灾规划的需要，及时提供有关资料

    D. 因震情形势变化和经济社会发展的需要确需修改的，应当按照原审批程序报送审批。

【答案】A

【解析】根据《防震减灾法》第十二条，国务院地震工作主管部门会同国务院有关部门组织编制国家防震减灾规划，报国务院批准后组织实施（A错误）。县级以上地方人民政府负责管理地震工作的部门或者机构会同同级有关部门，根据上一级防震减灾规划和本行政区域的实际情况，组织编制本行政区域防震减灾规划，报本级人民政府批准后组织实施，并报上一级人民政府负责管理地震工作的部门或者机构备案（B正确）。

第十三条，县级以上地方人民政府有关部门应当根据编制防震减灾规划的需要，及时提供有关资料（C正确）。

第十六条，防震减灾规划一经批准公布，应当严格执行；因震情形势变化和经济社会发展的需要确需修改的，应当按照原审批程序报送审批（D正确）。故选A。

2021-045. 根据《消防法》，消防规划内容不包括( )。

    A. 消防站   B. 消防人员   C. 消防车通道   D. 消防装备

【答案】B

【解析】根据《消防法》第八条，地方各级人民政府应当将包括消防安全布局、消防站、消防供水、消防通信、消防车通道、消防装备等内容的消防规划纳入城乡规划，并负责组织实施。故选B。

2021-046. 根据《广告法》，下列设施和场地可以设置户外广告的是( )。

    A. 交通工具   B. 交通安全设施

C. 交通标识   D. 文物保护单位建设控制地带

【答案】A

【解析】根据《广告法》第四十二条，有下列情形之一的，不得设置户外广告：（一）利用交通安全设施、交通标识的；（二）影响市政公共设施、交通安全设施、交通标识、消防设施、消防安全标识使用的；（三）妨碍生产或者人民生活，损害市容市貌的；（四）在国家机关、文物保护单位、风景名胜区等的建筑控制地带，或者县级以上地方人民政府禁止设置户外广告的区域设置的。故选A。

2021-047. 根据《文物保护法》和《文物保护法实施条例》，考古工作确需因建设工程紧迫或者有自然破坏危险对古文化遗址、古墓葬急需进行抢救挖掘的。应当自开工之日起（   ）个工作日内向国务院文物行政主管部门补办审批手续。

A. 5   B. 7   C. 10   D. 12

【答案】C

【解析】根据《文物保护法实施条例》第二十四条，国务院文物行政主管部门应当自收到文物保护法第三十条第一款规定的发掘计划之日起30个工作日内作出批准或者不批准决定。决定批准的，发给批准文件；决定不批准的，应当书面通知当事人并说明理由。文物保护法第三十条第二款规定的抢救性发掘，省、自治区、直辖市人民政府文物行政主管部门应当自开工之日起10个工作日内向国务院文物行政主管部门补办审批手续。故选C。

2021-048. 根据《风景名胜区条例》，下列选项中关于风景名胜区设立和划分不正确的是（   ）。

A. 新设立的风景名胜区与自然保护区不得重合

B. 风景名胜区应自设立起一年内编制完成总体规划

C. 风景名胜区划分为国家级风景名胜区和省级风景名胜区

D. 申请设立风景名胜区提交材料包含拟设立风景名胜区的游览条件

【答案】B

【解析】根据《风景名胜区条例》第七条，设立风景名胜区，应当有利于保护和合理利用风景名胜资源。新设立的风景名胜区与自然保护区不得重合或者交叉（A正确）。

第八条，风景名胜区划分为国家级风景名胜区和省级风景名胜区（C正确）。

第九条，申请设立风景名胜区应当提交包含下列内容的有关材料：（一）风景名胜资源的基本状况；（二）拟设立风景名胜区的范围以及核心景区的范围；（三）拟设立风景名胜区的性质和保护目标；（四）拟设立风景名胜区的游览条件（D正确）；（五）与拟设立风景名胜区内的土地、森林等自然资源和房屋等财产的所有权人、使用权人协商的内容和结果。

第十四条，风景名胜区应当自设立之日起2年内编制完成总体规划。总体规划的规划期一般为20年（B错误）。故选B。

2021-049. 根据《长城保护条例》，下列关于长城保护的说法中，不正确的是（   ）。

A. 长城保护标识应当载明长城段落的修筑年度、保护范围、建设控制地带等

B. 国务院文物主管部门应当建立全国的长城档案

C. 国务院文物主管部门划定全国的长城保护范围和建设控制地带

D. 国家对长城实行整体保护、分段管理

【答案】C

【解析】根据《长城保护条例》第四条，国家对长城实行整体保护、分段管理（D正确）。

第十一条，长城所在地省、自治区、直辖市人民政府应当按照长城保护总体规划的要求，划定本行政区域内长城的保护范围和建设控制地带，并予以公布（C错误）。

第十三条，长城所在地省、自治区、直辖市人民政府应当在长城沿线的交通路口和其他需要提示公众的地段设立长城保护标识。设立长城保护标识不得对长城造成损坏。长城保护标识应当载明长城段落的名称、修筑年代、保护范围、建设控制地带和保护机构（A正确）。

第十四条，长城所在地省、自治区、直辖市人民政府应当建立本行政区域内的长城档案，其文物主管部门应当将长城档案报国务院文物主管部门备案。国务院文物主管部门应当建立全国的长城档案（B正确）。故选C。

2021-050. 根据《铁路安全管理条例》，禁止在铁路电力线路导线两侧各(   )的范围内升放风筝、气球等低空飘浮物体。

A. 500m   B. 600m   C. 700m   D. 800m

【答案】A

【解析】根据《铁路安全管理条例》第五十三条，禁止实施下列危害电气化铁路设施的行为：（一）向电气化铁路接触网抛掷物品；（二）在铁路电力线路导线两侧各500米的范围内升放风筝、气球等低空飘浮物体；（三）攀登铁路电力线路杆塔或者在杆塔上架设、安装其他设施设备；（四）在铁路电力线路杆塔、拉线周围20米范围内取土、打桩、钻探或者倾倒有害化学物品；（五）触碰电气化铁路接触网。故选A。

2021-051. 下列都是国家历史文化名城的是(   )。

A. 荆州、随州、赣州、雷州、惠州

B. 襄阳、安阳、咸阳、辽阳、邵阳

C. 乐山、巍山、砀山、佛山、中山

D. 上海、南海、临海、通海、北海

【答案】A

【解析】参照国家文物局网站不可移动文物信息（www.ncha.gov.cn/col/col2266/index.html）及中华人民共和国中央政府网（http://www.gov.cn）：A中，荆州（一批）、随州（三批）、赣州（三批）、雷州（三批）、惠州（2015年增补）均为国家历史文化名城；B中，襄阳（二批）、安阳（二批）、咸阳（三批）、辽阳（2020年12月7日增补）为国家历史文化名城，邵阳不是；C中，乐山（三批）、巍山（三批）、佛山（三批）、中山（2011年增补）为国家历史文化名城，砀山不是；D中，上海（二批）、临海（三批）、通海（2021年3月3日增补）、北海（2010年增补）为国家历史文化名城，南海不是。故选A。

2021-052. 根据《历史文化名城保护规划标准》，历史文化街区核心保护范围内( )的总用地面积，不应小于核心保护范围内建筑总用地面积的**60%**。

    A. 文物古迹、历史建筑、传统风貌建筑

    B. 文物古迹、历史建筑

    C. 文物保护单位、历史建筑、传统风貌建筑

    D. 文物保护单位、历史建筑

【答案】C

【解析】根据《历史文化名城保护规划标准》GB/T 50357—2018 第4.1.1条，历史文化街区核心保护范围内的文物保护单位、历史建筑、传统风貌建筑的总用地面积不应小于核心保护范围内建筑总用地面积的60%。故选C。

2021-053. 根据《城市供热规划规范》，下列关于热网介质的说法中，不正确的是( )。

    A. 当热源供热范围内只有民用建筑采暖热负荷时，应采用热水作为供热介质

    B. 当热源供热范围内工业热负荷为主负荷时，应采用蒸汽作为供热介质

    C. 当热源供热范围内既有民用建筑采暖热负荷，也存在工业热负荷时，可采用蒸汽和热水作为供热介质

    D. 既有采暖又有工业热负荷，可设置热水和蒸汽管网，当蒸汽负荷量小且分散而又没有其他必须设置集中供应的理由时，可只设置蒸汽管网

【答案】D

【解析】根据《城市供热规划规范》GB/T 51074—2015 第7.1.1条，当热源供热范围内只有民用建筑采暖热负荷时，应采用热水作为供热介质（A正确）。第7.1.2条，当热源供热范围内工业热负荷为主要负荷时，应采用蒸汽作为供热介质（B正确）。第7.1.3条，当热源供热范围内既有民用建筑采暖热负荷，也存在工业热负荷时，可采用蒸汽和热水作为供热介质（C正确）。故选D。

2021-054. 根据《城乡建设用地竖向规划规范》，下列说法错误的是( )。

    A. 城乡建设用地竖向规划应与周边地区相衔接

    B. 城乡建设用地竖向规划对起控制作用的高程不得随意改动

    C. 同一城市的用地竖向规划可采用统一的坐标和高程系统

    D. 乡村建设用地竖向规划应有利于风貌特色保护

【答案】C

【解析】根据《城乡建设用地竖向规划规范》CJJ 83—2016 第3.0.2条，城乡建设用地竖向规划应符合下列规定：（7）周边地区的竖向衔接要求（A正确）。第3.0.3条，乡村建设用地竖向规划应有利于风貌特色保护（D正确）。第3.0.6条，城乡建设用地竖向规划对起控制作用的高程不得随意改动（B正确）。第3.0.7条，同一城市的用地竖向规划应采用统一的坐标和高程系统（C错误）。故选C。

2021-055. 根据《城市综合交通体系规划标准》规定，下列车辆转换系数不正确的是( )。

    A. 铰接式公交车 4.0   B. 拖挂货车 3.0

C. 摩托车 0.4   D. 电动自行车 0.3

【答案】B

【解析】根据《城市综合交通体系规划标准》GB/T 51328—2018 表 A.0.1，车辆转换系数为：自行车 0.2、两轮摩托车 0.4（C 正确，电动自行车介于两者之间，D 正确）、铰接客车或大平板拖挂货车 4.0（A 正确，B 错误）。故选 B。

2021-056. 《城市综合交通体系规划标准》提出，城市公共交通方式不同、不同路线之间的换乘距离不宜大于(   )m。

A. 300   B. 250   C. 200   D. 150

【答案】C

【解析】根据《城市综合交通体系规划标准》GB/T 51328—2018 第 9.1.2 条，第 3 点，城市公共交通方式不同、不同路线之间的换乘距离不宜大于 200m，换乘时间宜控制在 10min 以内。故选 C。

2021-057. 根据《城市轨道交通线网规划标准》，下列关于城市主要功能区之间，轨道交通系统内部出行时间的说法中，不正确的是(   )。

A. 规划人口规模在 500 万及以上城市，中心城区市级中心与副中心之间不宜大于 30min

B. 规划人口规模在 150 万～500 万城市，中心城区市级中心与副中心之间不宜大于 20min

C. 中心城区市级中心与外围组团之间不宜大于 30min

D. 中心城区市级中心与外围组团之间为非通勤客流特征时，其出行时间指标不宜大于 20min

【答案】D

【解析】根据《城市轨道交通线网规划标准》GB/T 50546—2018 第 5.1.2 条，规划人口规模在 500 万及以上的城市，中心城区市级中心与副中心之间不宜大于 30min（A 正确）；150 万至 500 万的城市，中心城区市级中心与副中心之间不宜大于 20min（B 正确）；中心城区市级中心与外围组团之间不宜大于 30min（C 正确），当两者之间为非通勤客流特征时，其出行时间指标不宜大于 45min（D 错误）。故选 D。

2021-058. 《城市停车规划规范》规定，停车场应结合电动车辆发展需求、停车场规模及用地条件，预留充电设施建设条件，具备充电条件的停车位数量比例不宜小于停车位总数的(   )。

A. 25%   B. 20%   C. 15%   D. 10%

【答案】D

【解析】根据《城市停车规划规范》GB/T 51149—2016 第 5.2.3 条，停车场应结合电动车辆发展需求、停车场规模及用地条件，预留充电设施建设条件，具备充电条件的停车位数量不宜小于停车位总数的 10%。故选 D。

2021-059. 城市用水应优先保证(   )用水。

A. 生活用水及饮用水   B. 防洪安全

C. 水生态保护   D. 城市防洪排涝

【答案】A

【解析】根据《水法》第二十一条，开发、利用水资源，应当首先满足城乡居民生活用水，并兼顾农业、工业、生态环境用水以及航运等需要。在干旱和半干旱地区开发、利用水资源，应当充分考虑生态环境用水需要。故选A。

2021-060. 根据《城市排水工程规划规范》，下列说法错误的是(   )。

    A. 立体交叉下穿道路的低洼段应设独立的排水分区，外部有汇水的情况下，需提高排水能力

    B. 源头减排系统应遵循源头、分散的原则构建，措施宜按自然、近自然和模拟自然的优先序进行选择

    C. 城市排水工程规划应遵循统筹规划、合理布局、综合利用、保护环境、保障安全的原则

    D. 城市新建区域，防涝调蓄设施宜采用地面形式布置

【答案】A

【解析】根据《城市排水工程规划规范》GB 50318—2017 第1.0.3条，城市排水工程规划应遵循"统筹规划、合理布局、综合利用、保护环境、保障安全"的原则，满足新型城镇化和生态文明建设的要求（C正确）。

第5.1.2条，立体交叉下穿道路的低洼段和路堑式路段应设独立的雨水排水分区，严禁分区之外的雨水汇入，并应保证出水口安全可靠（A错误）。

第5.1.4条，源头减排系统应遵循源头、分散的原则构建，措施宜按自然、近自然和模拟自然的优先序进行选择（B正确）。

第5.3.1条，城市新建区域，防涝调蓄设施宜采用地面形式布置。建成区的防涝调蓄设施宜采用地面和地下相结合的形式布置（D正确）。故选A。

2021-061. 根据《城市给水工程规划规范》，下列说法错误的是(   )。

    A. 城市常规水源是地表水、地下水、再生水

    B. 城市非常规水源包括海水、雨水

    C. 应急水源是在紧急情况下的供水水源

    D. 城市综合用水量指标是平均单位用水人口所消耗的城市最高日用水量

【答案】A

【解析】根据《城市给水工程规划规范》GB 50282—2016 第2.0.6条，城市水资源指用于城市用水的地表水和地下水、再生水、雨水、海水等。其中，地表水、地下水称为常规水资源，再生水、雨水、海水等称为非常规水资源（A错误）。第2.0.11条，应急水源指在紧急情况下（包括城市遭遇突发性供水风险，如水质污染、自然灾害、恐怖袭击等非常规事件过程中）的供水水源，通常以最大限度满足城市居民生存、生活用水为目标（C正确）。第2.0.2条，城市综合用水量指标指平均单位用水人口所消耗的城市最高日用水量（D正确）。故选A。

2021-062. 根据《城市消防规划规范》，下列哪个因素不会导致适当缩小消防站辖区范

围？（　　）

A. 年平均风力大于 2 级　　　　　B. 湿度小于 50%

C. 快速路阻隔　　　　　　　　　D. 河流阻拦

【答案】A

【解析】根据《城市消防规划规范》GB 51080—2015 第 4.1.3 条，消防站辖区划定应结合城市地域特点、地形条件和火灾风险等，并应兼顾现状消防站辖区，不宜跨越高速公路、城市快速路、铁路干线和较大的河流。当受地形条件限制，被高速公路、城市快速路、铁路干线和较大的河流分隔，年平均风力在 3 级以上或相对湿度在 50% 以下的地区，应适当缩小消防站辖区面积。故选 A。

2021-063. 根据《城市防洪规划规范》，下列选项中不属于防洪非工程措施的是（　　）。

A. 泄洪工程　　　　　　　　　　B. 蓄滞洪区管理

C. 行洪通道保护　　　　　　　　D. 水库调洪

【答案】A

【解析】根据《城市防洪规划规范》GB 51079—2016 第 5.0.1 条，城市防洪体系应包括工程措施和非工程措施。工程措施包括挡洪工程、泄洪工程、蓄滞洪工程及泥石流防治工程等，非工程措施包括水库调洪、蓄滞洪区管理、暴雨与洪水预警预报、超设计标准暴雨和超设计标准洪水应急措施、防洪工程设施安全保障及行洪通道保护等。故选 A。

2021-064. 根据《城市黄线管理办法》，防洪堤墙、截洪沟、排洪沟等设施应划入（　　）。

A. 紫线　　　　　　B. 绿线　　　　　　C. 蓝线　　　　　　D. 黄线

【答案】D

【解析】根据《城市黄线管理办法》第二条，本办法所称城市黄线，是指对城市发展全局有影响的、城市规划中确定的、必须控制的城市基础设施用地的控制界线。本办法所称城市基础设施包括：（九）防洪堤墙、排洪沟与截洪沟、防洪闸等城市防洪设施。故选 D。

2021-065. 根据《城市通信工程规划规范》，下面说法错误的是（　　）。

A. 通道设置应结合城市发展需求

B. 我国城市微波通道分为三级

C. 应严格控制进入大城市、特大城市中心城区的微波通道数量

D. 公用网和专用网微波宜纳入公用通道，不应共用天线塔

【答案】D

【解析】根据《城市通信工程规划规范》GB/T 50853—2013 第 5.3.2 条，城市微波通道应符合下列要求：（1）通道设置应结合城市发展需求（A 正确）；（2）应严格控制进入大城市、特大城市中心城区的微波通道数量（C 正确）；（3）公用网和专用网微波宜纳入公用通道，并应共用天线塔（D 错误）。附录第 A.0.1 条，我国城市微波通道宜按三个等级分级保护（B 正确）。故选 D。

2021-066. 根据《城市综合管廊工程技术规范》和《城市工程管线综合规划规范》，下列关

于综合管廊的说法正确的是(   )。

A. 热力管道应与电力管道同舱敷设

B. 排水管道应在独立舱室内敷设

C. 干线管廊不宜在人行道、非机动车道、绿化带下

D. 燃气管道不能纳入综合管廊

【答案】C

【解析】根据《城市综合管廊工程技术规范》GB 50838—2015 第4.3.4条，天然气管道应在独立舱室内敷设。第4.3.5条热力管道采用蒸汽介质时应在独立舱室内敷设。第4.3.6条热力管道不应与电力电缆同舱敷设（AB错误）。

根据《城市工程管线综合规划规范》GB 50289—2016 第4.2.3条，干线综合管廊宜设置在机动车道、道路绿化带下，支线综合管廊宜设置在绿化带、人行道或非机动车道下（C正确）。第4.2.2条，综合管廊内可敷设电力、通信、给水、热力、再生水、天然气、污水、雨水管线等城市工程管线（D错误）。故选C。

2021-067. 根据《城市综合防灾规划标准》，城市综合防灾规划对一些地区和工程设施，应提出更高的设防标准和防灾要求。下列不属于此类地区或工程设施的是(   )。

A. 城市发展建设特别重要的地区

B. 保证城市基本运行，灾时需启用或功能不能中断的工程设施

C. 重要的园地、林地、牧草地和设施农用地

D. 承担应急救援和避难疏散任务的防灾设施，城市重要公共空间，公共建筑和公共绿地等重要公共设施

【答案】C

【解析】根据《城市综合防灾规划标准》GB/T 51327—2018 第3.0.9条，城市综合防灾规划对下列地区或工程设施，应提出更高的设防标准或防灾要求：(1) 城市发展建设特别重要的地区；(2) 可能导致特大灾害损失或特大灾难性事故后果的设施和地区；(3) 保障城市基本运行，灾时需启用或功能不能中断的工程设施；(4) 承担应急救援和避难疏散任务的防灾设施、城市重要公共空间、公共建筑和公共绿地等重要公共设施。故选C。

2021-068. 根据《城市综合防灾规划标准》，城市一般性工程所采用的衡量灾害设防水准高低的尺度，通常采用一定的物理参数和重要性类别来表达。下列说法中，不正确的是(   )。

A. 抗震采用设计地震参数和抗震设防类别

B. 抗风采用基本风压

C. 抗雪采用基本雪压

D. 防洪采用根据不同防护对象重要性的一定重现期的最大洪水水位

【答案】A

【解析】根据《城市综合防灾规划标准》GB/T 51327—2018 第3.0.7条，城市灾害设定防御标准，应符合下列规定：(1) 设定防御标准所对应的地震影响不应低于本地震区抗震设防烈度对应的罕遇地震影响（A错误）。(2) 设定防御标准所对应的风灾影响不应

低于重现期为 100 年的基本风压对应的风灾影响；临灾时期和灾时的应急救灾和避难的安全防护时间对龙卷风不应低于 3h，对台风不应低于 24h（B 正确；C 在该规范中未提及，但可参考抗风情况，故 C 也正确）。

第 3.0.8 条第 1 款，城市防洪标准应按现行国家标准《防洪标准》GB 50201 确定。处于防洪保护区之外的应急服务设施场地地面标高的确定宜按该地区历史最大洪水水位考虑，其安全超高Ⅰ级不宜低于 0.5m，Ⅱ级不宜低于 0.3m。故，根据《防洪标准》GB 50201—2014 第 3.0.1 条，防护对象的防洪标准应以防御的洪水或潮水的重现期表示；对于特别重要的防护对象，可采用可能最大洪水表示。防洪标准可根据不同防护对象的需要，采用设计一级或设计、校核两级（D 正确）。

2021-069. 根据《城市环境规划标准》，城市环境规划主要包括(　　)。

A. 城市生态空间规划，城市环境保护规划

B. 城市生态保护规划，城市环境保护规划

C. 城市生态空间规划，城市资源环境规划

D. 城市生态保护规划，城市资源环境规划

【答案】A

【解析】根据《城市环境规划标准》GB/T 51329—2018 第 3.0.1 条，城市环境规划主要包括城市生态空间规划和城市环境保护规划，应综合研究城市生态条件和环境质量现状、资源承载力和发展趋势，合理确定城市生态空间布局和环境保护目标，划定生态控制线、规划各类环境功能区，优化城市布局，提出生态空间保护、控制、修复和污染防治措施。故选 A。

2021-070. 根据《城市环境卫生设施规划标准》，当生活垃圾运输距离超过经济距离且运输量较大，服务范围内运输距离超过(　　)km 时，宜设置垃圾运转站。

A. 5　　　　　　　　　　　　　　　　B. 8

C. 10　　　　　　　　　　　　　　　D. 15

【答案】C

【解析】根据《城市环境卫生设施规划标准》GB/T 50337—2018 第 5.2.2 条，当生活垃圾运输距离超过经济距离且运输量较大时，宜设置垃圾转运站。服务范围内垃圾运输平均距离超过 10km 时，宜设置垃圾转运站；平均距离超过 20km 时，宜设置大、中型垃圾转运站。故选 C。

2021-071. 根据《城市居住区规划设计标准》，下列关于生活圈居住人口规模的说法，不正确的是(　　)。

A. 十五分钟生活圈的居住人口规模为 50000～100000 人

B. 十分钟生活圈的居住人口规模为 15000～20000 人

C. 五分钟生活圈的居住人口规模为 5000～12000 人

D. 居住街坊人口规模为 1000～3000 人

【答案】B

【解析】根据《城市居住区规划设计标准》GB 50180—2018 表 3.0.4，应选 B。

表 3.0.4

距离与规模	十五分钟生活圈居住区	十分钟生活圈居住区	五分钟生活圈居住区	居住街坊
步行距离（m）	800～1000	500	300	—
居住人口（人）	50000～100000	15000～25000	5000～12000	1000～3000
住宅数量（套）	17000～32000	5000～8000	1500～4000	300～1000

2021-072. 根据《城市电力规划规范》，下列不属于城市变电站结构形式分类的是(　　)。

    A. 户外式 　　　　　B. 户内式 　　　　　C. 固定式 　　　　　D. 移动式

【答案】C

【解析】根据《城市电力规划规范》GB/T 50293—2014 表 7.2.1，应选 C。

城市变电站结构形式分类　　　　　　　　表 7.2.1

大类	结构形式	小类	结构形式
1	户外式	1	全户外式
		2	半户外式
2	户内式	1	常规户内式
		2	小型户内式
3	地下式	1	半地下式
		2	全地下式
4	移动式	1	箱体式
		2	成套式

2021-073. 根据《建筑日照计算参数标准》错误的是(　　)。

    A. 建筑日照是指太阳光直接照射到建筑物（场地）上的状况

    B. 日照标准日是用来测定和衡量建筑日照时数的特定日期

    C. 日照时数是指在有效日照标准日内建筑物（场地）计算起点位置获得日照的连续时间值或各时间段的累加值

    D. 建筑日照标准是指在日照标准日的有效日照时间带内太阳光应直接照射到建筑物（场地）上的最低日照时数

【答案】C

【解析】根据《建筑日照计算参数标准》GB/T 50947—2014 第 2.0.2 条，建筑日照是太阳光直接照射到建筑物（场地）上的状况（A 正确）。第 2.0.3 条，日照标准日是用来测定和衡量建筑日照时数的特定日期（B 正确）。第 2.0.6 条，日照时数为在有效日照时间带内，建筑物（场地）计算起点位置获得日照的连续时间值或各时间段的累加值（C 错误）。第 2.0.7 条，建筑日照标准是根据建筑物（场地）所处的气候区、城市规模和建筑物（场地）的使用性质，在日照标准日的有效日照时间带内阳光应直接照射到建筑物（场地）上的最低日照时数（D 正确）。故选 C。

2021-074. 根据《城市照明建设规划标准》中的城市照明总体设计控制要求，正确的是( )。

A. 照明方式、亮（照）度水平、光源颜色、照明动态

B. 照明方式、投资估算、光源颜色、照明动态

C. 照明方式、亮（照）度水平、投资估算、环境亮度

D. 亮（照）度水平、投资估算、光源颜色、照明动态

【答案】A

【解析】根据《城市照明建设规划标准》CJJ/T 307—2019 第4.0.3条，城市照明总体设计应对不同城市分区内的载体，根据其功能属性、人文与美学价值、公众夜间活动需求和环境亮度等，分类提出照明方式、亮（照）度水平、光源颜色、照明动态等的控制要求。故选A。

2021-075. 根据《乡镇集贸市场规划设计标准》，正确的是( )。

A. 集贸市场应与教育、医疗机构等人员密集场所的主要出入口之间保持50m以上距离

B. 固定市场与消防站相邻时，应保持50m以上距离

C. 集贸市场应与燃气调压站、液化石油气气化站等火灾危险性大的场所保持50m以上防火间距

D. 以农产品与农业生产资料为主商品类型的市场，宜独立占地，且应与住宅区之间保持50m以上间距

【答案】C

【解析】根据《乡镇集贸市场规划设计标准》CJJ/T 87—2020 第4.2.1条第2款，集贸市场应与教育、医疗机构等人员密集场所的主要出入口之间保持20m以上的距离，宜结合商业街和公共活动空间布局（A错误）。第3款，固定市场不应与消防站相邻布局（B错误），临时市场、庙会等活动区域应规划布置在不妨碍消防车辆通行的地段。第4款，集贸市场应与燃气调压站、液化石油气气化站等火灾危险性大的场所保持50m以上的防火间距（C正确）。应远离有毒、有害污染源，远离生产或储存易燃、易爆、有毒等危险品的场所，防护距离不应小于100m。第5款，以农产品及农业生产资料为主要商品类型的市场，宜独立占地，且应与住宅区之间保持10m以上的间距（D错误）。故选C。

2021-076. 根据《国土空间规划"一张图"实施监督信息系统技术规范》，下列不属于专项规划的是( )。

A. 重点空间管控专项规划   B. 生态环境保护专项规划

C. 文物保护专项规划   D. 林业草原专项规划

【答案】A

【解析】根据《国土空间规划"一张图"实施监督信息系统技术规范》GB/T 39972—2021 第5.2.3条c)，专项规划数据包括海岸带、自然保护地等特定区域（流域）国土空间规划数据；交通、能源、水利、农业、信息、市政等基础设施，公共服务设施，军事设施，以及生态环境保护，文物保护，林业草原等涉及空间利用的某一领域专项规划成果数据（A错误，BCD正确）。故选A。

2021-077. 《国土空间规划"一张图"实施监督信息系统技术规范》中对专项规划成果、监督数据的要求是(   )。

    A. 覆盖全域、动态整合、数据统一   B. 覆盖全域、动态评估、集成统一

    C. 覆盖全域、动态监测、标准统一   D. 覆盖全域、动态更新、权威统一

【答案】D

【解析】根据《国土空间规划"一张图"实施监督信息系统技术规范》GB/T 39972—2021 第 5.2.1 条，应以基础地理信息和自然资源调查监测成果数据为基础，集成整合国土空间规划编制和实施管理所需现状数据、各级各类国土空间规划成果数据和国土空间规划实施监督数据，形成覆盖全域、动态更新、权威统一的国土空间规划数据资源体系，并纳入自然资源数据体系框架。故选 D。

2021-078. 根据《市级国土空间总体规划数据库规范（试行）》，市县级国土空间规划数据库内容不包括(   )。

    A. 基础地理信息要素   B. 分析评价信息要素

    C. 城市更新单元要素   D. 空间规划信息要素

【答案】C

【解析】根据《市级国土空间总体规划数据库规范（试行）》（2021 年 3 月）第 4.1 条，市级国土空间总体规划数据库内容，包括基础地理信息要素、分析评价信息要素和国土空间规划信息要素。故选 C。

2021-079. 根据《市级国土空间总体规划制图规范（试行）》，图件类型正确的是(   )。

    A. 调查型图件、分析型图件、示意型图件

    B. 调查型图件、管控型图件、示意型图件

    C. 调查型图件、分析型图件、管控型图件

    D. 分析型图件、示意型图件、管控型图件

【答案】B

【解析】根据《市级国土空间总体规划制图规范（试行）》（2021 年 3 月）第 2.2.1 条，市级国土空间总体规划的图件包括调查型图件、管控型图件和示意型图件三类。故选 B。

2021-080. 根据《市级国土空间总体规划制图规范（试行）》，制作市域国土空间控制线规划图不是可选要素的是(   )。

    A. 历史文化保护线   B. 洪涝风险控制线

    C. 矿产资源控制线   D. 生态廊道

【答案】D

【解析】根据《市级国土空间总体规划制图规范（试行）》（2021 年 3 月）第 4.1.2 条，市域国土空间控制线规划图可选要素为：历史文化保护线、洪涝风险控制线、矿产资源控制线。故选 D。

二、多选题（每题五个选项，每题正确答案不少于两个选项，多选或漏选不得分）

2021-81. 《中华人民共和国国民经济和社会发展第十四个五年规划和 2035 年远景目标纲要》中提出要深入实施区域重大战略，包括(　　)。

A. 特殊类型发展

B. 加快推动京津冀协同发展

C. 全面推动长江经济带发展

D. 积极稳妥推进粤港澳大湾区建设

E. 扎实推进黄河流域生态保护和高质量发展

【答案】BCDE

【解析】根据《中华人民共和国国民经济和社会发展第十四个五年规划和 2035 年远景目标纲要》第九篇第三十一章，深入实施区域重大战略包括：（1）加快推动京津冀协同发展；（2）全面推动长江经济带发展；（3）积极稳妥推进粤港澳大湾区建设；（4）提升长三角一体化发展水平；（5）扎实推进黄河流域生态保护和高质量发展。故选 BCDE。

2021-082. 根据《自然资源部　国家发展改革委　农业农村部关于保障和规范农村一二三产业融合发展用地的通知》，以下说法正确的是(　　)。

A. 在充分尊重农民意愿的前提下，可根据国土空间规划，以乡镇或村为单位开展全域土地综合整治，盘活农村存量建设用地，腾挪空间支持农村产业融合发展和乡村振兴

B. 落实最严格的耕地保护制度，坚决制止耕地"非农化"行为，防止"非粮化"，不得造成耕地污染

C. 在符合国土空间规划前提下，鼓励对依法登记的宅基地进行复合利用，发展乡村民宿、农产品初加工、电子商务等农村产业

D. 农村产业融合发展用地可以用于商品住宅、别墅、酒店、公寓等房地产开发，不得擅自改变用途或分割转让转租

E. 探索在农民集体依法妥善处理原有相关权利人的利益关系后，将符合规划的存量集体建设用地，按照农村集体经营性建设用地入市

【答案】ABCE

【解析】根据《自然资源部　国家发展改革委　农业农村部关于保障和规范农村一二三产业融合发展用地的通知》第四条，大力盘活农村存量建设用地。在充分尊重农民意愿的前提下，可根据国土空间规划，以乡镇或村为单位开展全域土地综合整治，盘活农村存量建设用地，腾挪空间用于支持农村产业融合发展和乡村振兴（A 正确）。探索在农民集体依法妥善处理原有用地相关权利人的利益关系后，将符合规划的存量集体建设用地，按照农村集体经营性建设用地入市（E 正确）。在符合国土空间规划前提下，鼓励对依法登记的宅基地等农村建设用地进行复合利用，发展乡村民宿、农产品初加工、电子商务等农村产业（C 正确）。

第七条，强化用地监管。落实最严格的耕地保护制度，坚决制止耕地"非农化"行为，严禁违规占用耕地进行农村产业建设，防止耕地"非粮化"，不得造成耕地污染（B 正确）。农村产业融合发展用地不得用于商品住宅、别墅、酒店、公寓等房地产开发，不

得擅自改变用途或分割转让转租（D 错误）。故选 ABCE。

2021-083. 下列属于行政合理性原则内容的有(   )。

A. 平等对待
B. 行政应急性
C. 比例原则
D. 正常判断
E. 没有偏私

【答案】ACDE

【解析】根据行政法学基础，行政合理性原则的基本内容包括以下几个方面：（1）平等对待；（2）比例原则；（3）正常判断；（4）没有偏私。故选 ACDE。

2021-084. 下列属于行政许可的是(   )。

A. 认可
B. 普通许可
C. 核准
D. 特殊处理
E. 确认

【答案】ABC

【解析】根据行政法学基础，行政许可的分类及其特征为：（1）普通许可；（2）特许；（3）认可；（4）核准；（5）登记。故选 ABC。

2021-085. 行政处罚属于(   )行政行为。

A. 依职权的
B. 单方
C. 具体
D. 抽象
E. 外部

【答案】ABCE

【解析】根据公共行政学基础，行政行为的分类包括：

（1）依职权的行政行为。是指行政机关根据法律授予的职权，无须相对方的请求而主动实施的行政行为。如行政处罚等（A 正确）。

（2）单方行政行为。是指行政机关单方意思的表示，无须征得相对人同意即可成立的行政行为。如行政处罚、行政监督等（B 正确）。

（3）具体行政行为。其特征是行为对象的特定性与具体化。其内容只涉及某一个人或组织的权益。具体行政行为一般包括：行政许可与确认行为、行政奖励与给付行为、行政征收行为、行政处罚行为、行政强制行为、行政监督行为、行政裁决行为等（C 正确）。

（4）抽象行政行为。是指能对未来发生拘束力，可以反复使用，可以起到拘束具体行政行为的作用的行为。包括制定法规、规章，发布命令、决定等（D 错误）。

（5）外部行政行为。是指行政主体对社会实施行政管理活动的过程中，针对公民、法人或其他组织所作出的行政行为，如行政处罚、行政许可等（E 正确）。

故选 ABCE。

2021-086. 根据《行政处罚法》，地方性法规可以设定的行政处罚有(   )。

A. 罚款
B. 没收违法所得
C. 没收非法财物
D. 吊销企业营业执照
E. 责令停产停业

【答案】ABCE

【解析】根据《行政处罚法》第十二条，地方性法规可以设定除限制人身自由、吊销营业执照以外的行政处罚。故选 ABCE。

2021-087. 根据《民法典》，下列属于业主共有的有(　　)。

A. 建筑区划内的城镇公共道路
B. 占用业主共有的道路用于停放汽车的车位
C. 建筑区划内的公用设施
D. 建筑区划内的物业服务用房
E. 建筑区划内城镇公共绿地

【答案】BCD

【解析】根据《民法典》第二百七十四条，建筑区划内的道路，属于业主共有，但是属于城镇公共道路的除外。建筑区划内的绿地，属于业主共有，但是属于城镇公共绿地或者明示属于个人的除外。建筑区划内的其他公共场所、公用设施和物业服务用房，属于业主共有。

第二百七十五条，建筑区划内，规划用于停放汽车的车位、车库的归属，由当事人通过出售、附赠或者出租等方式约定。占用业主共有的道路或者其他场地用于停放汽车的车位，属于业主共有。故选 BCD。

2021-088. 根据《民法典》，建设用地使用权可以在土地的(　　)分别设立。

A. 地表　　　　　　　　　　B. 表层
C. 地上　　　　　　　　　　D. 地下
E. 里层

【答案】ACD

【解析】根据《民法典》第三百四十五条，建设用地使用权可以在土地的地表、地上或者地下分别设立。故选 ACD。

2021-089. 根据《立法法》，全国人大及常务委员会授予国务院先行制定行政法的有(　　)。

A. 对公民政治权利的剥夺、限制人身自由的强制措施和处罚
B. 对非国有财产的征收、征用
C. 税种的设立、税率的确定和税收征收管理等税收基本制度
D. 民事基本制度
E. 司法制度

【答案】BCD

【解析】根据《立法法》第八条，下列事项只能制定法律：（一）国家主权的事项；（二）各级人民代表大会、人民政府、人民法院和人民检察院的产生、组织和职权；（三）民族区域自治制度、特别行政区制度、基层群众自治制度；（四）犯罪和刑罚；（五）对公民政治权利的剥夺、限制人身自由的强制措施和处罚；（六）税种的设立、税率的确定和税收征收管理等税收基本制度；（七）对非国有财产的征收、征用；（八）民事基本制度；

（九）基本经济制度以及财政、海关、金融和外贸的基本制度；（十）诉讼和仲裁制度；（十一）必须由全国人民代表大会及其常务委员会制定法律的其他事项。

第九条，本法第八条规定的事项尚未制定法律的，全国人民代表大会及其常务委员会有权作出决定，授权国务院可以根据实际需要，对其中的部分事项先制定行政法规，但是有关犯罪和刑罚、对公民政治权利的剥夺和限制人身自由的强制措施和处罚、司法制度等事项除外。故选 BCD。

2021-090. 根据《公路法》，公路在其公路路网中的地位分为( )。

    A. 国道   B. 省道

    C. 市道   D. 县道

    E. 乡道

【答案】ABDE

【解析】根据《公路法》第六条，公路按其在公路路网中的地位分为国道、省道、县道和乡道，并按技术等级分为高速公路、一级公路、二级公路、三级公路和四级公路。具体划分标准由国务院交通主管部门规定。故选 ABDE。

2021-091. 根据《市级国土空间总体规划编制指南（试行）》，下列需要明确和整合保护范围的历史保护地带包括( )。

    A. 各级文物保护单位   B. 历史城区

    C. 传统村落   D. 历史建筑

    E. 历史性城市景观和文化景观

【答案】ABCD

【解析】根据《市级国土空间总体规划编制指南（试行）》第3.6条，保护自然与历史文化，塑造具有地域特色的城乡风貌：

加强自然和历史文化资源的保护，运用城市设计方法，优化空间形态，突显本地特色优势。

（1）挖掘本地历史文化资源，梳理市域历史文化遗产保护名录，明确和整合各级文物保护单位（A 正确）、历史文化名城名镇名村、历史城区（B 正确）、历史文化街区、传统村落（C 正确）、历史建筑（D 正确）等历史文化遗存的保护范围，统筹划定包括城市紫线在内的各类历史文化保护线。保护历史性城市景观和文化景观（E 错误），针对历史文化和自然景观资源富集、空间分布集中的地域和廊道，明确整体保护和促进活化利用的空间要求。

故选 ABCD。

2021-092. 根据《城市对外交通规划规范》，下列说法正确的是( )。

    A. 城镇建成区外高速铁路两侧隔离带规划控制宽度应从外侧轨道向外不小于 50m

    B. 城镇建成区外普速铁路两侧隔离带规划控制宽度应从外侧轨道向外不小于 20m

    C. 城镇建成区外其他线路两侧隔离带规划控制宽度应从外侧轨道向外不小于 15m

    D. 大型客运站用地规模 30～50hm²

    E. 大型货运站用地规模 25～50hm²

【答案】DE

【解析】根据《城市对外交通规划规范》GB 50925—2013 第 5.4.1 条，城镇建成区外高速铁路两侧隔离带规划控制宽度应从外侧轨道中心线向外不小于 50m（A 错误）；普速铁路干线两侧隔离带规划控制宽度应从外侧轨道中心线向外不小于 20m（B 错误）；其他线路两侧隔离带规划控制宽度应从外侧轨道中心线向外不小于 15m（C 错误）。

铁路设施规划用地 表 5.4.2

项目	类型	用地规模（hm²）
客运站	特大型	>50
	大型	30～50
	中小型	8～30
货运站场	大型	25～50
	中小型	6～25

根据表 5.4.2 相关内容，D、E 正确，故选 DE。

2021-093. 《城市绿地分类标准》中参与人均绿地计算的绿地类型包括(　　)。

A. 公园绿地
B. 防护绿地
C. 附属绿地
D. 区域绿地
E. 风景游憩绿地

【答案】ABC

【解析】根据《城市绿地分类标准》CJJ/T 85—2017 第 3.0.4 条，人均绿地面积＝（公园绿地面积＋防护绿地面积＋广场用地中的绿地面积＋附属绿地面积)/人口规模。故选 ABC。

2021-094. 根据《城市居住区人民防空工程规划规范》，居住区人防配套工程包括(　　)。

A. 人防物资库
B. 食品站
C. 垃圾站
D. 区域电站
E. 区域供水站

【答案】ABDE

【解析】根据《城市居住区人民防空工程规划规范》GB 50808—2013 第 2.0.8 条，配套工程主要包括区域电站、区域供水站、人防物资库、食品站、生产车间、人防交通干（支）道、警报站、核生化监测中心等。故选 ABDE。

2021-095. 根据《城镇燃气规划规范》，下列关于燃气主管网敷设的说法，错误的是(　　)。

A. 应沿城镇规划道路敷设
B. 应减少跨越河流和铁路敷设
C. 宜沿城市轨道交通设施平行敷设
D. 应避免与高压电缆平行敷设
E. 宜沿电气化铁路平行敷设

【答案】 CE

【解析】 根据《城镇燃气规划规范》GB/T 51098—2015 第6.2.1条，城镇燃气管网敷设应符合下列规定：(1) 燃气主干管网应沿城镇规划道路敷设（A正确），减少穿跨越河流、铁路及其他不宜穿越的地区（B正确）；(2) 应减少对城镇用地的分割和限制，同时方便管道的巡视、抢修和管理；(3) 应避免与高压电缆、电气化铁路、城市轨道等设施平行敷设（D正确，CE错误）。故选CE。

2021-096. 根据《城市环境卫生设施规范标准》要求规定，根据城市性质、人口密度，公共厕所平均设置密度指标适当提高设施标准的是（　　）。

    A. 人均规划建设用地指标偏高的城市

    B. 居住用地及公共设施用地指标偏低的城市

    C. 山地城市

    D. 旅游城市

    E. 带状城市

【答案】 CD

【解析】 根据《城市环境卫生设施规范标准》GB/T 50337—2018 第7.1.1条，根据城市性质和人口密度，城市公共厕所平均设置密度应按每平方千米规划建设用地3～5座选取；人均规划建设用地指标偏低、居住用地及公共设施用地指标偏高的城市、山地城市、旅游城市可适当提高。故选CD。

2021-097. 根据《城市综合防灾规划标准》，下列说法正确的是（　　）。

    A. 中心避难场所面积不小于 $10hm^2$

    B. 中期固定避难场所面积不小于 $1hm^2$

    C. 紧急避难场所有效避难面积不限

    D. 长期避难人均有效避难面积 $2m^2/$人

    E. 紧急避难场所有效避难面积 $1m^2/$人

【答案】 BC

【解析】 根据《城市综合防灾规划标准》GB/T 51327—2018 第5.4.5条第3款，中心避难场所一般包括市区级应急指挥、医疗卫生、救灾物资储备分发、专业救灾队伍驻扎等市区级功能，市区级功能用地规模不宜小于 $20hm^2$，服务范围宜按建设用地规模20.0～50.0 km^2、人口20万～50万人控制。中心避难场所受灾人员避难功能区应按长期固定避难场所要求设置（A错误）。

不同避难期人均有效避难面积   表5.4.4-1

避难期	紧急	临时	短期	中期	长期
人均有效避难面积（m^2/人）	0.5	1.0	2.0	3.0	4.5

    根据表5.4.4-1，D、E错误。

    表5.4.5中，中期固定避难场所有效避难面积为1.0～5.0 hm^2（B正确），紧急避难场所有效避难面积不限（C正确）。故选BC。

2021-098. 根据《国土空间规划"一张图"实施监督信息系统技术规范》，规划监督数据具体包括( )。

A. 规划实施监测评估预警数据
B. 资源环境承载能力监测预警数据
C. 规划全过程自动强制留痕数据
D. 其他规划实施相关数据
E. 国土现状调查数据

【答案】ABC

【解析】根据《国土空间规划"一张图"实施监督信息系统技术规范》第5.2.5条，规划监督数据应包括对国土空间开发保护现状和规划实施状况进行动态监测、定期评估和及时预警等数据，具体包括：规划实施监测评估预警数据、资源环境承载能力监测预警数据、规划全过程自动强制留痕数据、其他规划监督相关数据。故选ABC。

2021-099.《国土空间调查、规划、用途管制用地用海分类指南（试行）》中关于用地用海分类规则正确的是( )。

A. 用地用海二级类为国土调查、国土空间规划的主干分类
B. 国土空间总体规划原则上以一级类为主，可细分至二级类
C. 用地用海具备多种用途时，应以其主要功能进行归类
D. 国家国土调查以二级类为基础分类
E. 三级类为专项调查和补充调查的分类

【答案】ABCE

【解析】根据《国土空间调查、规划、用途管制用地用海分类指南（试行）》第2.1.2条，当用地用海具备多种用途时，应以其主要功能进行归类（C正确）。

第2.2.1条，用地用海二级类为国土调查、国土空间规划的主干分类（A正确）。

第2.2.2条，国家国土调查以一级类和二级类为基础分类，三级类为专项调查和补充调查的分类（D错误，E正确）。

第2.2.3条，国土空间总体规划原则上以一级类为主，可细分至二级类（B正确）；国土空间详细规划和市县层级涉及空间利用的相关专项规划，原则上使用二级类和三级类。故选ABCE。

2021-100. 根据《市级国土空间总体规划编制指南（试行）》，下列分区类型属于一级规划分区的有( )。

A. 城镇发展区
B. 特别用途发展区
C. 乡村发展区
D. 矿产能源发展区
E. 交通运输发展区

【答案】ACD

【解析】根据《市级国土空间总体规划编制指南（试行）》附录第B.2条，规划分区分为一级规划分区和二级规划分区。一级规划分区包括以下7类：生态保护区、生态控制区、农田保护区，以及城镇发展区、乡村发展区、海洋发展区、矿产能源发展区。故选ACD。

第三章 考 点 速 记

第一节 行政法学基础

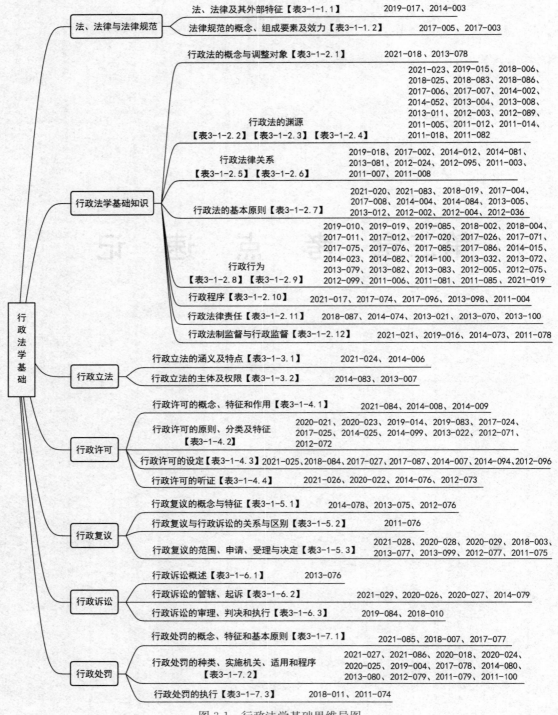

法、法律及其外部特征【表3-1-1.1】　　2019-017、2014-003

法律规范的概念、组成要素及效力【表3-1-1.2】　　2017-005、2017-003

行政法的概念与调整对象【表3-1-2.1】　　2021-018、2013-078

行政法的渊源
【表3-1-2.2】【表3-1-2.3】【表3-1-2.4】
2021-023、2019-015、2018-006、2018-025、2018-083、2018-086、2017-006、2017-007、2014-002、2014-052、2013-004、2013-008、2013-011、2012-003、2012-089、2011-005、2011-012、2011-014、2011-018、2011-082

行政法律关系
【表3-1-2.5】【表3-1-2.6】
2019-018、2017-002、2014-012、2014-081、2013-081、2012-024、2012-095、2011-003、2011-007、2011-008

行政法的基本原则【表3-1-2.7】
2021-020、2021-083、2018-019、2017-004、2017-008、2014-004、2014-084、2013-005、2013-012、2012-002、2012-004、2012-036

行政行为
【表3-1-2.8】【表3-1-2.9】
2019-010、2019-019、2019-085、2018-002、2018-004、2017-011、2017-012、2017-020、2017-026、2017-071、2017-075、2017-076、2017-085、2017-086、2014-015、2014-023、2014-082、2014-100、2013-032、2013-072、2013-079、2013-082、2013-083、2012-005、2012-075、2012-099、2011-006、2011-081、2011-085、2021-019

行政程序【表3-1-2.10】　　2021-017、2017-074、2017-096、2013-098、2011-004

行政法律责任【表3-1-2.11】　　2018-087、2014-074、2013-021、2013-070、2013-100

行政法制监督与行政监督【表3-1-2.12】　　2021-021、2019-016、2014-073、2011-078

行政立法的涵义及特点【表3-1-3.1】　　2021-024、2014-006

行政立法的主体及权限【表3-1-3.2】　　2014-083、2013-007

行政许可的概念、特征和作用【表3-1-4.1】　　2021-084、2014-008、2014-009

行政许可的原则、分类及特征
【表3-1-4.2】
2020-021、2020-023、2019-014、2019-083、2017-024、2017-025、2014-025、2014-099、2013-022、2012-071、2012-072

行政许可的设定【表3-1-4.3】 2021-025、2018-084、2017-027、2017-087、2014-007、2014-094、2012-096

行政许可的听证【表3-1-4.4】　　2021-026、2020-022、2014-076、2012-073

行政复议的概念与特征【表3-1-5.1】　　2014-078、2013-075、2012-076

行政复议与行政诉讼的关系与区别【表3-1-5.2】　　2011-076

行政复议的范围、申请、受理与决定【表3-1-5.3】
2021-028、2020-028、2020-029、2018-003、2013-077、2013-099、2012-077、2011-075

行政诉讼概述【表3-1-6.1】　　2013-076

行政诉讼的管辖、起诉【表3-1-6.2】　　2021-029、2020-026、2020-027、2014-079

行政诉讼的审理、判决和执行【表3-1-6.3】　　2019-084、2018-010

行政处罚的概念、特征和基本原则【表3-1-7.1】　　2021-085、2018-007、2017-077

行政处罚的种类、实施机关、适用和程序
【表3-1-7.2】
2021-027、2021-086、2020-018、2020-024、2020-025、2019-004、2017-078、2014-080、2013-080、2012-079、2011-079、2011-100

行政处罚的执行【表3-1-7.3】　　2018-011、2011-074

图 3-1　行政法学基础思维导图

一、法、法律与法律规范

法、法律及其外部特征 表 3-1-1.1

概念及特征	内容
法	法是由国家制定和认可，并由国家强制力保证实施的反映着统治阶级意志的规范系统。
法律	法律广义上指国家机关制定并由国家强制力保证实施的行为规范。 法律狭义上指国家立法机关制定的规范性文件。
法律的外部特征★	① 法律是一种行为规则。 ② 法律是由国家制定和认可的。 ③ 法律是通过规定社会关系参加者的权利和义务来确认、保护和发展一定社会关系的。 ④ 法律是通过国家强制力保障的规范。
规范★	人们的行为规则在法学上统称为规范，可分为两类。 ① 技术规范：调整人与自然的关系，即技术标准、操作规程。 ② 社会规范：调整人与人之间关系的行为准则，法律规范、道德规范、社会团体规范都属于社会规范。

注："★"代表应重点记忆的考点，后同。

法律规范的概念、组成要素及效力 表 3-1-1.2

项目	内容
概念	法律规范是构成法律整体的基本要素或单位。 （法律规范不同于法律条文。法律条文是法律规范的文字表现形式）
组成要素★	一个完整的法律规范在结构上必定由三个要素组成，即假定、处理、制裁。

法律规范的组成要素：

- 假定或称假设：指法律规范中规定使用该规范的条件部分，即发生何种情况或具备何种条件时，法律规范中规定的行为模式生效 —— 例：建设工程已经竣工，还未核实规划条件
- 处理：指法律规范中为规定的主体的具体行为模式，即权利和义务 —— 例：人民政府应负责管理工作、建设单位应遵守规则
- 制裁：是法律规范中规定主体违反法律规则时应当承担何种法律责任、适用何种国家强制措施的部分 —— 例：责令整改、通报批评

项目	内容
效力	效力等级： ① 法律效力的等级首先决定于其制定机构在国家机关体系中的地位。一般说来，制定机关的地位越高效力等级越高（地位高＞地位低）。 ② 同一主体制定的法律规范中，按照特定的、更为严格的程序制定的法律规范，其效力等级高于按照普通程序制定的法律规范（严格程序＞普通程序）。 ③ 当同一制定机关按照相同程序就同领域问题制定了两个以上法律规范时，后来法律规范的效力高于先前制定的法律规范，即"后法优于前法"。 ④ 同一主体在某领域既有一般性立法又有特殊立法时，特殊立法通常优于一般性立法，即所谓"特殊优于一般"。 ⑤ 国家机关授权下级国家机关制定属于自己职能范围内的法律、法规时，该项法律、法规在效力上等同于授权机关自己制定的法律、法规（授权制定＝自己制定）。
	效力范围：指法律规范的约束力所及的范围，包括时间效力范围（我国法律一般不溯及既往）、空间效力范围。
	对人的效力：中国公民在国内一律适用我国法律；在我国的外国公民、无国籍人士以及他们开办的企业组织或者社会团体，同样必须遵守我国的法律。

二、行政法学基础知识
（一）行政法的概念与调整对象

行政法的概念与调整对象　　　　　　　　表 3-1-2.1

要点	内容
概念	行政法是关于行政权力的授予、行使以及对行政权力进行监督的法律规范的总称。
调整对象	行政法调整的对象是行政关系。"行政关系"是指行政主体在行使行政职能和接受行政法制监督时与行政相对人、行政法制监督主体发生的各种关系，以及行政主体内部发生的各种关系。 ① 行政管理关系：即行政主体在行使行政权力的过程中与行政相对人发生的各种关系。 ② 行政法制监督关系：即行政法制监督主体（国家权力机关、国家司法机关、行政监察机关）对行政主体、国家公务员及其他行政执法组织、人员进行监督时发生的各种关系。 ③ 行政救济关系：是行政相对人认为其权益受到行政主体作出行政行为的侵犯，向行政救济主体（法律授权其受理行政复议、行政诉讼的国家机关）申请救济，行政救济主体对其提出的申请予以审查，作出对行政相对人提供或者不予提供救济的决定而发生的各种关系。 ④ 内部行政关系：指行政主体内部发生的各种关系，包括上下级行政机关之间的关系，平行机关之间的关系，行政机关与所属机构、派出机构之间的关系，行政机关与国家公务员之间的关系等。

（二）行政法的渊源

行政法的渊源★

表 3-1-2.2

名称		制定者	作用		示例
宪法		全国人民代表大会	适用于全国范围，是我国根本大法，也是最高阶位的法源。		《宪法》
法律	基本法律	全国人民代表大会	适用于全国范围，规定和调整国家和社会生活中某方面带根本性社会关系。		《刑法》《民法》《刑事诉讼法》《民事诉讼法》
	一般法律	全国人民代表大会常务委员会	适用于全国范围，通常规定和调整基本法律调整的问题以外的比较具体的社会关系。		《城乡规划法》
行政法规		国家最高行政机关（即国务院）	适用于全国范围，管理国家行政活动，是行政法的主要渊源；一般用条例、办法、规则、规定等命名。		《土地管理法实施条例》《风景名胜区条例》《历史文化名城名镇名村保护条例》
地方性法规		省（自治区、直辖市）的人大及其常委会	适用于本行政区内，是为具体执行和实施法律和行政法规而制定的规范性文件；名称通常有条例、办法、规定、规则和实施细则等。		《江苏省城乡规划条例》《山西省平遥古城保护条例》
自治法规		民族自治地方人大	适用于本行政区内，包括自治条例和单行条例；法律地位上等同于地方性法规。		——
规章	部门规章	国务院各部门	适用于本部门权限范围内	规章效力不及其他法律形式，在我国的司法审判实践中，只具有参照价值。	《城市规划编制办法》《历史文化名城名镇名村街区保护规划编制审批办法》
	地方政府规章	省（自治区、直辖市）、设区的市、自治州人民政府	适用于本行政区内		《重庆市建设工程造价管理规定》

名称		制定者	作用	示例
有权法律解释	立法解释	有立法权的国家权力机关	适用于本法律范围，是依法享有法律解释权的特定国家机关对有关法律文件进行具有法律效力的解释。	全国人大常委会对法律作出解释
	司法解释	最高人民法院和最高人民检察院		最高人民法院作出的司法解释
	行政解释	国家行政机关		行政机关对其制定的行政法规应用进行解释
国际条例、行政协定		以国家或政府名义签订	行政法源	《保护世界文化和自然遗产公约》
其他行政法渊源		中共中央、国务院、行政机关等	行政法源	行政机关与有关组织联合发布的文件等

行政立法的法律效力　　　　　　　　　　　　表 3-1-2.3

内容	说明	
效力等级 ★	宪法＞法律＞行政法规＞地方性法规和规章； 　地方性法规＞本级和下级地方政府规章； 　省、自治区人民政府制定的规章＞本行政区域内设区的市、自治州的人民政府制定的规章； 　部门规章之间、部门规章与地方政府规章之间具有同等效力，在各自权限范围内施行。	
	若地方性法规与部门规章对同一事项的规定不一致时，由国务院提出意见；国务院认为应当适用地方性法规时，应当决定在该地适用地方性法规的规定；认为应当适用部门规章的，应提请全国人大常委会裁决。	
效力范围	在一般的情况下，中央行政机关的行政法规或者部门规章，在全国范围内都有约束力，地方政府规章只在本行政区域内有效。	

内容

行政法的分类：

行政法调整的社会关系十分广泛，涉及社会生活的各个领域。行政法的分类如下图：

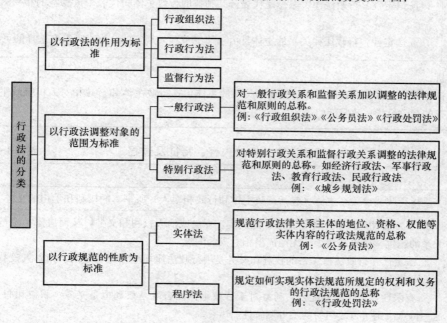

（三）行政法律关系

行政法律关系的概念及要素　　　　　　表 3-1-2.5

内容	说明
概念	行政法律关系是指经过行政法规范调整的，因实施国家行政权而发生的行政主体与行政相对方之间、行政主体之间的权利与义务的关系。 　　行政关系是行政法调整的对象，而行政法律关系是行政法调整的结果；行政法律关系范围比行政关系小，但内容层次较高。
要素 ★	行政法律关系的要素 主体——即行政法主体，又称行政法律关系当事人，是行政法权利的享有者和行政法义务的承担者 　　行政主体——是指在行政法律关系中享有行政权，能以自己的名义实施行政决定，并能独立承担实施行政决定所产生相应法律后果的一方主体　→　如政府部门 　　行政相对人——同行政主体相对应的另一方当事人，是行政主体管理的对象，是行政管理中被管理的一方当事人，在行政诉讼中处于原告地位　→　如某单位、组织、个人 客体——指行政法律关系主体的权利和义务所指向的对象　→　财物、行为和精神财富都可以成为客体，如违法建筑、申请项目和图纸等

内容	说明
要素 ★	行政法律关系主体的特性 ① 恒定性：行政法律关系总是代表公共利益的行政主体同代表个人利益的相对人之间的关系。 ② 法定性：行政法律关系的主体是由法律规范预先规定的，当事人没有选择的可能性。

考点辨析：

行政法律关系的主体和行政主体：行政法律关系的主体包括行政主体和行政相对人；行政主体是享有行政职权的行政机构、政府部门等。

行政法律关系的内容、特征及过程　　　　　　　　　　　　表 3-1-2.6

内容	说明
内容	是指行政法律关系主体（包括行政主体和行政相对人）所享有的权利和承担的义务。
特征 ★	① 单方面性：行政主体单方面就能设定、变更或消灭权利和义务，从而决定一个行政法律关系的产生、变更和消灭。无须征得相对人的同意。 ② 法定性：行政法律关系的权利和义务是由行政法律规范预先规定的，当事人没有自由约定的可能。 ③ 有限性：集合和分配公共利益对于行政主体而言既是权利也是义务，职权和职责统一。这一特点决定了行政纠纷的不可调解性。
过程 ★	① 行政法律关系的产生：行政法律规范中规定的权利和义务转变为现实的由行政法主体享有的权利和承担的义务，行政法律关系即产生。 ② 行政法律关系的变更：在行政法律关系产生后、消灭前，行政法律关系要素的变更称之为行政法律关系的变更。 ③ 行政法律关系的消灭：原当事人之间的权利和义务的消灭，行政法律关系主体双方的权利和义务消灭，或设定的权利和义务的行为被撤销，行政法律关系客体的消灭，均会导致行政法律关系的消灭。 产生 例：建设项目报建申请且被受理　→　变更 例：中途因某一条件变化而申请变更　→　消灭 例：建设项目在洪水或地震中消失、项目竣工

（四）行政法的基本原则

行政法的基本原则　　　　　　　　　　　　表 3-1-2.7

内容	说明
原则	行政法作为一个独立的部门法，是一个有机整体，体现着相同的原理或准则。
基本原则 ★	行政法的基本原则是行政法治原则，它贯穿于行政法关系中，指导行政法的立法与实施。 行政法治原则对行政主体的要求可以概括为依法行政；具体可分解为行政合法性原则、行政合理性原则等。

内容		说明
依法行政		依法行政的核心是行政执法。依法行政的基本原则：合法行政、合理行政、程序正当、高效便民、诚实守信、权责统一。
行政合法性原则★		行政合法性原则是指行政主体行使行政权必须依据法律，符合法律，不得与法律相抵触。
	要点	① 主体合法：要求行政主体必须是依法设立的，并具备相应资格。 ② 权限合法：行政主体应当在法律授权的范围内运用国家行政权力。 ③ 行为合法：行政行为依照法律规定的范围、手段、方式、程序实施。 ④ 程序合法：实体合法、公正的保障，违反法定程序的行政行为是无效的。
	其他原则	① 法律优位原则：任何其他条文规范都不得与法律相抵触，凡抵触的都以法律为准。 ② 法律保留原则：凡属宪法、法律规定只能由法律规定的事项，必须在法律明确授权的情况下，行政机关才有权在其所制定行政规范中作出规定。 ③ 行政应急性原则：在某些特殊的紧急情况下，出于国家安全或公共利益的需要，行政机关可以采取没有法律依据的或与法律相抵触的措施。
	消极与积极	① 消极行政：行政主体对行政相对方的权利和义务产生直接影响，如命令、行政处罚、行政强制措施等。"没有法律规范就没有行政"，称之为消极行政。 ② 积极行政：行政主体对行政相对方的权利和义务不产生直接影响，如行政规划、行政指导、行政咨询、行政建议、行政政策等。"法无明文禁止，即可作为"，称之为积极行政或"服务行政"。
行政合理性原则★		行政合理性原则是指行政行为的内容要客观、适度、合乎理性(公平正义的法律理性)。 　合理性原则的产生是基于行政自由裁量权的存在。自由裁量权是指在法律规定的条件下，行政机关根据其合理的判断决定作为或不作为以及如何作为的权力。
	要点	① 目的和动机合理：行政行为必须出自正当合法的目的。 ② 内容和范围合理：行政权力的行使被严格限定在法律的范围内。 ③ 行为和方式合理：行政权力特别是行政自由裁量权的行使要符合人之常情。 ④ 手段和措施合理：行政机关应该按照必要、适当和比例的要求作出合理选择。
	内容	① 平等对待：行政主体面对多个行政相对人时，必须一视同仁，不得歧视。 ② 比例原则：行政权力必须选择使相对人最小的损害方式来行使。 ③ 正常判断：以大多数人的判断作为合理判断，即舍去高智商和低智商的判断。 ④ 没有偏私：行政决定的内容和形式上都不能有偏私的存在。

合理性原则与合法性原则既有联系又有区别
① 合法性原则适用于行政法的所有领域，合理性原则只适用于自由裁量权领域。
② 行政合理性和合法性原则是统一的整体，不可偏废一方。

（五）行政行为

行政行为的概念、特征

表 3-1-2.8

内容	说明
概念	行政行为是指行政主体基于行政职权，为实现行政管理目标，行使公共权力对外部作出的具有法律意义的行为。
特征	① 从属法律性：行政行为是执行法律的行为，必须有法律的依据。 ② 裁量性：行政机关通过制定行政法规等规范性文件，就未来事项作出预见性的规定，通常涉及行政相对方未来的权利和义务，因此行政行为必须具有自由裁量性。 ③ 单方意志性：行政行为是行政主体的单方意志性的行为，无需与行政相对人协商或征得对方同意。 ④ 效力先定性：是指行政行为一旦作出，在没有被有权机关宣布撤销或变更之前，无论是合法还是违法，对行政主体和相对人都具有约束力，任何个人或团体都必须服从。 ⑤ 强制性：根据行政法的原则，行政主体在行使职能遇到障碍时，可以运用其行政权力和措施，或借助其他国家机关的强制手段消除障碍，确保行政行为的实现。 ⑥ 无偿性：行政主体在行使公共权力的过程中，追求的是国家和社会的公共利益，其对公共利益的集合(如收税)、维护和分配都应该是无偿的。
效力 ★	行政行为的效力是指行政行为一旦成立，便对行政主体和相对人所产生的法律上的效果和作用，表现为一种特定的法律约束力与强制力。 ① 确定力：有效成立的行政行为具有不可变更力，不得随意变更、撤销。 ② 拘束力：行政行为成立后，对主体和相对人都产生法律上的约束力。 ③ 执行力：行政主体有权依法采取一定强制手段，使行政行为的内容得以实现。 ④ 公定力：行政行为在没有被有权机关宣布违法或无效前，即使不符合法定条件，仍然视为有效，并对任何人都具有法律约束力，即不论合法还是违法，都推定合法有效。
行政行为的生效规则★	① 即时生效：行政行为一经作出即具有效力，对相对方立即生效。 ② 受领生效：行政行为须为被相对方受领才开始生效。 ③ 告知生效：将行政行为的内容采取公告或宣告等有效形式，使对方知悉，该行政行为才开始生效。 ④ 附条件生效：行政行为的生效附有一定的期限或一定的条件，在所附期限到来或条件成就时，行政行为才开始生效。
行政行为合法的要件★	① 主体合法：包括行政机关合法、人员合法、委托合法三方面的内容。 ② 权限合法：主体必须在法定的职权范围内，以一定的权限规则实施行政行为。 ③ 内容合法：行政行为中体现的权利和义务，以及对权利、义务的影响与处理都应符合法律、法规的规定和社会公共利益。 ④ 程序合法：行政主体实施行政行为必须依照法定程序。

内容	说明
行政行为的分类★	抽象行政行为与具体行政行为（普遍行为准则与特定的人或事件） 　① 抽象行政行为：特定的行政机关制定和发布普遍行为准则的行为，可以反复使用，包括制定法规、规章、发布命令、决定等，编制城市规划属于抽象行政行为。 　② 具体行政行为：行政机关对特定的人或事件作出影响相对方权益的具体决定与措施的行为，包括行政许可与确认、行政征收、行政处罚、行政强制、行政监督等。<hr>内部行政行为与外部行政行为（行政主体内部与针对公民、法人等行政相对人） 　① 内部行政行为：行政主体在内部行政组织管理过程中所作的只对行政组织内部产生的法律效力的行为，如行政处分、行政命令等。 　② 外部行政行为：行政主体对社会实施行政管理活动的过程中，针对公民、法人或其他组织所作出的行政行为，如行政处罚、行政许可等。<hr>羁束行政行为与自由裁量行政行为（详细规定与自由裁量） 　① 羁束行政行为：法律规范对其范围、条件、标准、形式、程序等作了较详细、具体、明确规定的行政行为，如税务机关征税。 　② 自由裁量行政行为：法律规范仅对行为目的、范围等作了原则性规定，而将行为的具体条件、标准、幅度、方式等留给行政机关自行选择、决定的行政行为。<hr>依职权的行政行为与依申请的行政行为（主动作出与申请后作出） 　① 依职权的行政行为：行政机关依据法律授予的职权，无需相对方的请求而主动实施的行政行为，如行政处罚等。 　② 依申请的行政行为：行政机关必须有相对方的申请才能实施的行政行为，如颁发营业执照、核发建设用地规划许可证、建设工程规划许可证等。<hr>单方行政行为与双方（多方）行政行为（单方面作出与协商达成一致） 　① 单方行政行为：行政机关单方意思的表示，无需征得相对人同意即可成立的行政行为，如行政处罚，行政监督等。 　② 双方（多方）行政行为：行政机关为实现公务目的，与相对方协商达成一致而成立的行政行为，如行政合同、行政机关与群众组织签订的各项协议。<hr>要式行政行为与非要式行政行为（具备法定形式与不具备法定形式） 　① 要式行政行为：须具备某种法定的形式，如行政处罚必须加盖书面形式公章才能生效。 　② 非要式行政行为：不需一定方式和程序，无论采取何种方式都可以成立的行政行为，如公安机关对酒驾采取强制措施等。<hr>作为行政行为与不作为行为（积极作为与消极不作为） 　① 作为行政行为：以积极作为的方式表现出来的行政行为，如行政奖励、行政强制。 　② 不作为行为：以消极不作为的方式表现出来的行政行为，如《集会游行示威法》中规定，对于游行、集会的申请，主管机关"逾期不通知的，视为许可"就属于不作为的行政行为。

考点辨析：

"行政处罚"行为属于具体的、外部的、依职权的、单方面的行政行为。

"编制规划"行为属于抽象的、外部的、依职权的行政行为。

（六）行政程序

行政程序　　　　　　　　　表 3-1-2.10

内容	说明
内涵	行政程序是指为完成某项任务或目标，依法必须遵循的方式、方法或步骤以及时限。 行政程序的基本内容简单说来就是"事先说明理由、事中征询意见、事后告知权利"。
行政程序的基本制度★ / 告知制度	**内涵：**告知制度指行政主体在实施行政行为的过程中，应当及时告知行政相对人拥有的各项权利。 **具体要求：**行政主体作出影响行政对人权益的行为，应事先告知该行为的内容，包括行为的时间、地点、主要过程，作出该行为的事实依据和法律根据，相对人对该行为依法享有的权利等；告知制度一般只适用于具体行政行为，对于行政行为的内容及根据的重要事项，必须事先告知。
听证制度★	**概念：**听证制度分为广义听证和狭义听证两种方式。 ① 广义：在行政立法、行政司法和行政执法的过程中，在行政主体的主持和有关当事人的参加下，对行政管理中的某一个问题进行论证的程序。 ② 狭义：在行政执法过程中，行政主体在作出有关决定之前听取利害关系人意见的程序。 听证制度是现代程序法的核心制度，是行政相对人参与行政程序的重要形式。行政相对人主动参与了行政程序，参与了影响自己权利、义务的行政决定的作出，体现了行政的公正和民主。 **分类：**行政听证可以分为立法听证、行政决策听证、具体行政行为听证等。 ① 立法听证：包括国家法律和地方性法规、自治条例、单行条例的听证。② 行政决策听证：包括行政法规、规章、规划和其他抽象行政行为、政策的听证。③ 具体行政行为听证：包括行政处罚、行政许可、行政强制、行政征收、行政给付等行政处理决定的听证。 **基本内容：** ① 听证程序的主持人的确定应当遵循职能分离的原则；应当由行政主体中具有相对独立地位的专门人员或部门来主持；主持人应当是行政主体中非直接参与案件调查取证的人员或单位。 ② 听证会一般应该公开举行，任何人员都可以参加，特殊情况下也可不公开。 ③ 听证会的费用由国库承担，当事人不承担听证费用。
回避制度	回避制度指国家行政机关的公务员在行使职权的过程中，如与其处理的行政法律事务有利害关系，为保证处理的结果和程序进展的公平性，依法终止职务并由其他人代理其职务的一种程序法制度。 《公务员回避规定(试行)》中规定，回避范围不仅有直接血亲关系，还对三代以内旁系血亲关系、近姻亲关系。
信息公开制度	信息公开制度指对于涉及行政相对方权利和义务的行政资料，除法律规定应保密的外，有关行政机关都应该依法公开，任何公民或组织都可依法查阅复制。

内容		说明
行政程序的基本制度★	职能分离制度	职能分离制度是指对于行政主体审查案件的职能和对案件裁决的职能，分别由内部不同的机构或人员来行使，确保行政相对人的合法权益不受侵犯的制度。
	时效制度	时效制度是对行政主体行政行为给予时间上的限制，以保证行政效率并有效保障行政相对人合法权益的程序制度。
	救济制度★	行政救济有广义和狭义之分。 ① 广义：包括行政机关系统内部的救济，也包括司法机关对行政相对方的救济，以及其他救济方式，如国家赔偿等。其实质是对行政行为的救济。 ② 狭义：是指行政相对方不服行政主体作出的行政行为，依法向作出该行政行为的行政主体或其上级机关，或法律、法规规定的机关提出行政复议申请；受理机关对原行政行为依法进行复查并作出裁决；或上级行政机关依职权主动进行救济；或应行政相对方的赔偿申请，赔偿机关予以理赔的法律制度。 内容：包括行政复议程序、行政赔偿程序和行政监督检查程序。

（七）行政法律责任

行政法律责任
表 3-1-2.11

内容	说明
行政法律责任	行政违法：行政法律关系主体违反行政法律规范，侵害受法律保护的行政关系，对社会造成一定程度的危害，尚未构成犯罪的行为。 行政违法表现：行政机关违法和行政相对方违法；实体性违法和程序性违法；作为违法和不作为违法等形式。 行政责任，即行政法律责任，是指行政法律关系主体由于违反行政法律规范或不履行法律义务而依法承担的法律后果。 引起行政责任的原因是行政违法；承担法律责任的主体既可以是行政机关也可以是行政相对人。
追究行政法律责任的原则★	① 教育与惩罚相结合的原则：通过批评教育与适当的行政制裁来进行处理。 ② 责任法定原则：追究行政违法行为的法律责任，必须严格按照行政法办事。 ③ 责任自负原则：谁违法谁承担法律责任。 ④ 主客观一致的原则：追究行政法律责任应当与行政违法行为的性质、情节和后果相适应。认定必须追究的行政法律责任时，要确定违法行为人在主观上有无过错。

（八）行政法制监督与行政监督

行政法制监督与行政监督
表 3-1-2.12

内容	说明
概念	行政法制监督：国家权力机关，国家司法机关，专门行政监督机关，及行政机关外部的个人、组织依法对行政主体及国家公务员行使行政职权的行为和遵纪守法行为进行的监督。

内容	说明
概念	行政监督：又称行政执法监督或行政执法监督检查，是指国家行政机关按照法律规定对行政相对人（普通人）采取的直接影响其权利、义务，或对行政相对人权利、义务的行使和履行情况直接进行行政监督检查的行为。

行政法制监督与行政监督的区别

	行政法制监督	行政监督
监督对象不同	行政主体和国家公务员	行政相对人
监督主体不同	国家权力机关、国家司法机关、专门行政监督机关以及行政机关以外的个人和组织	行政主体
监督内容不同	对行政主体行为合法性的监督和对公务员遵纪守法的监督	对行政相对人遵守法律和履行行政法上的义务进行监督
监督方式不同	权力机关审查、调查、质询，司法审查，行政监察，审计，舆论监督等方式	检查、检验、登记、统计、查验等方式

三、行政立法

（一）行政立法的含义及特点

行政立法的含义及特点　　　　　　　表 3-1-3.1

内容	说明
含义	行政立法是指国家行政机关依照法定权限与程序制定、修改和废止行政法规，规章等以及规范性文件的活动。
特点	① 行政立法的主体是特定的国家行政机关：我国的立法可以分为权力机关的立法和国家行政机关立法，权力机关的立法是人民代表大会及其常务委员会；国家行政机关作为权力机关的执行机关，可以为有效地执行法律、法规和规章以规范性文件的形式作出执行性解释，这种解释同样具有法律上的约束力。 ② 行政立法是从属性立法：行政机关的立法从属于权力机关的立法，是权力机关立法的延伸和具体化。 ③ 行政立法的强适应性和针对性：行政立法随着形势的变化，不断地立、改、废，因此具有周期短、节奏快、数量大的特点。 ④ 行政立法的多样性和灵活性：国家机关可以根据需要，灵活、多样地制定行政法规和规章。

（二）行政立法的主体及权限

行政立法的主体及权限　　　　　　　表 3-1-3.2

主体	说明
国务院	国务院是我国最高的行政立法主体，具有依职权立法的权力和依照最高国家权力机关和法律授权立法的权力； 国务院可以制定行政法规； 依照最高国家权力机关授权制定某些具有法律效力的暂行规定或条例； 具有对规章的批准权、改变权和撤销权。

主体	说明
国务院各部委和直属机构	国务院各部委是国务院的职能部门，有根据法律和行政法规等法律规范在本部门权限内制定规章的权力； 其行政立法权来源于单项的法律、法规的授权； 制定的规章要经过国务院批准后才能作为行政规章发布。
有关地方人民政府	根据我国的组织法规定，省、自治区、直辖市人民政府基于依法授权可以在其权限范围内进行行政立法； 省、自治区人民政府所在地的人民政府，在其权限范围内，可以根据法律、法规制定行政规章； 省、自治区、直辖市和设区的市、自治州的人民政府，可以根据法律、行政法规和本省、自治区、直辖市的地方性法规，制定规章。

四、行政许可

（一）行政许可的概念、特征和作用

行政许可的概念、特征和作用   表 3-1-4.1

内容		说明
概念		《行政许可法》第二条："本法所称行政许可，是指行政机关根据公民、法人或者其他组织的申请，经依法审查，准予其从事特定活动的行为。"
特征		① 行政许可是依申请的行政行为：无申请即无许可。 ② 行政许可是管理型行为：主要体现在行政机关作出行政许可的单方面性。 ③ 行政许可是外部行政行为：是行政机关对行政相对人的管理，区别于内部管理行为。 ④ 行政许可是准予相对人从事特定活动的行为：行政许可的结果是相对人获得了从事特定活动的权利或者资格。
作用	积极作用	① 有利于加强国家对社会经济活动的宏观管理。 ② 有利于保护广大消费者及人民大众的权益，制止不法经营。 ③ 有利于保护并合理分配和利用有限的国家资源，搞好生态平衡。 ④ 有利于控制进出口贸易，保持国内市场稳定。 ⑤ 有利于消除危害公共安全的因素。
	消极作用	① 随着行政权力的拓展，可能导致利用行政许可权贪污受贿的现象日益增多。 ② 行政许可制度运用过滥、过宽，使社会发展动力减少，丧失活力，出现许可制度在各部门之间重复设置，从而降低行政效率。 ③ 被许可人一旦取得进入某项活动的资格和能力，有了法律保护，可能失去积极进取的动力和竞争力，这种消极作用在商业竞争和职业资格许可方面尤为突出。

（二）行政许可的原则、分类及特征

行政许可的原则、分类及特征　　　　　　　　　表 3-1-4.2

内容	说明
原则 ★	① 合法原则：行政许可必须严格依照法定的权限、范围、条件和程序进行。 ② 公开、公平、公正的原则：《行政许可法》第五条，"设定和实施行政许可，应当遵循公开、公平、公正、非歧视的原则"。"行政许可的实施和结果，除涉及国家秘密、商业秘密或者个人隐私的外，应当公开"。"符合法定条件、标准的，申请人有依法取得行政许可的平等权利，行政机关不得歧视任何人"。 ③ 便民原则：《行政许可法》第六条，"实施行政许可，应当遵循便民的原则，提高办事效率，提供优质服务"。 ④ 救济原则：《行政许可法》第七条，"公民、法人或者其他组织对行政机关实施行政许可，享有陈述权、申辩权；有权依法申请行政复议或者提起行政诉讼；其合法权益因行政机关违法实施行政许可受到损害的，有权依法要求赔偿"。（陈述权、申辩权、诉讼权、求偿权） ⑤ 信赖保护原则：公民、法人或者其他组织依法取得的行政许可受法律保护，行政机关不得擅自改变已经生效的行政许可。 《行政许可法》第九条，"依法取得的行政许可，除法律、法规规定依照法定条件和程序可以转让的外，不得转让"。 ⑥ 监督原则：《行政许可法》第十条，"县级以上人民政府应当建立健全对行政机关实施行政许可的监督制度，加强对行政机关实施行政许可的监督检查。行政机关应当对公民、法人或者其他组织从事行政许可事项的活动实施有效监督"。
分类及特征　普通许可	概念：行政机关准予符合法定条件的公民、法人或者其他组织从事特定活动的行为，是运用最广的行政许可。 主要特征：对相对人行使法定权利或者从事法律没有禁止，但有附加条件的活动的准许；一般没有数量控制；一般没有自由裁量权。 适用范围：直接关系国家安全、公共安全的活动；基于高度社会信用的行业的市场准入和法定经营活动；利用财政资金或者由政府担保的外国政府、国际组织贷款的投资项目和涉及产业布局、需要实施宏观调控的项目；直接关系人身健康、生命财产安全的产品、物品的生产和销售活动。
分类及特征　特许	概念：行政机关代表国家依法向相对人转让某种特定的权利的行为。 功能：相对人取得特许权一般应当支付一定的费用，所取得的特许权可以转让、继承；一般有数量控制；一般有自由裁量权。 适用范围：有限自然资源的开发利用，如矿产的开发；有限公共资源的配置；直接关系公共利益的垄断性企业市场准入等。
分类及特征　认可	概念：行政机关对申请人是否具备特定技能的认定。 主要特征：一般要通过考试方式并根据考试结果决定是否认可；许可与身份相联系，不能继承，转让；没有数量限制；一般没有自由裁量权。 适用范围：提供公共服务并且直接关系公共利益的职业、行业需要确定具备特殊信誉、特殊条件或者特殊技能等资格、资质的事项，如注册规划师资质。

内容		说明
分类及特征	核准	概念：行政机关对某些事项是否达到特定技术标准、经济技术规范的判断确定。 主要特征：依据主要是技术性和专业性的；一般要根据实地验收、检测决定；没有数量控制；没有自由裁量权。 适用范围：特定产品、物品的检验、检疫，如食品安全检验。
	登记	概念：行政机关确立行政相对人的特定主体资格的行为。 主要特征：未经合法登记取得主体资格或者特定身份，从事涉及公众关系的经济、社会活动是非法的；没有数量控制；对申请登记的材料一般只进行形式审查，通常可以当场作出是否准予登记的决定；没有自由裁量权。 适用范围：确立个人、企业或者其他组织特定的主体资格、特定身份的事项，如婚姻登记、房屋产权登记。

（三）行政许可的设定

行政许可的设定 表 3-1-4.3

内容	说明
设定行政许可权限	《行政许可法》第十六条："行政法规可以在法律设定的行政许可事项范围内，对实施该行政许可作出具体规定。地方性法规可以在法律、行政法规设定的行政许可事项范围内，对实施该行政许可作出具体规定。规章可以在上位法设定的行政许可事项范围内，对实施该行政许可作出具体规定。法规、规章对实施上位法设定的行政许可作出的具体规定，不得增设行政许可；对行政许可条件作出的具体规定，不得增设违反上位法的其他条件。"
设定行政许可内容★	《行政许可法》第十八条："设定行政许可，应当规定行政许可的实施机关、条件、程序、期限。"

（四）行政许可的听证

行政许可的听证 表 3-1-4.4

内容	说明
涉及申请人、利害关系人听证事项	《行政许可法》第四十七条："行政许可直接涉及申请人与他人之间重大利益关系的，行政机关在作出行政许可决定前，应当告知申请人、利害关系人享有要求听证的权利；申请人、利害关系人在被告知听证权利之日起五日内提出听证申请的，行政机关应当在二十日内组织听证。申请人、利害关系人不承担行政机关组织听证的费用。"
听证法定程序	《行政许可法》第四十八条："听证按照下列程序进行： （一）行政机关应当于举行听证的七日前将举行听证的时间、地点通知申请人、利害关系人，必要时予以公告； （二）听证应当公开举行； （三）行政机关应当指定审查该行政许可申请的工作人员以外的人员为听证主持人，申请人、利害关系人认为主持人与该行政许可事项有直接利害关系的，有权申请回避； （四）举行听证时，审查该行政许可申请的工作人员应当提供审查意见的证据、理由，申请人、利害关系人可以提出证据，并进行申辩和质证； （五）听证应当制作笔录，听证笔录应当交听证参加人确认无误后签字或者盖章。行政机关应当根据听证笔录，作出行政许可决定。"

五、行政复议

（一）行政复议的概念与特征

行政复议的概念与特征 表 3-1-5.1

内容	说明
概念	行政复议是公民、法人或者其他组织认为具体行政行为侵犯其合法权益，向行政机关提出行政复议申请，行政机关受理并作出行政复议决定的专门活动。 　　只有县级以上人民政府以及县级以上人民政府工作部门才可以成为行政复议机关，行政复议机关中负责行政法制工作的机构具体办理有关行政复议事项。
特征	① 行政复议的启动是依据行政相对人的申请（行政复议机关在发现其所属行政主体所作的具体行政行为违法时，可以主动予以撤销或者变更，但这不是行政复议行为，而是上级对下级的一种监督行为）。 　　② 行政复议的行政行为必须是具体行政行为（抽象行政行为不能复议）。 　　③ 行政复议的性质是行政机关处理行政纠纷的活动，行政复议机关作出的行政复议决定具有可诉性。 　　④ 行政复议是对行政决定的一种法律救济机制。

（二）行政复议与行政诉讼的关系与区别

行政复议与行政诉讼的关系与区别 表 3-1-5.2

内容	说明
关系	对于属于法院受理范围的行政案件，可以直接向法院提起诉讼；公民也可以先向上一级行政机关或者法律、法规规定的行政机关申请行政复议，对复议决定不服的，再向人民法院提起诉讼。 　　《行政复议法》第五条："公民、法人或者其他组织对行政复议决定不服的，可以依照行政诉讼法的规定向人民法院提起行政诉讼，但是法律规定行政复议决定为最终裁决的除外。"
区别	① 性质不同：行政复议是行政复议机关作出的行政决定，行政诉讼是法院法行使审判权而进行的司法活动。 　　② 审理方式不同：行政复议一般实行书面审理的方式，有必要时才实行其他方式；行政诉讼一般实行开庭审理的方式，当事人双方都应到庭。 　　③ 法律效力不同：行政复议不具有最终法律效力，行政相对人对行政复议不服的可向法院提起行政诉讼。行政诉讼的终审判决具有最终法律效力，双方当事人必须履行。

（三）行政复议的范围、申请、受理与决定

行政复议的范围、申请、受理与决定 表 3-1-5.3

内容	说明
行政复议的范围	《行政复议法》第八条："不服行政机关作出的行政处分或者其他人事处理决定的，依照有关法律、行政法规的规定提出申诉。不服行政机关对民事纠纷作出的调解或者其他处理，依法申请仲裁或者向人民法院提起诉讼。"

内容		说明
行政复议的申请	期限★	《行政复议法》第九条："公民、法人或者其他组织认为具体行政行为侵犯其合法权益的，可以自知道该具体行政行为之日起六十日内提出行政复议申请；但是法律规定的申请期限超过六十日的除外。"
	参加人	① 申请复议人：依照《行政复议法》申请行政复议的公民、法人或其他组织是申请复议人，具有复议申请人资格；在申请复议的公民死亡、法人或者其他组织终止的情况下，其复议资格依法自然转移给特定利害关系的公民、法人或者其他组织的制度称为复议申请人资格的转移，在申请人资格转移之后，他们具有了申请人的资格，以自己的名义提出行政复议。 ② 复议第三人：其他公民、法人或其他组织如果与具体行政行为有法律上的利害关系，包括直接利害关系和间接利害关系，可以作为复议第三人。 ③ 被申请人：行政复议的被申请人一般为行政机关。
	管辖★	① 对于县级以上地方各级人民政府工作部门具体行政行为不服的，复议申请人可以选择向该部门的本级人民政府申请，也可以向上一级主管部门申请。 ② 对于地方各级人民政府的具体行政行为不服的，向上一级地方人民政府申请复议；对省、自治区人民政府依法设立的派出机关（例如：地区行署）所属的县级人民政府的具体行政行为不服的，向该派出机关申请复议。 ③ 对国务院部门或者省、自治区、直辖市人民政府的具体行政行为不服的，向作出该具体行政行为的国务院部门或者省、自治区、直辖市人民政府申请复议。对行政复议决定不服的，可以向人民法院提起诉讼；也可以向国务院申请裁决，国务院依照《行政复议法》的规定作出最终裁决。
	不得同时申请行政复议和提起行政诉讼	《行政复议法》第十六条："公民、法人或者其他组织申请行政复议，行政复议机关已经依法受理的，或者法律、法规规定应当先向行政复议机关申请行政复议、对行政复议决定不服再向人民法院提起行政诉讼的，在法定行政复议期限内不得向人民法院提起行政诉讼。公民、法人或者其他组织向人民法院提起行政诉讼，人民法院已经依法受理的，不得申请行政复议。"
行政复议的受理	申请的处理	① 行政复议机关在收到行政复议申请后，应当在5日之内进行审查，对于符合申请条件，没有重复申请复议，没有向法院起诉且在法定期限内提出的复议申请，应予以受理。 ② 接到复议申请之日作为复议受理日期；对不符合条件或者超出法定期限，人民法院已经受理申请或者重复提出的申请不予受理。 ③ 对于符合条件但是不属于本行政机关受理的复议申请，应在决定不予受理的同时，告知申请人向有关行政复议机关提出。 ④ 接受行政复议申请的县级以上地方人民政府，对于属于其他机关受理的行政复议申请，应当自接到复议申请之日起7日内，转送有关行政复议机关，并告知行政复议人。
	申请权的救济	行政复议的救济包括诉讼救济和行政救济。 ① 诉讼救济：法律、法规规定应当先向行政复议机关申请的行政复议，对行政机关复议决定不服再向人民法院提起行政诉讼；行政机关不予受理或者受理后超过期限不作答复的，复议申请人自收到不予受理之日起，或者行政复议期限届满之日起15日之内，依法向法院提起诉讼。 ② 行政救济：行政复议申请人提出申请后，行政机关没有正当理由不受理的，上级行政机关应当责令其受理；必要时，上级机关也可以直接受理。

内容		说明
行政复议的决定	审理	行政复议案件基本上采用书面审查的方式。
	决定的种类	《行政复议法》第二十八条： ① 维持具体行政行为； ② 决定被申请人履行法定责任； ③ 决定撤销、变更被申请人的具体行政行为或者确认该具体行政行为违法； ④ 不履行举证责任的法律后果； ⑤ 不得重新做出相同的具体行政行为。
	期限、效力	期限：应当自受理申请之日起 60 日内作出行政复议决定；但是法律、法规规定的行政复议期限少于 60 日内的除外；特殊情况下，经行政复议机关负责人的批准可以适当延长，但延长的期限不得超过 30 日，并告知申请人和被申请人。
		效力：行政复议机关作出行政复议决定，应当制作行政复议决定书，并加盖印章，行政复议决定书一经送达，即发生法律效力。

六、行政诉讼

（一）行政诉讼概述

行政诉讼概述   表 3-1-6.1

内容	说明
行政诉讼的概念	《行政诉讼法》第二条："公民、法人或者其他组织认为行政机关和行政机关工作人员的行政行为侵犯其合法权益，有权依照本法向人民法院提起诉讼。"
行政诉讼不受理的情形	《行政诉讼法》第十三条："人民法院不受理公民、法人或者其他组织对下列事项提起的诉讼： （一）国防、外交等国家行为； （二）行政法规、规章或者行政机关制定、发布的具有普遍约束力的决定、命令； （三）行政机关对行政机关工作人员的奖惩、任免等决定； （四）法律规定由行政机关最终裁决的行政行为。"
被告为行政机关	《行政诉讼法》第二十六条："公民、法人或者其他组织直接向人民法院提起诉讼的，作出行政行为的行政机关是被告。"

（二）行政诉讼的管辖、起诉

行政诉讼的管辖、起诉   表 3-1-6.2

内容	说明
行政诉讼的管辖	《行政诉讼法》第二十条："因不动产提起的行政诉讼，由不动产所在地人民法院管辖。"
行政诉讼的起诉	《行政诉讼法》第五十三条："公民、法人或者其他组织认为行政行为所依据的国务院部门和地方人民政府及其部门制定的规范性文件不合法，在对行政行为提起诉讼时，可以一并请求对该规范性文件进行审查。前款规定的规范性文件不含规章。"

(三) 行政诉讼的审理、判决和执行

行政诉讼的审理、判决和执行　　　　　　　表 3-1-6.3

内容	说明
行政诉讼的审理和判决	《行政诉讼法》第六十三条："人民法院审理行政案件，以法律和行政法规、地方性法规为依据。地方性法规适用于本行政区域内发生的行政案件。人民法院审理民族自治地方的行政案件，并以该民族自治地方的自治条例和单行条例为依据。人民法院审理行政案件，参照规章。"
行政诉讼的执行	《行政诉讼法》第九十四条："当事人必须履行人民法院发生法律效力的判决、裁定、调解书。"
	《行政诉讼法》第九十七条："公民、法人或者其他组织对行政行为在法定期限内不提起诉讼又不履行的，行政机关可以申请人民法院强制执行，或者依法强制执行。"

七、行政处罚
(一) 行政处罚的概念、特征和基本原则

行政处罚的概念、特征和基本原则　　　　　　表 3-1-7.1

内容	说明
行政处罚的概念	行政处罚是指行政机关或者其他行政主体依法对违反行政法但尚未构成犯罪的行政相对人实施的制裁。
行政处罚的特征	① 由行政机关或其行政主体实施。 ② 是对行政相对人的处罚，即对公民、法人或其他组织的处罚。 ③ 针对相对人违反行政法律法规的行为，行政处罚以惩戒违法为目的。

行政处罚与行政处分

共同点：行政处罚与行政处分都属于行政法律制裁，都是由行政主体予以实施。

针对的对象不同：行政处分针对的是行政主体内部的人员，他们与行政主体一般有人事管理的隶属关系；行政处罚则是针对社会上的公民、法人或其他组织，他们与行政主体没有隶属关系。

内容	说明
行政处罚的基本原则 ★	① 处罚法定原则：实施行政处罚的主体、依据、程序是法定的，法无明文规定的，不处罚。 ② 公正、公开的原则：行政机关在处罚中，对受处罚者用同一尺度平等对待。行政机关对于行政处罚的有关情况，除特别情况外，应当向当事人依法公开。 ③ 处罚与教育相结合的原则：实施行政处罚，纠正违法行为，应当坚持处罚与教育相结合。 ④ 受到行政处罚者的权利救济原则：受到处罚者享有陈述权、申辩权；对行政处罚不服的，有权依法申请行政复议或者提起行政诉讼。因行政机关的行政处罚受到损害的，有权依法提出赔偿要求。 ⑤ 行政处罚不能取代其他法律责任的原则：《行政处罚法》第八条，"公民、法人或者其他组织因违法受到行政处罚，其违法行为对他人造成损害的，应当依法承担民事责任。违法行为构成犯罪，应当依法追究刑事责任，不得以行政处罚代替刑事处罚"。但是，要与行政处罚中的"一事不再罚"的原则区别开来。

（二）行政处罚的种类、实施机关、适用和程序

行政处罚的种类、实施机关、适用和程序   表 3-1-7. 2

内容	要点
行政处罚的种类 ★	《行政处罚法》第九条："行政处罚的种类： （一）警告、通报批评； （二）罚款、没收违法所得、没收非法财物； （三）暂扣许可证件、降低资质等级、吊销许可证件； （四）限制开展生产经营活动、责令停产停业、责令关闭、限制从业； （五）行政拘留； （六）法律、行政法规规定的其他行政处罚。" 《行政处罚法》第十二条："地方性法规可以设定除限制人身自由、吊销营业执照以外的行政处罚。"
行政处罚的实施机关	《行政处罚法》第二十条："行政机关依照法律、法规、规章的规定，可以在其法定权限内书面委托符合本法第二十一条规定条件的组织实施行政处罚。行政机关不得委托其他组织或者个人实施行政处罚。" 《行政处罚法》第二十一条："受委托组织必须符合以下条件： （一）依法成立并具有管理公共事务职能； （二）有熟悉有关法律、法规、规章和业务并取得行政执法资格的工作人员； （三）需要进行技术检查或者技术鉴定的，应当有条件组织进行相应的技术检查或者技术鉴定。"
行政处罚的适用	① 行政处罚与责令纠正并行：《行政处罚法》第二十八条，"行政机关实施行政处罚时，应当责令当事人改正或者限期改正违法行为"。行政机关不能一罚了事，而是要通过阻止、矫正行政违法行为，责令违法当事人改正或限期改正，恢复被侵害的管理秩序。 ② 一事不再罚：《行政处罚法》第二十九条，"对违法当事人的同一违法行为，不得给予两次以上罚款的行政处罚"。 ③ 行政处罚折抵刑罚：行政处罚与刑罚的适用范围相重合时，行政机关已经给予当事人行政拘留的，应当折抵相应刑期；法院判处罚金时，行政机关已经罚款的，应当折抵相应罚金。 ④ 行政处罚追究时效：《行政处罚法》第三十六条，"违法行为在两年之内未被发现的，不再给予行政处罚，法律另有规定的除外"。
行政处罚的程序	一般程序包括：调查取证、审查决定、制作行政处罚决定书、交付或者送达行政处罚书。

（三）行政处罚的执行

行政处罚的执行   表 3-1-7. 3

内容	要点
行政处罚的听证程序	《行政处罚法》第六十四条："听证应当依照以下程序组织： （一）当事人要求听证的，应当在行政机关告知后五日内提出； （二）行政机关应当在举行听证的七日前，通知当事人及有关人员听证的时间、地点； （三）除涉及国家秘密、商业秘密或者个人隐私依法予以保密外，听证公开举行； （四）听证由行政机关指定的非本案调查人员主持；当事人认为主持人与本案有直接利害关系的，有权申请回避；……"

内容	要点
行政复议或行政诉讼期间行政处罚不停止执行	《行政处罚法》第七十三条："当事人对行政处罚决定不服，申请行政复议或者提起行政诉讼的，行政处罚不停止执行，法律另有规定的除外。"

第二节　公共行政学基础

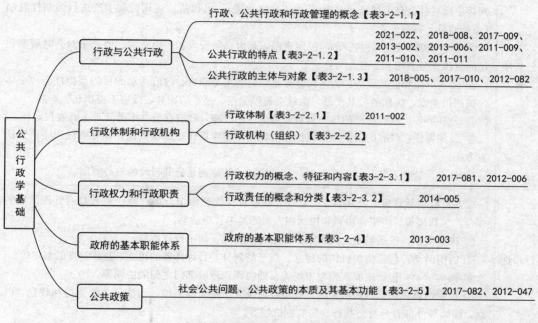

图 3-2　公共行政学基础思维导图

一、行政与公共行政

（一）行政、公共行政和行政管理的概念

概述　　　　　　　　　　　　　　　　　　　　　表 3-2-1.1

项目	内容
行政	行政是一种组织的职能，任何组织(包括国家)的生存和发展都必须有相应的机构和人员行使执行和管理的职能。
公共行政	公共行政是指政府处理公共事务，提供公共服务的管理活动。公共行政是以国家行政机关为主的公共管理组织的活动。 立法机关、司法机关的管理活动和私营企业的管理活动不属于公共行政。
行政管理	行政管理是运用国家权力对社会事务以及自身内部进行管理的一种活动。

（二）公共行政的特点

公共行政的特点   表 3-2-1. 2

要点	说明
概述	公共行政包括"公共"和"行政"两方面的内容。 "公共"是指公共权力机构整合社会资源、满足社会公共需要、实现公众利益、处理公共事务而进行的管理活动。"行政"则是公共机构制定和实施公共政策、组织、协调、控制等一系列管理活动的总和。
公共性 ★	① 公共权力：政府公权行使的一个重要原则是"越权无效"。 ② 公共需要与公众利益：政府可以直接提供公共产品（公共绿地、市政设施等）；可以通过间接手段对社会和市场进行调控（货币、价格政策）；可以依法运用行政手段进行强制性管制（市场监管、行政处罚）。 ③ 社会资源：包括公共资源与民间资源，政府必须投入和产出资源，要善于对公共资源和民间资源充分利用和整合。 ④ 公共产品和公共服务：为人民服务是政府的主要职责，政府活动的目的是为社会和全体公民提供全面、优质的公共产品，为社会提供公正、公平的服务，政府不提供私人产品。 ⑤ 公共事务：政府活动的核心是对公共事务的处理，政府在公共事务管理上具有权威性。 ⑥ 公共责任：政府的公共责任包括政治责任、法律责任、道德责任、领导责任和经济责任五方面。 ⑦ 公平、公正、公开与公民参与："公民第一"的原则是公共行政的核心原则。
行政性	公共行政包括政府对公共事务的管理和政府自身管理两个方面；是一系列政府管理活动的综合；包括决策、组织、协调和控制四方面的基本管理活动。 ① 决策活动：包括制定公共政策、确定行政目标、作出行政规划。 ② 组织活动：包括组织机构的建立、职责的划分、目标体系的建立、规章制度的制定等。 ③ 协调活动：包括政府调控与市场关系的协调、政府部门之间的协调等。 ④ 控制活动：包括行政机关的自我监控以及立法机关的监控，司法机关的监控和政党、群众、媒体等外部力量对公共行政的监控机制等。

（三）公共行政的主体与对象

公共行政的主体与对象   表 3-2-1. 3

内容	说明
公共行政的主体	公共行政主体：以国家为主体的公共管理组织；公共管理组织除国家行政机关之外，还包括依法成立的具有一定行政权的独立行政机构和法定组织。 立法机关和司法机关不属于公共行政的主体。
公共行政的对象	公共行政的对象：又称公共行政客体；即公共行政主体所管理的公共事务；公共事务包括国家事务、共同事务、地方事务和公民事务。 ① 国家事务：全国性的统一事务，如社会保障、国防事务、外交事务等。 ② 共同事务：涉及较为广泛的区域或者利益集团的事务，如流域治理、跨行政区域的规划编制、区域之间的关系协调等。 ③ 地方事务：专指地方性的行政事务，如市政工程、公用事业、环卫、公共交通等。 ④ 公民事务：涉及公民权利的事务，如户籍管理、老龄工作、人口控制等。

二、行政体制和行政机构

(一) 行政体制

行政体制

表 3-2-2.1

内容	说明
基本内涵	行政体制是指国家行政机关的组织制度。
内容	行政体制包括广泛的内容,例如政府组织机构、行政权力结构、行政区划体制、行政规范等,其核心是政府的机构设置、职权划分以及运行机制。 ① 政府组织机构:行政体制的载体。 ② 行政权力结构:行政体制的核心组成部分,也是行政体制得以正常运转的动力;其核心内容是国家行政机关在政治体制中所拥有的职权范围、权力地位以及行政机关内部各部门之间的职权划分等。 ③ 行政区划体制:将全国领土划分为若干层次的区域单位,并建立相应的各级各类行政机关实施管理的制度;我国现行的行政区划体制为省级行政区域,地、市级行政区域,县级行政区域,乡级行政区域等。 ④ 行政规范:建立在一定宪政基础之上的行政法律规范的总称,它是国家行政机关行使公共权力、实施公共事务管理的行为规则。

(二) 行政机构 (组织)

行政机构 (组织)

表 3-2-2.2

内容	说明
概念	行政机构(组织):在国家机构中除立法、司法机关以外的行政机构系统,即各级行政机关;其主要功能是通过计划、组织、指挥、协调等手段,来行使国家行政权力,代表国家管理各种公共事务。
类型	行政机构可以有多种分类标准。 ① 按照公共行政程序划分,可以把行政组织分为决策部门、职能部门(执行部门)、咨询信息部门、监督部门等。 ② 按照行政组织的职能划分,可以分为领导机关、执行机关、辅助机关和派出机关。 领导机关:中央政府和地方人民政府。 执行机关:又称职能机关,如国务院各部、委,省直各厅局等。 辅助机关:行政组织系统的内部机关。 派出机关:按照法律规定或者上级批准在职权所辖区域内设立的代表机关。

三、行政权力和行政职责

(一) 行政权力

行政权力的概念、特征和内容   表 3-2-3.1

内容	说明
概念	在国家权力结构中，行政权力属于国家权力的重要组成部分，与国家的立法权、司法权共同构成国家权力的主要内容。
特征	行政权力具有公共性、强制性、权威性和约束性。
行政权力的内容★	

(二) 行政责任

行政责任的概念和分类   表 3-2-3.2

内容		说明
概念		行政责任是与行政权力相对应的一个范畴，包括法律上的行政责任和普通行政责任。
分类	法律上的行政责任	是指政府工作人员除了遵守一般公民必须遵守的法律、法规之外，还必须遵守有关政府工作人员的法律规范。
	普通行政责任★	不涉及法律问题，主要包括三个方面。 ① 政治责任：行政机关和行政人员的最重要的责任之一。 ② 社会责任：行政机关和行政人员对社会所承担的职责。 ③ 道德责任：行政机关和行政人员所承担的道义上的职责。

行政责任、行政权力、行政职位：
任何行政组织都必须保持职、权、责的平衡和一致，这是公共行政顺利进行的前提条件。

四、政府的基本职能体系

政府的基本职能体系 表 3-2-4

说明
在长期社会发展过程中，政府职能范围不断扩大，逐步形成了一个完整交错的多层次、多元化的体系；大致可分为基本职能体系和运行职能体系两种，这里简述政府的基本职能。

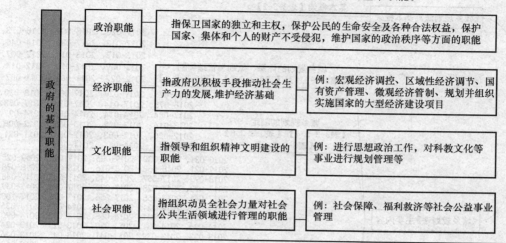

五、公共政策

社会公共问题、公共政策的本质及其基本功能 表 3-2-5

内容		说明
社会公共问题		那些有广泛影响，迫使社会必须认真对待的问题，称为社会公共问题。
公共政策及其本质		① 公共政策是政府为处理社会公共事务而制定的行为规范，凡是为解决社会公共问题的政策都是公共政策，在所有制定公共政策的主体中，政府是核心的力量。 ② 公共政策的本质是政府对全社会公共利益所作的权威性的分配。 ③ 利益分配是一个复杂的动态过程，包括利益选择、利益整合、利益分配和利益落实等步骤。
公共政策的基本功能	导向功能	公共政策是针对社会利益关系中的矛盾所引发的社会问题提出的；为解决某个政策问题，政府依据特定的目标，通过政策对人们的行为和事物的发展加以引导，使得政策具有导向性；政策的导向是行为的导向，也是观念的导向。
	调控功能	公共政策的调控功能是指政府运用政策，对社会公共事务中出现的各种利益矛盾进行调节和控制所起的作用；调节作用与控制作用往往是联系在一起的。
	分配功能	社会中每个利益群体与个体都希望在有限的资源中多获得利益，这必然会在分配各种具体利益时造成冲突；这就需要政府站在公正的立场上，用政策来调整利益关系。

第三节 《中华人民共和国城乡规划法》

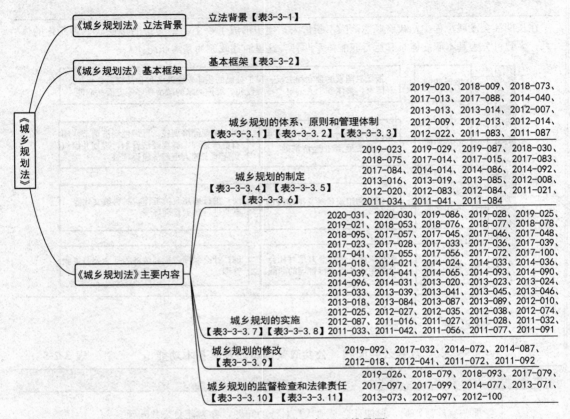

图 3-3 《城乡规划法》知识思维导图

一、《城乡规划法》立法背景

立法背景

表 3-3-1

内容
2007 年 10 月 28 日，第十届全国人民代表大会常务委员会第三十次会通过《中华人民共和国城乡规划法》，共 7 章 70 条，自 2008 年 1 月 1 日起施行，《中华人民共和国城市规划法》同时废止。
根据 2015 年 4 月 24 日第十二届全国人民代表大会常务委员会第十四次会议《关于修改〈中华人民共和国港口法〉等七部法律的决定》第一次修正。
根据 2019 年 4 月 23 日第十三届全国人民代表大会常务委员会第十次会议《关于修改〈中华人民共和国建筑法〉等八部法律的决定》第二次修正。

二、《城乡规划法》基本框架

基本框架 表 3-3-2

章别	内含条款	框架内容	主要内容
第一章 总则	共 11 条	城乡规划基本概念 城镇体系规划 城市、镇总体规划 城市、镇详细规划 乡规划和村庄规划 规划区的划定 制定和实施城乡规划的基本原则 城乡规划与相关规划的协调 城乡规划工作经费和技术保障 城乡规划公开化与公众参与制度 公民和单位的权利与义务 城乡规划管理体制	主要对本法的立法目的和宗旨，适用范围、调整对象、城乡规划制定和实施的原则、城乡规划与其他规划的关系、城乡规划编制与管理的经费来源和技术保障，以及城乡规划组织编制与管理及监督管理体制等作出了明确的规定。
第二章 城乡规划 的制定	共 16 条	全国城镇体系规划编制与审批 省域城镇体系规划编制与审批 城市、镇总体规划编制与审批 本级人大审议规划 总体规划主要内容与强制性内容 乡规划、村庄规划内容、编制与审批 城市、镇控制性详细规划编制与审批 修建性详细规划的编制 编制城乡规划应具备基础资料 城乡规划编制的公告要求 城乡规划编制的专家审查和公众参与 城乡规划编制单位资质要求 注册城市规划师执业资格制度	主要对城乡规划的组织编制和审批机构、权限、审批程序，城镇体系规划、城市和镇总体规划、乡规划和村庄规划等应当包括的内容，以及对城乡规划编制单位应当具备的资格条件和基础资料，城乡规划草案的公告和公众、专家及有关部门参与等作出了明确的规定。
第三章 城乡规划 的实施	共 18 条	城乡发展和建设的指导思想 城市新区开发必须注意的问题 城市旧区更新必须注意的问题 城市地下空间开发利用 城市、镇近期建设规划内容和审批 规划的重要用地禁止擅改用途 城乡规划实施管理制度 建设项目选址的规划管理 建设用地(划拨方式)规划管理 建设用地(出让方式)规划管理 规划条件的规定 建设工程规划管理 乡村建设的许可和管理程序 建设用地范围以外不得作出规划许可 变更规划条件应遵循的原则和程序 临时建设的规划行政许可 建设工程竣工后的规划核实 建设工程竣工资料的规划管理	主要对地方各级人民政府实施城乡规划时应遵守的基本原则，城市、镇、乡和村庄各项规划、建设和发展实施规划时应遵守的原则，近期建设规划、建设项目选址规划管理、建设用地规划管理、建设工程规划管理、乡村建设规划管理、临时建设和临时用地规划管理等及其建设项目选址意见书、建设用地规划许可证、建设工程规划许可证、乡村建设规划许可证的核发，以及规划条件的变更，建设工程竣工验收和有关竣工验收资料的报送等作出了明确的规定。

章别	内含条款	框架内容	主要内容
第四章 城乡规划 的修改	共5条	规划实施情况的评估 修改城乡规划的条件 修改城镇体系规划的原则和程序 修改总体规划的原则和程序 修改乡规划、村庄规划的程序 修改近期建设规划的原则和程序 修改控制性详细规划的原则和程序 修改修建性详细规划的原则和程序 规划修改的补偿原则	主要对省域城镇体系规划、城市总体规划、镇总体规划、控制性详细规划、乡规划、村庄规划的修改、组织编制与审批，一书三证发放后城乡规划的修改，修建性详细规划、建设工程设计方案总平面的修改要求等作出了明确的规定。
第五章 监督检查	共7条	城乡规划监督检查范畴 城乡规划人大监督 城乡规划行政监督 城乡规划公众监督 对违法行为的行政处分 对违法行为的行政处罚 实施监督检查执法要求	主要对城乡规划编制、审批、实施、修改的监督检查机构、权限、措施、程序、处理结果以及行政处分、行政处罚等作出了明确的规定。
第六章 法律责任	共12条	人民政府违法的行政法律责任 城乡规划主管部门违法的行政法律责任 相关行政部门违法的行政法律责任 城乡规划编制单位违法的法律责任 建设单位违法的法律责任 乡村违法建设的法律责任 临时建设违法的法律责任 违反竣工验收制度的法律责任 行政强制拆除规定 违法行为的刑事法律责任	主要对有关人民政府及其负责人和其他直接负责人，在城乡规划编制、审批、实施、修改中所发生的违法行为，城乡规划编制单位所出现的违法行为，建设单位或者个人所产生的违法建设行为的具体行政处分、行政处罚等作出了明确的规定。
第七章 附则	共1条	本法自2008年1月1日起施行。《城市规划法》同时废止。	

三、《城乡规划法》主要内容

（一）城乡规划的体系、原则和管理体制

城乡规划的体系 表3-3-3.1

内容	说明
城乡 规划 体系	《城乡规划法》第二条 制定和实施城乡规划，在规划区内进行建设活动，必须遵守本法。 本法所称城乡规划，包括城镇体系规划、城市规划、镇规划、乡规划和村庄规划。城市规划、镇规划分为总体规划和详细规划。详细规划分为控制性详细规划和修建性详细规划。 本法所称规划区，是指城市、镇和村庄的建成区以及因城乡建设和发展需要，必须实行规划控制的区域。规划区的具体范围由有关人民政府在组织编制的城市总体规划、镇总体规划、乡规划和村庄规划中，根据城乡经济社会发展水平和统筹城乡发展的需要划定。 《城乡规划法》第十二条、第十三条规定了全国城镇体系规划和省域城镇体系规划。 《城乡规划法》第三十四条规定了近期建设规划。 这就形成了本法所法定的城乡规划体系，体系中的各类规划就是受法律保护的法定规划。

城乡规划基本原则

表 3-3-3.2

内容	说明
基本原则 ★	《城乡规划法》第四条　制定和实施城乡规划，应当遵循城乡统筹、合理布局、节约土地、集约发展和先规划后建设的原则，改善生态环境，促进资源、能源节约和综合利用，保护耕地等自然资源和历史文化遗产，保持地方特色、民族特色和传统风貌，防止污染和其他公害，并符合区域人口发展、国防建设、防灾减灾和公共卫生、公共安全的需要。 　　在规划区内进行建设活动，应当遵守土地管理、自然资源和环境保护等法律、法规的规定。 　　县级以上地方人民政府应当根据当地经济社会发展的实际，在城市总体规划、镇总体规划中合理确定城市、镇的发展规模、步骤和建设标准。

城乡规划的管理体制

表 3-3-3.3

内容	说明
概论 ★	《城乡规划法》第十一条　国务院城乡规划主管部门负责全国的城乡规划管理工作。 县级以上地方人民政府城乡规划主管部门负责本行政区域内的城乡规划管理工作。
国务院城乡规划主管部门	国务院城乡规划主管部门主要负责： 全国城镇体系规划的组织编制和报批，部门规章的制定； 报国务院审批的省域城镇体系规划和城市总体规划的报批有关工作； 规划编制单位资质等级的审查和许可； 对举报或控告的受理、核查和处理； 对全国城乡规划编制、审批、实施、修改的监督检查。
省、自治区城乡规划主管部门	省、自治区城乡规划主管部门主要负责： 省域城镇体系规划和本行政区内城市总体规划、县人民政府所在地镇总体规划的报批有关工作； 规划编制单位资质等级的审查和许可； 对举报或控告的受理、核查和处理； 对区域内城乡规划编制、审批、实施、修改的监督检查和实施行政措施等。
城市、县人民政府城乡规划主管部门	城市、县人民政府城乡规划主管部门主要负责： 城市、镇总体规划以及乡规划和村庄规划的报批有关工作； 城市、镇控制性详细规划的组织编制和报批； 重要地块修建性详细规划的组织编制； 一书三证的受理、审查、核发； 对举报或控告的受理、核查和处理； 对区域内城乡规划编制、审批、实施、修改的监督检查和实施行政措施等； 直辖市人民政府城乡规划主管部门还负责对规划编制单位资质等级的审查和许可工作。
乡、镇人民政府	乡、镇人民政府负责： 乡规划、村庄规划的组织编制； 镇人民政府负责镇总体规划的组织编制，还负责镇的控制性详细规划的组织编制； 乡、镇人民政府对乡、村庄规划区内的违法建设实施行政处罚。

（二）城乡规划的制定

城乡规划的主要内容 表 3-3-3.4

内容	说明
城镇体系规划 ★	《城乡规划法》第十二条 国务院城乡规划主管部门会同国务院有关部门组织编制全国城镇体系规划，用于指导省域城镇体系规划、城市总体规划的编制。 全国城镇体系规划由国务院城乡规划主管部门报国务院审批。 《城乡规划法》第十三条 省、自治区人民政府组织编制省域城镇体系规划，报国务院审批。 省域城镇体系规划的内容应当包括：城镇空间布局和规模控制，重大基础设施的布局，为保护生态环境、资源等需要严格控制的区域。
城市、镇总体规划 ★	《城乡规划法》第十七条 城市总体规划、镇总体规划的内容应当包括：城市、镇的发展布局，功能分区，用地布局，综合交通体系，禁止、限制和适宜建设的地域范围，各类专项规划等。 规划区范围、规划区内建设用地规模、基础设施和公共服务设施用地、水源地和水系、基本农田和绿化用地、环境保护、自然与历史文化遗产保护以及防灾减灾等内容，应当作为城市总体规划、镇总体规划的强制性内容。 城市总体规划、镇总体规划的规划期限一般为二十年。城市总体规划还应当对城市更长远的发展作出预测性安排。
乡规划和村庄规划 ★	《城乡规划法》第十八条 乡规划、村庄规划应当从农村实际出发，尊重村民意愿，体现地方和农村特色。 乡规划、村庄规划的内容应当包括：规划区范围，住宅、道路、供水、排水、供电、垃圾收集、畜禽养殖场所等农村生产、生活服务设施、公益事业等各项建设的用地布局、建设要求，以及对耕地等自然资源和历史文化遗产保护、防灾减灾等的具体安排。乡规划还应当包括本行政区域内的村庄发展布局。

城乡规划编制和审批程序 表 3-3-3.5

内容	说明
全国城镇体系规划	《城乡规划法》第十二条 国务院城乡规划主管部门会同国务院有关部门组织编制全国城镇体系规划，用于指导省域城镇体系规划、城市总体规划的编制。 全国城镇体系规划由国务院城乡规划主管部门报国务院审批。
省域城镇体系规划	《城乡规划法》第十三条 省、自治区人民政府组织编制省域城镇体系规划，报国务院审批。 省域城镇体系规划的内容应当包括：城镇空间布局和规模控制，重大基础设施的布局，为保护生态环境、资源等需要严格控制的区域。
城市总体规划	《城乡规划法》第十四条 城市人民政府组织编制城市总体规划。 直辖市的城市总体规划由直辖市人民政府报国务院审批。省、自治区人民政府所在地的城市以及国务院确定的城市的总体规划，由省、自治区人民政府审查同意后，报国务院审批。其他城市的总体规划，由城市人民政府报省、自治区人民政府审批。
镇总体规划	《城乡规划法》第十五条 县人民政府组织编制县人民政府所在地镇的总体规划，报上一级人民政府审批。其他镇的总体规划由镇人民政府组织编制，报上一级人民政府审批。
乡、村庄规划	《城乡规划法》第二十二条 乡、镇人民政府组织编制乡规划、村庄规划，报上一级人民政府审批。村庄规划在报送审批前，应当经村民会议或者村民代表会议讨论同意。

内容	说明
控制性详细规划	《城乡规划法》第十九条　城市人民政府城乡规划主管部门根据城市总体规划的要求，组织编制城市的控制性详细规划，经本级人民政府批准后，报本级人民代表大会常务委员会和上一级人民政府备案。 《城乡规划法》第二十条　镇人民政府根据镇总体规划的要求，组织编制镇的控制性详细规划，报上一级人民政府审批。县人民政府所在地镇的控制性详细规划，由县人民政府城乡规划主管部门根据镇总体规划的要求组织编制，经县人民政府批准后，报本级人民代表大会常务委员会和上一级人民政府备案。
修建性详细规划	《城乡规划法》第二十一条　城市、县人民政府城乡规划主管部门和镇人民政府可以组织编制重要地块的修建性详细规划。修建性详细规划应当符合控制性详细规划。

城乡规划编制和审批要求　　　　　　　　　表 3-3-3.6

内容	说明
城乡规划编制和审批要求	《城乡规划法》第二十四条　城乡规划组织编制机关应当委托具有相应资质等级的单位承担城乡规划的具体编制工作。 《城乡规划法》第二十六条　城乡规划报送审批前，组织编制机关应当依法将城乡规划草案予以公告，并采取论证会、听证会或者其他方式征求专家和公众的意见。公告的时间不得少于三十日。 组织编制机关应当充分考虑专家和公众的意见，并在报送审批的材料中附具意见采纳情况及理由。 《城乡规划法》第二十七条　省域城镇体系规划、城市总体规划、镇总体规划批准前，审批机关应当组织专家和有关部门进行审查。

（三）城乡规划的实施

城乡规划的实施　　　　　　　　　　　表 3-3-3.7

内容	说明
城乡规划实施的原则★	在城市建设和发展过程中实施规划时应遵循的原则： 《城乡规划法》第二十九条　城市的建设和发展，应当优先安排基础设施以及公共服务设施的建设，妥善处理新区开发与旧区改建的关系，统筹兼顾进城务工人员生活和周边农村经济社会发展、村民生产与生活的需要。 镇的建设和发展，应当结合农村经济社会发展和产业结构调整，优先安排供水、排水、供电、供气、道路、通信、广播电视等基础设施和学校、卫生院、文化站、幼儿园、福利院等公共服务设施的建设，为周边农村提供服务。 乡、村庄的建设和发展，应当因地制宜、节约用地，发挥村民自治组织的作用，引导村民合理进行建设，改善农村生产、生活条件。 《城乡规划法》第三十条　城市新区的开发和建设，应当合理确定建设规模和时序，充分利用现有市政基础设施和公共服务设施，严格保护自然资源和生态环境，体现地方特色。 在城市总体规划、镇总体规划确定的建设用地范围以外，不得设立各类开发区和城市新区。 《城乡规划法》第三十一条　旧城区的改建，应当保护历史文化遗产和传统风貌，合理确定拆迁和建设规模，有计划地对危房集中、基础设施落后等地段进行改建。

内容	说明
城乡规划 实施的原则 ★	历史文化名城、名镇、名村的保护以及受保护建筑物的维护和使用,应当遵守有关法律、行政法规和国务院的规定。 　　《城乡规划法》第三十二条　城乡建设和发展,应当依法保护和合理利用风景名胜资源,统筹安排风景名胜区及周边乡、镇、村庄的建设。 　　风景名胜区的规划、建设和管理,应当遵守有关法律、行政法规和国务院的规定。 　　《城乡规划法》第三十三条　城市地下空间的开发和利用,应当与经济和技术发展水平相适应,遵循统筹安排、综合开发、合理利用的原则,充分考虑防灾减灾、人民防空和通信等需要,并符合城市规划,履行规划审批手续。
	确定的用地在规划实施过程中禁止擅自改变用途的原则: 　　《城乡规划法》第三十五条　城乡规划确定的铁路、公路、港口、机场、道路、绿地、输配电设施及输电线路走廊、通信设施、广播电视设施、管道设施、河道、水库、水源地、自然保护区、防汛通道、消防通道、核电站、垃圾填埋场及焚烧厂、污水处理厂和公共服务设施的用地以及其他需要依法保护的用地,禁止擅自改变用途。
	确定的建设用地范围以外不得作出规划许可的原则: 　　《城乡规划法》第四十二条　城乡规划主管部门不得在城乡规划确定的建设用地范围以外作出规划许可。
近期建设 规划 ★	近期建设规划的制定和实施: 　　《城乡规划法》第三十四条　城市、县、镇人民政府应当根据城市总体规划、镇总体规划、土地利用总体规划和年度计划以及国民经济和社会发展规划,制定近期建设规划,报总体规划审批机关备案。 　　近期建设规划应当以重要基础设施、公共服务设施和中低收入居民住房建设以及生态环境保护为重点内容,明确近期建设的时序、发展方向和空间布局。近期建设规划的规划期限为五年。

城乡规划实施管理制度　　　　　　　　　　　表 3-3-3.8

阶段	程序		主管部门	核发文件
建设项目选址规划管理	按照国家规定需要有关部门批准或者核准的建设项目,以划拨方式提供国有土地使用权的,建设单位在报送有关部门批准或者核准前,应当向城乡规划主管部门申请核发选址意见书。		城乡规划 主管部门	选址意见书
建设用地 规划管理	划拨方式	在城市、镇规划区内以划拨方式提供国有土地使用权的建设项目,经有关部门批准、核准、备案后,建设单位应当向城市、县人民政府城乡规划主管部门提出建设用地规划许可申请,由城市、县人民政府城乡规划主管部门核发建设用地规划许可证。	城市、县 人民政府城 乡规划主管 部门	建设用地 规划许可证
	出让方式	以出让方式取得国有土地使用权的建设项目,在签订国有土地使用权出让合同后,建设单位应当持建设项目的批准、核准、备案文件和国有土地使用权出让合同,向城市、县人民政府城乡规划主管部门领取建设用地规划许可证。		

阶段	程序	主管部门	核发文件
建设工程规划管理	在城市、镇规划区内进行建筑物、构筑物、道路、管线和其他工程建设的，建设单位或者个人应当向城市、县人民政府城乡规划主管部门或者省、自治区、直辖市人民政府确定的镇人民政府申请办理建设工程规划许可证。对符合控制性详细规划和规划条件的，由城市、县人民政府城乡规划主管部门或者省、自治区、直辖市人民政府确定的镇人民政府核发建设工程规划许可证。	城市、县人民政府城乡规划主管部门或者省、自治区、直辖市人民政府确定的镇人民政府	建设工程规划许可证
乡村建设规划管理	在乡、村庄规划区内进行乡镇企业、乡村公共设施和公益事业建设的，建设单位或者个人应当向乡、镇人民政府提出申请，由乡、镇人民政府报城市、县人民政府城乡规划主管部门核发乡村建设规划许可证。进行乡镇企业、乡村公共设施和公益事业建设以及农村村民住宅建设，确需占用农用地的，应当办理农用地转审批手续后，由城市、县人民政府城乡规划主管部门核发乡村建设规划许可证。建设单位或者个人在取得乡村建设规划许可证后，方可办理用地审批手续。	由乡、镇人民政府上报城市、县人民政府城乡规划主管部门核发文件	乡村建设规划许可证
临时建设和临时用地规划管理	在城市、镇规划区内进行临时建设的，应当经城市、县人民政府城乡规划主管部门批准。临时建设和临用地规划管理的具体办法，由省、自治区、直辖市人民政府制定。	市、县人民政府城乡规划主管部门	—

（四）城乡规划的修改

城乡规划的修改 表 3-3-3.9

内容	要点说明
规划修改的前提条件	省域城镇体系规划、城市总体规划、镇总体规划的修改： 《城乡规划法》第四十六条 省域城镇体系规划、城市总体规划、镇总体规划的组织编制机关，应当组织有关部门和专家定期对规划实施情况进行评估，并采取论证会、听证会或者其他方式征求公众意见。组织编制机关应当向本级人民代表大会常务委员会、镇人民代表大会和原审批机关提出评估报告并附具征求意见的情况。 《城乡规划法》第四十七条 有下列情形之一的，组织编制机关方可按照规定的权限和程序修改省域城镇体系规划、城市总体规划、镇总体规划： （一）上级人民政府制定的城乡规划发生变更，提出修改规划要求的； （二）行政区划调整确需修改规划的； （三）因国务院批准重大建设工程确需修改规划的； （四）经评估确需修改规划的； （五）城乡规划的审批机关认为应当修改规划的其他情形。 修改省域城镇体系规划、城市总体规划、镇总体规划前，组织编制机关应当对原规划的实施情况进行总结，并向原审批机关报告；修改涉及城市总体规划、镇总体规划强制性内容的，应当先向原审批机关提出专题报告，经同意后，方可编制修改方案。

内容	要点说明
规划修改的前提条件	修改后的省域城镇体系规划、城市总体规划、镇总体规划，应当依照本法第十三条、第十四条、第十五条和第十六条规定的审批程序报批。
	详细规划的修改： 《城乡规划法》第四十八条　修改控制性详细规划的，组织编制机关应当对修改的必要性进行论证，征求规划地段内利害关系人的意见，并向原审批机关提出专题报告，经原审批机关同意后，方可编制修改方案。控制性详细规划的修改涉及总体规划的强制性内容的，应当先修改总体规划。
	修建性详细规划的修改： 经依法审定的修建性详细规划、建设工程设计方案的总平面图不得随意修改。确需修改的，城乡规划主管部门应当采取听证会等形式，听取利害关系人的意见。
	乡规划、村庄规划的修改： 应当依照本法第二十二条规定，经村民会议或者村民代表会议讨论同意。
规划修改的报审程序	① 省域城镇体系规划、城市总体规划、镇总体规划修改后按照原规划的审批程序重新报批。 ② 控制性详细规划修改后按照原规划的审批程序重新报批。 ③ 乡规划、村庄规划修改后，应当依照本法第二十二条规定的审批程序报批。 ④ 城市、县、镇人民政府修改近期建设规划的，应当将修改后的近期建设规划报总体规划审批机关备案。
规划修改后的补偿	在选址意见书、建设用地规划许可证、建设工程规划许可证或者乡村建设规划许可证发放后，因依法修改城乡规划给被许可人合法权益造成损失的，应当依法给予补偿。
	修建性详细规划、建设工程设计方案的总平面图，因修改后给利害关系人合法权益造成损失的，应当依法给予补偿。

（五）城乡规划的监督检查和法律责任

城乡规划的监督检查　　　　　　　　　　　　　表 3-3-3.10

内容	说明
城乡规划的监督检查	行政监督检查： ① 包括县级人民政府及其城乡规划主管部门对下级政府及其城乡规划主管部门执行城乡规划编制、审批、实施、修改情况的监督检查。 ② 也包括县级以上地方人民政府城乡规划主管部门对城乡规划实施情况进行的监督检查，并对有权采取的措施作了明确规定。
	人民代表大会对政府的工作具有监督职能，地方各级人民政府应当向本级人民代表大会常务委员会或者乡、镇人民代表大会报告城乡规划的实施情况，并接受监督。
	县级以上人民政府及其城乡规划主管部门的监督检查，县级以上地方各级人民代表大会常务委员会或者乡、镇人民代表大会对城乡规划工作的监督检查，其监督检查情况和处理结果应当依法公开，以便公众查阅和监督。任何单位和个人都有权向城乡规划主管部门或者其他有关部门举报或者控告违反城乡规划的行为。城乡规划主管部门或者有关部门对举报或者控告，应当及时受理并组织核查、处理。

法律责任

表 3-3-3.11

违法主体或违法行为	依据	处罚内容
人民政府	人民政府违反《城乡规划法》的行为所应承担的法律责任，见第五十八条、第五十九条的规定。	责令改正、通报批评和行政处分
镇人民政府或者县级以上人民政府城乡规划主管部门	镇人民政府或者县级以上人民政府城乡规划主管部门违反《城乡规划法》的行为所应承担的法律责任，见第六十条的规定。	
县级以上人民政府有关部门	县级以上人民政府有关部门违反《城乡规划法》的行为所应承担的法律责任，见第六十一条的规定。	
城乡规划编制单位	城乡规划编制单位违反《城乡规划法》的行为所应承担的法律责任，见第六十二条、第六十三条的规定。	责令限期改正、罚款、责令停业整顿、降低资质等级、吊销资质证书、依法赔偿等
城镇建设单位	城镇违法建设行为所应承担的法律责任，见《城乡规划法》第六十四条的规定。	责令停止建设、限期改正并处罚款、限期拆除、没收实物或者违法收入，亦可以并处罚款等
乡村建设组织或个人	乡村建设的违法行为所应承担的法律责任，见《城乡规划法》第六十五条规定。	责令停止建设、限期改正和拆除
建设单位或者个人临时建设	建设单位或者个人临时建设违法所应承担的法律责任，见第六十六条的规定。	责令限期拆除、并处罚款
建设单位程序违法	建设单位未依法报送有关竣工验收资料所应承担的法律责任，见第六十七条的规定。	责令限期补报、罚款等
强制措施	城乡规划主管部门作出责令停止建设或者限期拆除的决定后，当事人不停止建设或者逾期不拆除的，按照第六十八条的规定进行处理。	建设工程所在地县级以上地方人民政府可以责成有关部门采取查封施工现场、强制拆除等措施
构成犯罪行为	违反《城乡规划法》的规定，构成犯罪行为的，按照第六十九条的规定进行处理。	依法追究刑事责任

第四节　城乡规划相关法律、法规

一、常考法律、法规目录

常考法律、法规目录　　　　　　　　　　　　　　　　　表 3-4-1

类别	法律规范和规章名称	颁布日期	最新修订日期	历年考题
法律	★《城乡规划法》	2007.10.28	2019.04.23	见图 3-3《城乡规划法》知识思维导图
	★《行政许可法》	2003.08.27	2019.04.23	见图 3-1 行政法学基础思维导图
	★《行政复议法》	1999.04.29	2017.09.01	
	★《行政处罚法》	1996.03.17	2021.01.22	
	★《行政诉讼法》	1989.04.04	2017.06.27	
	★《土地管理法》	1986.06.25	2019.08.26	2021-033、 2021-034、 2021-035、 2019-009、 2019-013、 2019-022、 2019-080、 2019-089、 2018-015、 2018-089、 2017-034、 2012-026、 2012-031、 2012-098、 2011-090
	《城市房地产管理法》	1994.07.05	2019.08.26	2018-014、 2018-016、 2018-080、 2018-085、 2017-038、 2017-040、 2013-030、 2013-042、 2013-087、 2013-088、 2012-029、 2012-030、 2011-029、 2011-088
	《民法典》（注：自 2021 年 1 月 1 日《民法典》实施后，《物权法》同时废止）	2020.05.28	—	2021-030、 2021-031、 2021-087、 2021-088、 2019-005、 2019-012、 2018-024、 2018-085、 2017-035、 2017-037、 2017-047、 2017-054、 2017-098、 2014-026、 2014-029、 2014-032、 2014-034、 2013-031、 2013-038、 2013-088、 2012-028、 2012-032、 2012-034、 2012-088、 2011-025、 2011-099
	《测绘法》	1992.12.28	2017.04.27	2021-042、 2020-044
	《立法法》	2000.03.15	2015.03.15	2021-032、 2021-089、 2020-019、 2020-020、 2018-088、 2014-010、 2014-083、 2013-007、 2012-081、 2011-017
	《环境保护法》	1989.12.26	2014.04.24	2021-038、 2019-024、 2018-013、 2014-059
	《环境影响评价法》	2002.10.28	2018.12.29	2021-039
	《森林法》	1984.09.20	2019.12.28	2021-041、2011-058
	《建筑法》	1997.11.01	2019.04.23	2018-020

类别	法律规范和规章名称	颁布日期	最新修订日期	历年考题
法律	《水法》	1988.01.21	2016.07.02	2021-040、2021-059、2019-006、2018-018、2017-052、2011-098
	《文物保护法》	1982.11.19	2017.11.04	2021-047、2018-067、2017-064、2017-068、2014-042、2013-036、2013-050、2013-091、2012-068、2011-054
	《国家赔偿法》	1994.05.12	2012.10.26	2014-066、2012-078、2011-073
	《人民防空法》	1996.10.29	2009.08.27	2019-008、2014-067、2011-064
	《防震减灾法》	1997.12.29	2008.12.27	2021-043、2021-044、2019-011、2014-054、2013-096、2011-037
	《消防法》	1998.04.29	2021.04.29	2021-045、2019-007、2014-064、2012-054
	《军事设施保护法》	1990.02.23	2021.06.10	2020-045、2013-068
	《节约能源法》	1997.11.01	2018.10.26	2018-090、2012-053
行政法规	★《历史文化名城名镇名村保护条例》	2008.04.22	2017.10.07	2020-048、2019-048、2019-090、2018-012、2018-026、2018-038、2018-068、2017-022、2017-044、2014-035、2014-044、2014-046、2014-050、2013-049、2013-051、2013-052、2013-092、2012-062、2012-063、2012-066、2012-067、2011-022
	★《风景名胜区条例》	2006.09.19	2016.02.06	2021-048、2020-046、2020-047、2019-091、2018-071、2018-072、2018-091、2013-093、2012-023、2012-070、2011-013、2011-043、2011-044
	《自然保护区条例》	1994.10.09	2017.10.07	2018-017、2017-069、2017-070
	《基本农田保护条例》	1998.12.27	2011.01.08	2012-032
	《村庄和集镇规划建设管理条例》	1993.06.29	—	—
部门规章与规范性文件	★《城市规划编制办法》	2005.12.31	—	2019-033、2019-034、2019-036、2018-092、2013-017、2013-086、2012-012、2012-019、2012-021、2011-086
	《省域城镇体系规划编制审批办法》	2010.04.25	—	2018-033、2018-059、2012-011、2011-014
	《城市总体规划实施评估办法（试行）》	2009.04.16	—	2018-046、2017-030、2014-013、2012-085

类别	法律规范和规章名称	颁布日期	最新修订日期	历年考题
部门规章与规范性文件	《城市总体规划审查工作规则》	1999.04.05	—	2018-063
	《城市、镇控制性详细规划编制审批办法》	2010.12.01	—	2019-032、2019-035、2018-054、2018-052、2018-055、2017-017、2017-031、2014-016、2014-017、2014-028、2012-017、2012-043
	《历史文化名城名镇名村街区保护规划编制审批办法》	2014.10.15	—	2018-038
	《城市绿线管理办法》	2002.09.13	2011.01.26	2019-050、2019-051、2018-049、2017-018、2014-061
	《城市紫线管理办法》	2003.12.17	2011.01.26	2021-091、2020-049、2019-088、2018-048、2014-047、2014-048、2014-051、2013-056、2013-057、2012-064、2011-048、2011-055
	《城市黄线管理办法》	2005.12.20	2011.01.26	2021-064、2017-029、2014-058、2011-057
	《城市蓝线管理办法》	2005.12.20	2011.01.26	2018-045、2012-048、2011-046
	《乡村建设规划许可实施意见》	2014.01.21	—	2019-031
	《建制镇规划建设管理办法》	1995.06.29	2011.01.26	2018-050
	《城市设计管理办法》	2017.03.14	—	2019-037、2018-061
	《建设用地容积率管理办法》	2012.02.17	—	—
	《城市地下空间开发利用管理规定》	1997.10.27	2011.01.26	2020-052、2019-044、2019-049、2018-031、2018-041、2017-062、2017-094、2014-097
	《城市国有土地使用权出让转让规划管理办法》	1992.12.04	2011.01.26	2014-022、2014-030、2013-035、2011-030
	《城市抗震防灾规划管理规定》	2003.09.19	2011.01.26	2020-055、2019-042、2018-029、2018-034、2017-061、2017-095、2014-055、2014-095、2013-060、2012-055、2011-038
	《市政公用设施抗灾设防管理规定》	2008.10.07	2015.01.22	2018-062、2014-057、2013-094、2013-058

类别	法律规范和规章名称	颁布日期	最新修订日期	历年考题
部门规章与规范性文件	《城市综合交通体系规划编制导则》	2010.05.26	—	2019-063、 2018-022、 2018-094、 2012-050
	《城乡规划编制单位资质管理规定》	2012.07.02	2016.01.11	2018-023、 2018-037、 2018-043、 2013-069、 2012-080
	《城市规划强制性内容暂行规定》	2002.08.29	已失效	2019-040、 2019-093、 2017-016、 2012-015、 2012-033、 2012-056、 2011-040
	《近期建设规划工作暂行办法》	2002.08.29	已失效	2017-021、 2013-040
	《停车场建设和管理暂行规定》	1988.10.03	已失效	2019-062
	《城建监察规定》	1996.09.22	已失效	—

注：① 表中带★的法律、法规为考试中出现频次较高的、需重点复习的篇目，在本书后面的篇章中会摘取这些法律、法规的重点内容供考生理解、记忆，其余篇目则由考生自主复习。

② 为了方便考生复习，《行政许可法》《行政复议法》《行政处罚法》以及《行政诉讼法》的相关条文已在"考点速记"的第一节"行政法学基础"中涉及，本章节内不再赘述。

二、重点法律、法规摘录

（一）《土地管理法》

《土地管理法》重要条文摘录　　　　　　　　　　表 3-4-2.1

内容		说明
第一章总则	土地所有制和使用制度	第二条　中华人民共和国实行土地的社会主义公有制，即全民所有制和劳动群众集体所有制。 全民所有，即国家所有土地的所有权由国务院代表国家行使。 任何单位和个人不得侵占、买卖或者以其他形式非法转让土地。土地使用权可以依法转让。 国家为了公共利益的需要，可以依法对土地实行征收或者征用并给予补偿。 国家依法实行国有土地有偿使用制度。但是，国家在法律规定的范围内划拨国有土地使用权的除外。
	土地管理基本国策	第三条　十分珍惜、合理利用土地和切实保护耕地是我国的基本国策。各级人民政府应当采取措施，全面规划，严格管理，保护、开发土地资源，制止非法占用土地的行为。
	土地用途管制制度	第四条　国家实行土地用途管制制度。 国家编制土地利用总体规划，规定土地用途，将土地分为农用地、建设用地和未利用地。严格限制农用地转为建设用地，控制建设用地总量，对耕地实行特殊保护。

内容		说明
第一章总则	土地管理责任主体	第五条 国务院自然资源主管部门统一负责全国土地的管理和监督工作。 县级以上地方人民政府自然资源主管部门的设置及其职责，由省、自治区、直辖市人民政府根据国务院有关规定确定。
第二章土地的所有权和使用权	土地的所有权	第九条 城市市区的土地属于国家所有。 农村和城市郊区的土地，除由法律规定属于国家所有的以外，属于农民集体所有；宅基地和自留地、自留山，属于农民集体所有。
	土地的承包期	第十三条 家庭承包的耕地的承包期为三十年，草地的承包期为三十年至五十年，林地的承包期为三十年至七十年；耕地承包期届满后再延长三十年，草地、林地承包期届满后依法相应延长。
第三章土地利用总体规划	土地利用总体规划编制原则	第十七条 土地利用总体规划按照下列原则编制： （一）落实国土空间开发保护要求，严格土地用途管制； （二）严格保护永久基本农田，严格控制非农业建设占用农用地； （三）提高土地节约集约利用水平； （四）统筹安排城乡生产、生活、生态用地，满足乡村产业和基础设施用地合理需求，促进城乡融合发展； （五）保护和改善生态环境，保障土地的可持续利用； （六）占用耕地与开发复垦耕地数量平衡、质量相当。
	国土空间规划体系	第十八条 国家建立国土空间规划体系。 经依法批准的国土空间规划是各类开发、保护、建设活动的基本依据。已经编制国土空间规划的，不再编制土地利用总体规划和城乡规划。
	城市总体规划与土地利用总体规划	第二十一条 城市建设用地规模应当符合国家规定的标准，充分利用现有建设用地，不占或者尽量少占农用地。 城市总体规划、村庄和集镇规划，应当与土地利用总体规划相衔接，城市总体规划、村庄和集镇规划中建设用地规模不得超过土地利用总体规划确定的城市和村庄、集镇建设用地规模。 在城市规划区内、村庄和集镇规划区内，城市和村庄、集镇建设用地应当符合城市规划、村庄和集镇规划。
第四章耕地保护	耕地保护★	第三十三条 国家实行永久基本农田保护制度。下列耕地应当根据土地利用总体规划划为永久基本农田，实行严格保护： （一）经国务院农业农村主管部门或者县级以上地方人民政府批准确定的粮、棉、油、糖等重要农产品生产基地内的耕地； （二）有良好的水利与水土保持设施的耕地，正在实施改造计划以及可以改造的中、低产田和已建成的高标准农田； （三）蔬菜生产基地； （四）农业科研、教学试验田； （五）国务院规定应当划为永久基本农田的其他耕地。 各省、自治区、直辖市划定的永久基本农田一般应当占本行政区域内耕地的百分之八十以上，具体比例由国务院根据各省、自治区、直辖市耕地实际情况规定。

内容		说明
第五章 建设用地	永久基本 农田转为 建设用地	第四十四条　建设占用土地，涉及农用地转为建设用地的，应当办理农用地转用审批手续。 永久基本农田转为建设用地的，由国务院批准。
	土地征收	第四十六条　征收下列土地的，由国务院批准： （一）永久基本农田； （二）永久基本农田以外的耕地超过三十五公顷的； （三）其他土地超过七十公顷的。 征收前款规定以外的土地的，由省、自治区、直辖市人民政府批准。
	以划拨方 式取得建 设用地的 规定	第五十四条　建设单位使用国有土地，应当以出让等有偿使用方式取得；但是，下列建设用地，经县级以上人民政府依法批准，可以以划拨方式取得： （一）国家机关用地和军事用地； （二）城市基础设施用地和公益事业用地； （三）国家重点扶持的能源、交通、水利等基础设施用地； （四）法律、行政法规规定的其他用地。
	临时用地	第五十七条　建设项目施工和地质勘查需要临时使用国有土地或者农民集体所有的土地的，由县级以上人民政府自然资源主管部门批准。其中，在城市规划区内的临时用地，在报批前，应当先经有关城市规划行政主管部门同意。土地使用者应当根据土地权属，与有关自然资源主管部门或者农村集体经济组织、村民委员会签订临时使用土地合同，并按照合同的约定支付临时使用土地补偿费。 临时使用土地的使用者应当按照临时使用土地合同约定的用途使用土地，并不得修建永久性建筑物。 临时使用土地期限一般不超过二年。
第六章	监督检查	
第七章	法律责任	
第八章	附则	

（二）《历史文化名城名镇名村保护条例》

《历史文化名城名镇名村保护条例》重要条文摘录　　　表 3-4-2.2

内容		说明
第一章 总则	适用范围	第二条　历史文化名城、名镇、名村的申报、批准、规划、保护，适用本条例。
	保护原则 和要求	第三条　历史文化名城、名镇、名村的保护应当遵循科学规划、严格保护的原则，保持和延续其传统格局和历史风貌，维护历史文化遗产的真实性和完整性，继承和弘扬中华民族优秀传统文化，正确处理经济社会发展和历史文化遗产保护的关系。

内容		说明
第一章 总则	保护监管 责任主体	第五条 国务院建设主管部门会同国务院文物主管部门负责全国历史文化名城、名镇、名村的保护和监督管理工作。 地方各级人民政府负责本行政区域历史文化名城、名镇、名村的保护和监督管理工作。
第二章 申报与 批准	申报与 批准 ★	第七条 具备下列条件的城市、镇、村庄，可以申报历史文化名城、名镇、名村： （一）保存文物特别丰富； （二）历史建筑集中成片； （三）保留着传统格局和历史风貌； （四）历史上曾经作为政治、经济、文化、交通中心或者军事要地，或者发生过重要历史事件，或者其传统产业、历史上建设的重大工程对本地区的发展产生过重要影响，或者能够集中反映本地区建筑的文化特色、民族特色。 申报历史文化名城的，在所申报的历史文化名城保护范围内还应当有 2 个以上的历史文化街区。
	审批机 关及审 批手续 ★	第九条 申报历史文化名城，由省、自治区、直辖市人民政府提出申请，经国务院建设主管部门会同国务院文物主管部门组织有关部门、专家进行论证，提出审查意见，报国务院批准公布。 申报历史文化名镇、名村，由所在地县级人民政府提出申请，经省、自治区、直辖市人民政府确定的保护主管部门会同同级文物主管部门组织有关部门、专家进行论证，提出审查意见，报省、自治区、直辖市人民政府批准公布。 **申请** 省、自治区、直辖市人民政府 ▶ **论证、审查** 国务院建设主管部门会同国务院文物主管部门 ▶ **批准公布** 国务院 申报历史文化名城程序 **申请** 所在地县级人民政府 ▶ **论证、审查** 省、自治区、直辖市人民政府确定的保护主管部门会同同级文物主管部门 ▶ **批准公布** 省、自治区、直辖市人民政府 申报历史文化名镇、名村程序 第十一条 国务院建设主管部门会同国务院文物主管部门可以在已批准公布的历史文化名镇、名村中，严格按照国家有关评价标准，选择具有重大历史、艺术、科学价值的历史文化名镇、名村，经专家论证，确定为中国历史文化名镇、名村。

内容		说明
第三章 保护规划	组织编制主体和编制期限 ★	第十三条　历史文化名城批准公布后，历史文化名城人民政府应当组织编制历史文化名城保护规划。 　　历史文化名镇、名村批准公布后，所在地县级人民政府应当组织编制历史文化名镇、名村保护规划。 　　保护规划应当自历史文化名城、名镇、名村批准公布之日起1年内编制完成。
	规划内容与期限	第十四条　保护规划应当包括下列内容： （一）保护原则、保护内容和保护范围； （二）保护措施、开发强度和建设控制要求； （三）传统格局和历史风貌保护要求； （四）历史文化街区、名镇、名村的核心保护范围和建设控制地带； （五）保护规划分期实施方案。 　　第十五条　历史文化名城、名镇保护规划的规划期限应当与城市、镇总体规划的规划期限相一致；历史文化名村保护规划的规划期限应当与村庄规划的规划期限相一致。
	规划审批前后的规定 ★	第十六条　保护规划报送审批前，保护规划的组织编制机关应当广泛征求有关部门、专家和公众的意见；必要时，可以举行听证。 　　保护规划报送审批文件中应当附具意见采纳情况及理由；经听证的，还应当附具听证笔录。 　　第十七条　保护规划由省、自治区、直辖市人民政府审批。 　　保护规划的组织编制机关应当将经依法批准的历史文化名城保护规划和中国历史文化名镇、名村保护规划，报国务院建设主管部门和国务院文物主管部门备案。 组织编制 所在市人民政府 → 审批 省、自治区、直辖市人民政府 → 备案 国务院建设主管部门和国务院文物主管部门 历史文化名城保护规划编制程序 组织编制 所在地县级人民政府 → 审批 省、自治区、直辖市人民政府 → 备案 国务院建设主管部门和国务院文物主管部门（仅针对中国历史文化名镇、名村） 历史文化名镇、名村保护规划编制程序

内容		说明
第四章 保护措施	保护原则和内容 ★	第二十一条　历史文化名城、名镇、名村应当整体保护，保持传统格局、历史风貌和空间尺度，不得改变与其相互依存的自然景观和环境。 第二十二条　历史文化名城、名镇、名村所在地县级以上地方人民政府应当根据当地经济社会发展水平，按照保护规划，控制历史文化名城、名镇、名村的人口数量，改善历史文化名城、名镇、名村的基础设施、公共服务设施和居住环境。
	保护措施 ★	第二十三条　在历史文化名城、名镇、名村保护范围内从事建设活动，应当符合保护规划的要求，不得损害历史文化遗产的真实性和完整性，不得对其传统格局和历史风貌构成破坏性影响。 第二十四条　在历史文化名城、名镇、名村保护范围内禁止进行下列活动： （一）开山、采石、开矿等破坏传统格局和历史风貌的活动； （二）占用保护规划确定保留的园林绿地、河湖水系、道路等； （三）修建生产、储存爆炸性、易燃性、放射性、毒害性、腐蚀性物品的工厂、仓库等； （四）在历史建筑上刻划、涂污。 第二十五条　在历史文化名城、名镇、名村保护范围内进行下列活动，应当保护其传统格局、历史风貌和历史建筑；制订保护方案，并依照有关法律、法规的规定办理相关手续： （一）改变园林绿地、河湖水系等自然状态的活动； （二）在核心保护范围内进行影视摄制、举办大型群众性活动； （三）其他影响传统格局、历史风貌或者历史建筑的活动。 第二十六条　历史文化街区、名镇、名村建设控制地带内的新建建筑物、构筑物，应当符合保护规划确定的建设控制要求。 第二十七条　对历史文化街区、名镇、名村核心保护范围内的建筑物、构筑物，应当区分不同情况，采取相应措施，实行分类保护。 历史文化街区、名镇、名村核心保护范围内的历史建筑，应当保持原有的高度、体量、外观形象及色彩等。 第二十八条　在历史文化街区、名镇、名村核心保护范围内，不得进行新建、扩建活动。但是，新建、扩建必要的基础设施和公共服务设施除外。
	举行听证规定	第二十九条　审批本条例第二十八条规定的建设活动，审批机关应当组织专家论证，并将审批事项予以公示，征求公众意见，告知利害关系人有要求举行听证的权利。公示时间不得少于 20 日。
	历史建筑保护措施	第三十条　城市、县人民政府应当在历史文化街区、名镇、名村核心保护范围的主要出入口设置标志牌。 任何单位和个人不得擅自设置、移动、涂改或者损毁标志牌。 第三十一条　历史文化街区、名镇、名村核心保护范围内的消防设施、消防通道，应当按照有关的消防技术标准和规范设置。确因历史文化街区、名镇、名村的保护需要，无法按照标准和规范设置的，由城市、县人民政府公安机关消防机构会同同级城乡规划主管部门制订相应的防火安全保障方案。

内容		说明
第四章 保护措施	历史建筑 保护措施	第三十三条　任何单位或者个人不得损坏或者擅自迁移、拆除历史建筑。 第三十四条　建设工程选址，应当尽可能避开历史建筑；因特殊情况不能避开的，应当尽可能实施原址保护。对历史建筑实施原址保护的，建设单位应当事先确定保护措施，报城市、县人民政府城乡规划主管部门会同同级文物主管部门批准。
第五章	法律责任	
第六章	附则	

（三）《风景名胜区条例》

《风景名胜区条例》重要条文摘录

表 3-4-2.3

内容		说明
第一章 总则	总则	第二条　风景名胜区的设立、规划、保护、利用和管理，适用本条例。 第三条　国家对风景名胜区实行科学规划、统一管理、严格保护、永续利用的原则。 第四条　风景名胜区所在地县级以上地方人民政府设置的风景名胜区管理机构，负责风景名胜区的保护、利用和统一管理工作。 第五条　国务院建设主管部门负责全国风景名胜区的监督管理工作。国务院其他有关部门按照国务院规定的职责分工，负责风景名胜区的有关监督管理工作。 省、自治区人民政府建设主管部门和直辖市人民政府风景名胜区主管部门，负责本行政区域内风景名胜区的监督管理工作。省、自治区、直辖市人民政府其他有关部门按照规定的职责分工，负责风景名胜区的有关监督管理工作。
第二章 设立	分级设立	第八条　风景名胜区划分为国家级风景名胜区和省级风景名胜区。
	风景名胜区设立审批	第十条　设立国家级风景名胜区，由省、自治区、直辖市人民政府提出申请，国务院建设主管部门会同国务院环境保护主管部门、林业主管部门、文物主管部门等有关部门组织论证，提出审查意见，报国务院批准公布。 设立省级风景名胜区，由县级人民政府提出申请，省、自治区人民政府建设主管部门或者直辖市人民政府风景名胜区主管部门，会同其他有关部门组织论证，提出审查意见，报省、自治区、直辖市人民政府批准公布。
第三章 规划	规划阶段与编制规划期限	第十二条　风景名胜区规划分为总体规划和详细规划。 第十四条　风景名胜区应当自设立之日起 2 年内编制完成总体规划，总体规划的规划期一般为 20 年。 第二十三条　风景名胜区总体规划的规划期届满前 2 年，规划的组织编制机关应当组织专家对规划进行评估，作出是否重新编制规划的决定。在新规划批准前，原规划继续有效。

续表

内容		说明
第三章规划	总体规划编制原则和内容	第十三条　风景名胜区总体规划应当包括下列内容： （一）风景资源评价； （二）生态资源保护措施、重大建设项目布局、开发利用强度； （三）风景名胜区的功能结构和空间布局； （四）禁止开发和限制开发的范围； （五）风景名胜区的游客容量； （六）有关专项规划。
	规划编制主体及审批	第十六条　国家级风景名胜区规划由省、自治区人民政府建设主管部门或者直辖市人民政府风景名胜区主管部门组织编制。 省级风景名胜区规划由县级人民政府组织编制。 第十九条　国家级风景名胜区的总体规划，由省、自治区、直辖市人民政府审查后，报国务院审批。 国家级风景名胜区的详细规划，由省、自治区人民政府建设主管部门或者直辖市人民政府风景名胜区主管部门报国务院建设主管部门审批。 第二十条　省级风景名胜区的总体规划，由省、自治区、直辖市人民政府审批，报国务院建设主管部门备案。 省级风景名胜区的详细规划，省、自治区人民政府建设主管部门或者直辖市人民政府风景名胜区主管部门审批。
	规划的公布、实施和修改	第二十一条　风景名胜区规划未经批准的，不得在风景名胜区内进行各类建设活动。 第二十二条　经批准的风景名胜区规划不得擅自修改。确需对风景名胜区总体规划中的风景名胜区范围、性质、保护目标、生态资源保护措施、重大建设项目布局、开发利用强度以及风景名胜区的功能结构、空间布局、游客容量进行修改的，应当报原审批机关批准；对其他内容进行修改的，应当报原审批机关备案。
第四章保护	基本要求	第二十四条　风景名胜区内的景观和自然环境，应当根据可持续发展的原则，严格保护，不得破坏或者随意改变。
	条例禁止的行为	第二十六条　在风景名胜区内禁止进行下列活动： （一）开山、采石、开矿、开荒、修坟立碑等破坏景观、植被和地形地貌的活动； （二）修建储存爆炸性、易燃性、放射性、毒害性、腐蚀性物品的设施； （三）在景物或者设施上刻划、涂污； （四）乱扔垃圾。 第二十七条　禁止违反风景名胜区规划，在风景名胜区内设立各类开发区和在核心景区内建设宾馆、招待所、培训中心、疗养院以及与风景名胜资源保护无关的其他建筑物；已经建设的，应当按照风景名胜区规划，逐步迁出。

内容		说明
第四章 保护	条例限制 的行为	第二十九条　在风景名胜区内进行下列活动，应当经风景名胜区管理机构审核后，依照有关法律、法规的规定报有关主管部门批准： （一）设置、张贴商业广告； （二）举办大型游乐等活动； （三）改变水资源、水环境自然状态的活动； （四）其他影响生态和景观的活动。
第五章	利用和管理	
第六章	法律责任	
第七章	附则	

（四）《城市规划编制办法》

《城市规划编制办法》重要条文摘录　　　　　表 3-4-2.4

内容		说明
第一章 总则	目的和 适用范围	第一条　为了规范城市规划编制工作，提高城市规划的科学性和严肃性，根据国家有关法律法规的规定，制定本办法。 第二条　按国家行政建制设立的市，组织编制城市规划，应当遵守本办法。
	城市规划 编制的 阶段	第七条　城市规划分为总体规划和详细规划两个阶段。大、中城市根据需要，可以依法在总体规划的基础上组织编制分区规划。 城市详细规划分为控制性详细规划和修建性详细规划。
第二章 城市规划 编制组织	城市规 划编制组织	第十一条　城市人民政府负责组织编制城市总体规划和城市分区规划。具体工作由城市人民政府建设主管部门（城乡规划主管部门）承担。 城市人民政府应当依据城市总体规划，结合国民经济和社会发展规划以及土地利用总体规划，组织制定近期建设规划。 控制性详细规划由城市人民政府建设主管部门（城乡规划主管部门）依据已经批准的城市总体规划或者城市分区规划组织编制。 修建性详细规划可以由有关单位依据控制性详细规划及建设主管部门（城乡规划主管部门）提出的规划条件，委托城市规划编制单位编制。
		第十四条　在城市总体规划的编制中，对于涉及资源与环境保护、区域统筹与城乡统筹、城市发展目标与空间布局、城市历史文化遗产保护等重大专题，应当在城市人民政府组织下，由相关领域的专家领衔进行研究。
第三章 城市规划 编制要求	城市规划 编制的内 容要求	第十九条　编制城市规划，对涉及城市发展长期保障的资源利用和环境保护、区域协调发展、风景名胜资源管理、自然与文化遗产保护、公共安全和公众利益等方面的内容，应当确定为必须严格执行的强制性内容。 第二十条　城市总体规划包括市域城镇体系规划和中心城区规划。编制城市总体规划，应当先组织编制总体规划纲要，研究确定总体规划中的重大问题，作为编制规划成果的依据。

内容		说明
第三章 城市规划 编制要求	城市规划 编制的内 容要求	第二十二条　编制城市近期建设规划，应当依据已经依法批准的城市总体规划，明确近期内实施城市总体规划的重点和发展时序，确定城市近期发展方向、规模、空间布局、重要基础设施和公共服务设施选址安排，提出自然遗产与历史文化遗产的保护、城市生态环境建设与治理的措施。 第二十五条　历史文化名城的城市总体规划，应当包括专门的历史文化名城保护规划。 历史文化街区应当编制专门的保护性详细规划。
第四章 城市规划 编制内容	城市总体 规划	第三十二条　城市总体规划的强制性内容包括： （一）城市规划区范围。 （二）市域内应当控制开发的地域。包括：基本农田保护区，风景名胜区，湿地、水源保护区等生态敏感区，地下矿产资源分布地区。 （三）城市建设用地。包括：规划期限内城市建设用地的发展规模，土地使用强度管制区划和相应的控制指标（建设用地面积、容积率、人口容量等）；城市各类绿地的具体布局；城市地下空间开发布局。 （四）城市基础设施和公共服务设施。包括：城市干道系统网络、城市轨道交通网络、交通枢纽布局；城市水源地及其保护区范围和其他重大市政基础设施；文化、教育、卫生、体育等方面主要公共服务设施的布局。 （五）城市历史文化遗产保护。包括：历史文化保护的具体控制指标和规定；历史文化街区、历史建筑、重要地下文物埋藏区的具体位置和界线。 （六）生态环境保护与建设目标，污染控制与治理措施。 （七）城市防灾工程。包括：城市防洪标准、防洪堤走向；城市抗震与消防疏散通道；城市人防设施布局；地质灾害防护规定。
	城市近期 建设规划	第三十六条　近期建设规划的内容应当包括： （一）确定近期人口和建设用地规模，确定近期建设用地范围和布局。 （二）确定近期交通发展策略，确定主要对外交通设施和主要道路交通设施布局。 （三）确定各项基础设施、公共服务和公益设施的建设规模和选址。 （四）确定近期居住用地安排和布局。 （五）确定历史文化名城、历史文化街区、风景名胜区等的保护措施，城市河湖水系、绿化、环境等保护、整治和建设措施。 （六）确定控制和引导城市近期发展的原则和措施。
	控制性详 细规划	第四十一条　控制性详细规划应当包括下列内容： （一）确定规划范围内不同性质用地的界线，确定各类用地内适建、不适建或者有条件地允许建设的建筑类型。 （二）确定各地块建筑高度、建筑密度、容积率、绿地率等控制指标；确定公共设施配套要求、交通出入口方位、停车泊位、建筑后退红线距离等要求。 （三）提出各地块的建筑体量、体型、色彩等城市设计指导原则。

内容		说明
第四章 城市规划编制内容	控制性详细规划	（四）根据交通需求分析，确定地块出入口位置、停车泊位、公共交通场站用地范围和站点位置、步行交通以及其他交通设施。规定各级道路的红线、断面、交叉口形式及渠化措施、控制点坐标和标高。 （五）根据规划建设容量，确定市政工程管线位置、管径和工程设施的用地界线，进行管线综合。确定地下空间开发利用具体要求。 （六）制定相应的土地使用与建筑管理规定。
	修建性详细规划	第四十三条　修建性详细规划应当包括下列内容： （一）建设条件分析及综合技术经济论证。 （二）建筑、道路和绿地等的空间布局和景观规划设计，布置总平面图。 （三）对住宅、医院、学校和托幼等建筑进行日照分析。 （四）根据交通影响分析，提出交通组织方案和设计。 （五）市政工程管线规划设计和管线综合。 （六）竖向规划设计。 （七）估算工程量、拆迁量和总造价，分析投资效益。
第五章　附则		

第五节　城乡规划技术标准、技术规范

一、城乡规划技术标准体系的构成

城乡规划技术标准体系的构成　　　　表 3-5-1

层级	类别	说明
第一层	基础标准	指在某一专业范围内作为其他标准的基础并普遍使用，具有广泛指导意义。如术语、符号、计量单位、图形、模数、基本分类、基本原则等的标准。
第二层	通用标准	针对某一类标准化对象制定的覆盖面较大的共性标准，作为制定专用标准的依据。如通用的安全、卫生和环保要求，通用的质量要求，通用的设计、施工要求与试验方法，以及通用的管理技术等。
第三层	专用标准	针对某一具体标准化对象或作为通用标准的补充、延伸制定的专项标准，覆盖面不大。如某种工程的勘察、规划、设计、施工、安装及质量验收的要求和方法，某个范围的安全、卫生、环保要求，某项试验方法，某类产品的应用技术以及管理技术等。

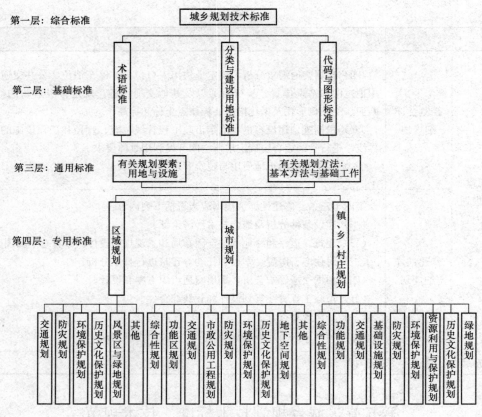

图 3-5-1　城乡规划技术标准体系框图

二、常考技术标准、技术规范目录

常考技术标准、技术规范目录　　　　　　　　表 3-5-2

标准名称	现行标准	历年考题
★《城市居住区规划设计标准》（注：该标准自 2018 年 12 月 1 日起实施，原国家标准《城市居住区规划设计规范》GB 50180—93 同时废止）	GB 50180—2018	2021-071、2019-065、2019-066、2019-067、2019-068、2019-078、2019-100、2018-027、2018-042、2018-058、2017-049、2014-045、2014-085、2013-025、2013-027、2013-044、2013-047、2013-063、2012-016、2012-044、2011-061、2011-063
★《城市用地分类与规划建设用地标准》	GB 50137—2011	2019-047、2019-055、2019-056、2019-059、2019-060、2018-097、2018-098、2017-042、2017-043、2017-089、2014-027、2014-037、2013-029、2012-039、2012-040、2011-023
★《城市综合交通体系规划标准》（注：该标准自 2019 年 3 月 1 日起实施，原《城市道路交通规划设计规范》GB 50220—95 同时废止）	GB/T 51328—2018	2021-055、2021-056、2019-027、2019-064、2018-040、2014-070、2013-062、2012-051、2011-059、2011-060、2011-065、2011-096

标准名称	现行标准	历年考题
★《民用建筑设计统一标准》	GB 50352—2019	—
★《历史文化名城保护规划标准》（注：该标准自 2019 年 4 月 1 日起实施，原国家标准《历史文化名城保护规划规范》GB 50357—2005 同时废止）	GB/T 50357—2018	2021-052、2018-070、2017-065、2017-066、2013-055、2012-065、2012-069、2012-090、2012-091、2012-092、2011-049、2011-068
《城乡用地评定标准》	CJJ 132—2009	2020-057、2019-053、2019-054、2019-098
《城市规划基本术语标准》	GB/T 50280—98	2019-073、2018-028、2017-090、2013-015、2013-034、2012-037、2011-015、2011-026、2011-050、2011-052
《城市给水工程规划规范》	GB 50282—2016	2021-061、2019-070、2019-072、2018-099、2013-028、2011-067
《城市排水工程规划规范》	GB 50318—2017	2021-060、2019-069、2019-079、2019-097、2017-093、2013-097
《城市绿地分类标准》	CJJ/T 85—2017	2021-093、2019-058、2019-096、2018-060、2014-068、2014-069、2013-066、2013-067、2012-046、2011-051
《城市公共设施规划规范》	GB 50442—2008	2019-043、2019-094
《城市水系规划规范》	GB 50513—2009（2016 版）	2019-061、2019-071
《城市消防规划规范》	GB 51080—2015	2021-062、2019-046、2019-099
《城乡建设用地竖向规划规范》（注：该规范自 2016 年 8 月 1 日起实施，原《城市用地竖向规划规范》CJJ 83—99 同时废止）	CJJ 83—2016	2021-054、2019-076、2018-047、2018-057、2017-059、2011-066、2011-071
《城市规划制图标准》	CJJ/T 97—2003	2019-038、2017-019、2014-011、2013-009、2013-010、2013-026、2012-042、2011-031、2011-053
《城市抗震防灾规划标准》	GB 50413—2007	2014-056、2013-059、2013-095、2012-094、2011-035、2011-036、2011-093
《防洪标准》	GB 50201—2014	2019-057、2014-053、2014-063
《城市防洪工程设计规范》	GB/T 50805—2012	2014-088、2013-065、2012-049、2012-057、2011-039、2011-094
《城市防洪规划规范》	GB 51079—2016	2019-052

标准名称	现行标准	历年考题
《城市工程管线综合规划规范》	GB 50289—2016	2021-066、2019-095、2018-032、2018-035、2018-096、2017-050、2017-053、2017-067、2014-043、2014-060、2014-091、2013-064、2012-052、2012-058
《城市电力规划规范》	GB/T 50293—2014	2021-072、2019-074、2017-051
《城镇老年人设施规划规范》	GB 50437—2007（2018 年版）	2019-077、2017-092、2013-037、2013-043、2013-090、2012-060、2011-069
《城市对外交通规划规范》	GB 50925—2013	2021-092、2020-061、2019-039
《城市道路绿化规划与设计规范》	CJJ 75—97	2018-064、2011-062
《城市环境卫生设施规划标准》（注：该标准自 2019 年 4 月 1 日起实施，原国家标准《城市环境卫生设施规划规范》GB 50337—2003 同时废止）	GB/T 50337—2018	2021-070、2021-096、2019-041、2018-036、2018-039、2017-060、2014-062、2012-059、2011-070、2011-095
《镇规划标准》	GB 50188—2007	2018-051、2011-024、2011-097
《城镇燃气规划规范》	GB/T 51098—2015	2021-095、2019-075
《城市停车规划规范》	GB/T 51149—2016	2021-058、2019-045

注：表中带★的技术标准、技术规范为考试中出现频次较高的、需重点复习的篇目，在本书后面的篇章中会摘取这些技术标准、技术规范的重点内容供考生理解、记忆，其余篇目则由考生自主复习。

三、重点技术标准、技术规范摘录

（一）《城市居住区规划设计标准》GB 50180—2018

《城市居住区规划设计标准》GB 50180—2018 重要条文摘录　表 3-5-3.1

内容	说明
适用范围	1.0.2　本标准适用于城市规划的编制以及城市居住区的规划设计。
居住区分级控制规模	2.0.2　十五分钟生活圈居住区：以居民步行十五分钟可满足其物质与生活文化需求为原则划分的居住区范围；一般由城市干路或用地边界线所围合、居住人口规模为 50000 人～100000 人（约 17000 套～32000 套住宅），配套设施完善的地区。 2.0.3　十分钟生活圈居住区：以居民步行十分钟可满足其基本物质与生活文化需求为原则划分的居住区范围；一般由城市干路、支路或用地边界线所围合、居住人口规模为 15000 人～25000 人（约 5000 套～8000 套住宅），配套设施齐全的地区。

内容	说明
居住区分级控制规模	2.0.4　五分钟生活圈居住区：以居民步行五分钟可满足其基本生活需求为原则划分的居住区范围；一般由支路及以上级城市道路或用地边界线所围合，居住人口规模为5000人～12000人（约1500套～4000套住宅），配建社区服务设施的地区。 　2.0.5　居住街坊：由支路等城市道路或用地边界线围合的住宅用地，是住宅建筑组合形成的居住基本单元；居住人口规模在1000人～3000人（约300套～1000套住宅，用地面积$2hm^2$～$4hm^2$），并配建有便民服务设施。
住宅建筑的间距 ★	4.0.8　住宅建筑与相邻建、构筑物的间距应在综合考虑日照、采光、通风、管线埋设、视觉卫生、防灾等要求的基础上统筹确定。 　4.0.9　住宅建筑的间距应符合相应的规定；对特定情况，还应符合下列规定： 　① 老年人居住建筑日照标准不应低于冬至日日照时数2h； 　② 在原设计建筑外增加任何设施不应使相邻住宅原有日照标准降低，既有住宅建筑进行无障碍改造加装电梯除外； 　③ 旧区改建项目内新建住宅建筑日照标准不应低于大寒日日照时数1h。
绿地	4.0.4　新建各级生活圈居住区应配套规划建设公共绿地，并应集中设置具有一定规模，且能开展休闲、体育活动的居住区公园；公共绿地控制指标应符合的人均公共绿地面积：十五分钟生活圈居住区不少于$2.0m^2$/人，十分钟生活圈居住区不少于$1.0m^2$/人，五分钟生活圈居住区不少于$1.0m^2$/人。 　居住区公园中应设置10%～15%的体育活动场地。 　4.0.5　当旧区改建确实无法满足规定时，可采取多点分布以及立体绿化等方式改善居住环境，但人均公共绿地面积不应低于相应控制指标的70%。
道路	6.0.2　居住区的路网系统应与城市道路交通系统有机衔接，并应符合下列规定： 　① 居住区应采取"小街区、密路网"的交通组织方式，路网密度不应小于$8km/km^2$；城市道路间距不应超过300m，宜为150m～250m，并应与居住街坊的布局相结合。 　② 居住区内的步行系统应连续、安全、符合无障碍要求，并应便捷连接公共交通站点。 　③ 在适宜自行车骑行的地区，应构建连续的非机动车道。 　④ 旧区改建，应保留和利用有历史文化价值的街道、延续原有的城市肌理。

（二）《城市用地分类与规划建设用地标准》GB 50137—2011

《城市用地分类与规划建设用地标准》GB 50137—2011 重要条文整理　　表 3-5-3.2

内容	说明
适用范围	本标准适用于城市总体规划工作和城市用地统计工作。
城市 用地分类 ★	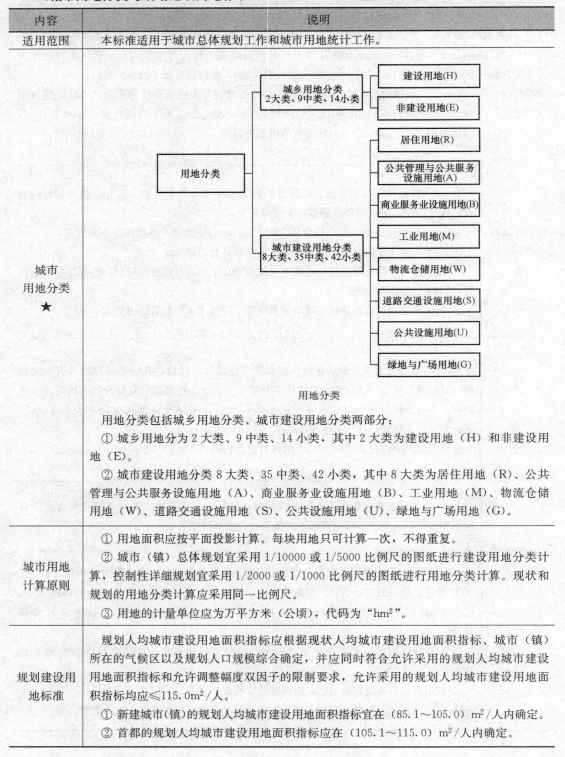 用地分类 用地分类包括城乡用地分类、城市建设用地分类两部分： 　① 城乡用地分为 2 大类、9 中类、14 小类，其中 2 大类为建设用地（H）和非建设用地（E）。 　② 城市建设用地分类 8 大类、35 中类、42 小类，其中 8 大类为居住用地（R）、公共管理与公共服务设施用地（A）、商业服务业设施用地（B）、工业用地（M）、物流仓储用地（W）、道路交通设施用地（S）、公共设施用地（U）、绿地与广场用地（G）。
城市用地 计算原则	① 用地面积应按平面投影计算。每块用地只可计算一次，不得重复。 ② 城市（镇）总体规划宜采用 1/10000 或 1/5000 比例尺的图纸进行建设用地分类计算，控制性详细规划宜采用 1/2000 或 1/1000 比例尺的图纸进行用地分类计算。现状和规划的用地分类计算应采用同一比例尺。 ③ 用地的计量单位应为万平方米（公顷），代码为 "hm^2"。
规划建设用 地标准	规划人均城市建设用地面积指标应根据现状人均城市建设用地面积指标、城市（镇）所在的气候区以及规划人口规模综合确定，并应同时符合允许采用的规划人均城市建设用地面积指标和允许调整幅度双因子的限制要求，允许采用的规划人均城市建设用地面积指标均应≤115.0m^2/人。 ① 新建城市（镇）的规划人均城市建设用地面积指标宜在（85.1～105.0）m^2/人内确定。 ② 首都的规划人均城市建设用地面积指标应在（105.1～115.0）m^2/人内确定。

内容	说明
规划建设用地标准	③ 边远地区、少数民族地区城市（镇）以及部分山地城市（镇）、人口较少的工矿业城市（镇）、风景旅游城市（镇）等，应专门论证确定规划人均城市建设用地面积指标，且上限不得大于 150.0m²/人。
	① 规划人均居住用地面积Ⅰ、Ⅱ、Ⅵ、Ⅶ气候区为 28.0～38.0m²/人，Ⅲ、Ⅳ、Ⅴ气候区为 23.0～36.0m²/人。 ② 规划人均公共管理与公共服务设施用地面积不应小于 5.5m²/人。 ③ 规划人均道路与交通设施用地面积不应小于 12.0m²/人。 ④ 规划人均绿地与广场用地面积不应小于 10.0m²/人，其中人均公园绿地面积不应小于 8.0m²/人。
	居住用地、公共管理与公共服务设施用地、工业用地、道路与交通设施用地和绿地与广场用地五大类主要用地规划占城市建设用地的比例宜为： ① 居住用地占 25%～40%； ② 公共管理与公共服务设施用地占 5%～8%； ③ 工业用地占 15%～30%； ④ 道路与交通设施用地占 10%～25%； ⑤ 绿地与广场用地占 10%～15%。

（三）《城市综合交通体系规划标准》GB/T 51328—2018

《城市综合交通体系规划标准》GB/T 51328—2018 重要条文摘录　　　　表 3-5-3.3

内容	说明
适用范围	1.0.2　本标准适用于城市总体规划中城市综合交通体系规划编制和单独的城市综合交通体系规划编制。 1.0.3　城市综合交通体系规划应以国家和省（直辖市）的城镇体系规划、经济社会发展规划以及相关综合交通专业规划为依据。
基本规定	3.0.2　城市综合交通体系规划的范围与年限应与城市总体规划一致。 3.0.6　城市综合交通体系应与城市空间布局、土地使用相互协调，城市综合交通的各子系统之间，以及城市内部交通与城市对外交通之间应在发展目标、发展时序、建设标准、服务水平、运营组织等方面进行协调。 3.0.7　城市综合交通体系的规划应符合城市所在地和城市不同发展分区的发展特征和发展阶段，并应符合下列规定： ① 城市新区的规划应充分满足城市发展的需求，并充分考虑城市发展的不确定性。设施建设基本完成的城市建成区的规划应以优化交通政策，改善步行、非机动车和公共交通，以及优化交通组织为重点。 ② 应能适应规划期内城市不同发展阶段空间组织的要求。 ③ 应符合城市不同发展分区的交通特征。 ④ 应为符合城市发展战略的新型交通方式提供发展条件。

内容	说明
规划实施评估	6.0.1　通过引入具有跟踪监测和动态调校作用的规划实施评估机制，开展规划评估工作，形成"编制—实施—评估—调整"的滚动闭环，为修订与编制城市综合交通体系规划提供依据。城市综合交通体系规划实施评估应与城市总体规划的实施评估、动态监测和"城市体检"同步进行，符合《城市总体规划实施评估办法（试行）》的要求，原则上每2年评估一次。有条件的城市可采取一年一评估的滚动模式。 6.0.2　综合交通体系规划实施评估应综合采用定量与定性相结合的评估手段。定性评估可采用专家评估、公众评估等形式……定量评估应根据规划实施情况和综合交通体系规划的指标体系，依托科学可靠的基础数据和技术手段，衡量各项指标的数值水平和变化趋势，提供量化的交通发展描述和规划评估结论。
交通信息化	15.0.2　交通信息包括静态信息和动态信息两大类。信息类别具体可参考下表，表中的基本信息予以优先采集。交通信息采集应多部门协作、避免重复建设。 交通信息类别

<table>
<tr><td rowspan="2">静态信息</td><td>基本信息</td><td>交通网络信息、现状和规划土地使用信息、交通调查信息（居民出行调查，各类专项调查）、人口及岗位信息</td></tr>
<tr><td>扩展信息</td><td>城市基础地理信息、公共设施信息、建筑信息、各类空间性规划和相关规划信息</td></tr>
<tr><td rowspan="2">动态信息</td><td>基本信息</td><td>道路交通量、道路行程车速、轨道交通客流量、公共汽电车客流量</td></tr>
<tr><td>扩展信息</td><td>交通枢纽客流信息、货运交通信息、停车场信息、非机动车和行人信息、交通事件信息、交通环境信息</td></tr>
</table>

（四）《民用建筑设计统一标准》GB 50352—2019

《民用建筑设计统一标准》GB 50352—2019 重要条文摘录　　表 3-5-3.4

内容	说明
适用范围	1.0.2　本标准适用于新建、扩建和改建的民用建筑设计。
基本规定	3.1.1　民用建筑按使用功能可分为居住建筑和公共建筑两大类。其中，居住建筑可分为住宅建筑和宿舍建筑。 3.2.1　民用建筑的设计使用年限应符合表 3.2.1 的规定。 设计使用年限分类

类别	设计使用年限（年）	示例
1	5	临时性建筑
2	25	易于替换结构构件的建筑
3	50	普通建筑和构筑物
4	100	纪念性建筑和特别重要的建筑

内容	说明
规划控制	4.1.1　建筑项目的用地性质、容积率、建筑密度、绿地率、建筑高度及其建筑基地的年径流总量控制率等控制指标，应符合所在地控制性详细规划的有关规定。 4.1.2　建筑及其环境设计应满足城乡规划及城市设计对所在区域的目标定位及空间形态、景观风貌、环境品质等控制和引导要求，并应满足城市设计对公共空间、建筑群体、园林景观、市政等环境设施的设计控制要求。 4.1.3　建筑设计应注重建筑群体空间与自然山水环境的融合与协调、历史文化与传统风貌特色的保护与发展、公共活动与公共空间的组织与塑造，并应符合下列规定： ①　建筑物的形态、体量、尺度、色彩以及空间组合关系应与周围的空间环境相协调； ②　重要城市界面控制地段建筑物的建筑风格、建筑高度、建筑界面等应与相邻建筑基地建筑物相协调； ③　建筑基地内的场地、绿化种植、景观构筑物与环境小品、市政工程设施、景观照明、标识系统和公共艺术等应与建筑物及其环境统筹设计、相互协调； ④　建筑基地内的道路、停车场、硬质地面宜采用透水铺装； ⑤　建筑基地与相邻建筑基地建筑物的室外开放空间、步行系统等宜相互连通。

（五）《历史文化名城保护规划标准》GB/T 50357—2018

《历史文化名城保护规划标准》GB/T 50357—2018 重要条文摘录　　　表 3-5-3.5

内容	说明
适用范围	1.0.2　本标准适用于历史文化名城、历史文化街区、文物保护单位及历史建筑的保护规划，以及非历史文化名城的历史城区、历史地段、文物古迹等的保护规划。
基本原则	1.0.3　保护规划必须应保尽保，并应遵循下列原则： ①　保护历史真实载体的原则； ②　保护历史环境的原则； ③　合理利用、永续发展的原则； ④　统筹规划、建设、管理的原则。
主要内容	历史文化名城 3.1.1　历史文化名城保护应包括下列内容： ①　城址环境及与之相互依存的山川形胜； ②　历史城区的传统格局与历史风貌； ③　历史文化街区和其他历史地段； ④　需要保护的建筑，包括文物保护单位、历史建筑、已登记尚未核定公布为文物保护单位的不可移动文物、传统风貌建筑等； ⑤　历史环境要素； ⑥　非物质文化遗产以及优秀传统文化。 本规范对保护界线、格局与风貌、道路交通、市政工程、防灾和环境保护等作了具体规定。

内容	说明
主要内容	历史文化街区 4.1.1 历史文化街区应具备下列条件： ① 应有比较完整的历史风貌； ② 构成历史风貌的历史建筑和历史环境要素应是历史存留的原物； ③ 历史文化街区核心保护范围面积不应小于 $1hm^2$； ④ 历史文化街区核心保护范围内的文物保护单位、历史建筑、传统风貌建筑的总用地面积不应小于核心保护范围内建筑总用地面积的 60%。 本规范对保护界线、保护与整治、道路交通、市政工程、防灾和环境保护等作了具体规定。
	文物保护单位与历史建筑 5.0.5 保护规划应对历史建筑保护范围内的各项建设活动提出管控要求，历史建筑保护范围内新建、扩建、改建的建筑，应在高度、体量、立面、材料、色彩、功能等方面与历史建筑相协调，并不得影响历史建筑风貌的展示。 5.0.6 历史建筑应保持和延续原有的使用功能；确需改变功能的，应保护和提示原有的历史文化特征，并不得危害历史建筑的安全。 5.0.7 保护规划应对历史建筑周边各类建设工程选址提出要求，应避开历史建筑；因特殊情况不能避开的，应实施原址保护，并提出必要的工程防护措施。

第六节 国土空间规划

一、全面深化改革背景下的国土空间规划体系

有些考生会简单认为当前职业资格考试试题会紧跟时政新闻，在考试中出一些"热点"题目，这样的想法是完全不对的。不能简单地将国土空间规划等同于每年新出台的规划类项目类型，例如新农村规划、乡村振兴规划、新型城镇化综合改革试验区总体规划等，而是需要放在全面深化改革背景下来看待当前正在构建体系的国土空间规划。国土空间规划基于当前社会发展阶段的变化与社会发展速度的变化，通过对部门合并，调整各部门规划事权范围，通过事权改革来实现管理方式、管理途径的迭代，建设和实现国家治理能力现代化。

1. 宏观目标

2015 年中共中央、国务院印发的《生态文明体制改革总体方案》中明确提出国土空间规划宏观目标是从根本上推进生态文明建设，推进生态文明领域国家治理体系和治理能力现代化。新时代的国土空间规划体系重构立足于国家治理视角，建立贯穿中央意志，落实基层治理，面向人民群众的国土空间规划体系，实现国土空间治理体系与治理能力的现代化。国土空间规划成为落实国土空间开发保护政策，实现生态文明的重要手段和工具。生态文明建设成为国土空间规划的核心任务。

2. 最新要求

2021 年 3 月发布的《中华人民共和国国民经济和社会发展第十四个五年规划和 2035

年远景目标纲要》中明确提出当前我国发展所处的环境:"当前和今后一个时期,我国发展仍然处于重要战略机遇期,但机遇和挑战都有新的发展变化。当今世界正经历百年未有之大变局,新一轮科技革命和产业变革深入发展,国际力量对比深刻调整,和平与发展仍然是时代主题,人类命运共同体理念深入人心。"随着改革开放40多年来经济社会的长足发展,未来如何实现进一步的发展,是需要客观认清对当下发展所存在的问题和所处的历史时期的发展诉求。

我国已转向高质量发展阶段,制度优势显著,治理效能提升,经济长期向好,物质基础雄厚,人力资源丰富,市场空间广阔,发展韧性强劲,社会大局稳定,继续发展具有多方面优势和条件。同时,我国发展不平衡不充分问题仍然突出,重点领域关键环节改革任务仍然艰巨,创新能力不适应高质量发展要求,农业基础还不稳固,城乡区域发展和收入分配差距较大,生态环保任重道远,民生保障存在短板,社会治理还有弱项。

在主要目标、健全城乡融合发展体制机制、完善城镇化空间布局、全面提升城市品质、优化区域经济布局、促进区域协调发展等方面对国土空间规划编制提出了新要求。

主要目标。国土空间开发保护格局得到优化,生产生活方式绿色转型成效显著,能源资源配置更加合理、利用效率大幅提高,单位国内生产总值能源消耗和二氧化碳排放分别降低13.5%、18%,主要污染物排放总量持续减少,森林覆盖率提高到24.1%,生态环境持续改善,生态安全屏障更加牢固,城乡人居环境明显改善。

完善城镇化空间布局。优化提升京津冀、长三角、珠三角、成渝、长江中游等城市群,发展壮大山东半岛、粤闽浙沿海、中原、关中平原、北部湾等城市群,培育发展哈长、辽中南、山西中部、黔中、滇中、呼包鄂榆、兰州—西宁、宁夏沿黄、天山北坡等城市群。优化城市群内部空间结构,构筑生态和安全屏障,形成多中心、多层级、多节点的网络型城市群。依托辐射带动能力较强的中心城市,提高1小时通勤圈协同发展水平,培育发展一批同城化程度高的现代化都市圈。统筹兼顾经济、生活、生态、安全等多元需要,转变超大特大城市开发建设方式,加强超大特大城市治理中的风险防控,促进高质量、可持续发展。

全面提升城市品质。按照资源环境承载能力合理确定城市规模和空间结构,统筹安排城市建设、产业发展、生态涵养、基础设施和公共服务。推行功能复合、立体开发、公交导向的集约紧凑型发展模式,统筹地上地下空间利用,增加绿化节点和公共开敞空间,新建住宅推广街区制。推行城市设计和风貌管控,落实适用、经济、绿色、美观的新时期建筑方针,加强新建高层建筑管控。科学规划布局城市绿环绿廊绿楔绿道,推进生态修复和功能完善工程,优先发展城市公共交通,建设自行车道、步行道等慢行网络,发展智能建造,推广绿色建材、装配式建筑和钢结构住宅,建设低碳城市。保护和延续城市文脉,杜绝大拆大建,让城市留下记忆、让居民记住乡愁。建设源头减排、蓄排结合、排涝除险、超标应急的城市防洪排涝体系,推动城市内涝治理取得明显成效。增强公共设施应对风暴、干旱和地质灾害的能力,完善公共设施和建筑应急避难功能。单列租赁住房用地计划,探索利用集体建设用地和企事业单位自有闲置土地建设租赁住房,支持将非住宅房屋改建为保障性租赁住房。完善土地出让收入分配机制,加大财税、金融支持力度。

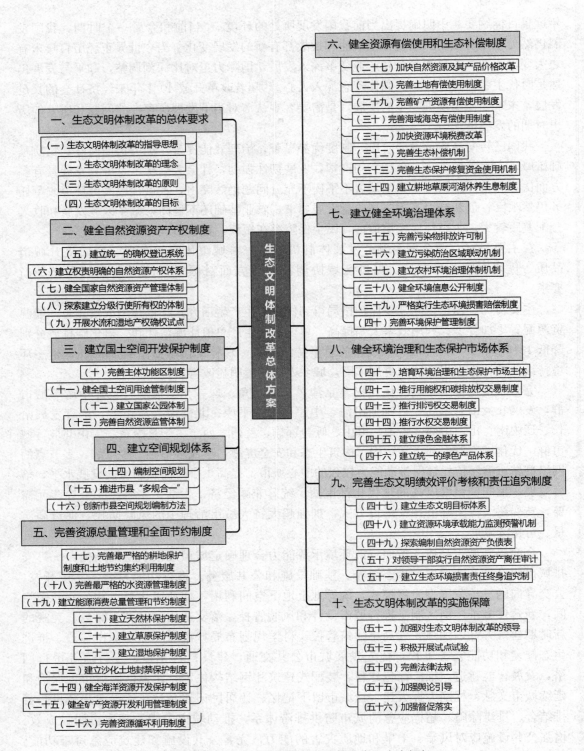

一、生态文明体制改革的总体要求
- （一）生态文明体制改革的指导思想
- （二）生态文明体制改革的理念
- （三）生态文明体制改革的原则
- （四）生态文明体制改革的目标

二、健全自然资源资产产权制度
- （五）建立统一的确权登记系统
- （六）建立权责明确的自然资源产权体系
- （七）健全国家自然资源资产管理体制
- （八）探索建立分级行使所有权的体制
- （九）开展水流和湿地产权确权试点

三、建立国土空间开发保护制度
- （十）完善主体功能区制度
- （十一）健全国土空间用途管制制度
- （十二）建立国家公园体制
- （十三）完善自然资源监管体制

四、建立空间规划体系
- （十四）编制空间规划
- （十五）推进市县"多规合一"
- （十六）创新市县空间规划编制方法

五、完善资源总量管理和全面节约制度
- （十七）完善最严格的耕地保护制度和土地节约集约利用制度
- （十八）完善最严格的水资源管理制度
- （十九）建立能源消费总量管理和节约制度
- （二十）建立天然林保护制度
- （二十一）建立草原保护制度
- （二十二）建立湿地保护制度
- （二十三）建立沙化土地封禁保护制度
- （二十四）健全海洋资源开发保护制度
- （二十五）健全矿产资源开发利用管理制度
- （二十六）完善资源循环利用制度

生态文明体制改革总体方案

六、健全资源有偿使用和生态补偿制度
- （二十七）加快自然资源及其产品价格改革
- （二十八）完善土地有偿使用制度
- （二十九）完善矿产资源有偿使用制度
- （三十）完善海域海岛有偿使用制度
- （三十一）加快资源环境税费改革
- （三十二）完善生态补偿机制
- （三十三）完善生态保护修复资金使用机制
- （三十四）建立耕地草原河湖休养生息制度

七、建立健全环境治理体系
- （三十五）完善污染物排放许可制
- （三十六）建立污染防治区域联动机制
- （三十七）建立农村环境治理体制机制
- （三十八）健全环境信息公开制度
- （三十九）严格实行生态环境损害赔偿制度
- （四十）完善环境保护管理制度

八、健全环境治理和生态保护市场体系
- （四十一）培育环境治理和生态保护市场主体
- （四十二）推行用能权和碳排放权交易制度
- （四十三）推行排污权交易制度
- （四十四）推行水权交易制度
- （四十五）建立绿色金融体系
- （四十六）建立统一的绿色产品体系

九、完善生态文明绩效评价考核和责任追究制度
- （四十七）建立生态文明目标体系
- （四十八）建立资源环境承载能力监测预警机制
- （四十九）探索编制自然资源资产负债表
- （五十）对领导干部实行自然资源资产离任审计
- （五十一）建立生态环境损害责任终身追究制

十、生态文明体制改革的实施保障
- （五十二）加强对生态文明体制改革的领导
- （五十三）积极开展试点试验
- （五十四）完善法律法规
- （五十五）加强舆论引导
- （五十六）加强督促落实

图 3-6-1.1 《生态文明体制改革总体方案》内容框架

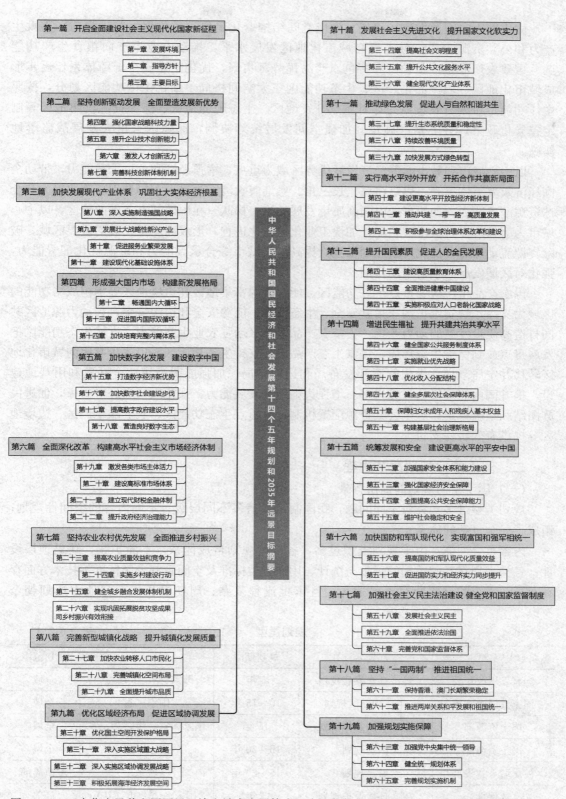

图 3-6-1.2 《中华人民共和国国民经济和社会发展第十四个五年规划和 2035 年远景目标纲要》内容框架

优化国土空间开发保护格局。顺应空间结构变化趋势，优化重大基础设施、重大生产力和公共资源布局，分类提高城市化地区发展水平，推动农业生产向粮食生产功能区、重要农产品生产保护区和特色农产品优势区集聚，优化生态安全屏障体系，逐步形成城市化地区、农产品主产区、生态功能区三大空间格局。细化主体功能区划分，按照主体功能定位划分政策单元，对重点开发地区、生态脆弱地区、能源资源富集地区等制定差异化政策，分类精准施策。加强空间发展统筹协调，保障国家重大发展战略落地实施。

以中心城市和城市群等经济发展优势区域为重点，增强经济和人口承载能力，带动全国经济效率整体提升。以京津冀、长三角、粤港澳大湾区为重点，提升创新策源能力和全球资源配置能力，加快打造引领高质量发展的第一梯队。在中西部有条件的地区，以中心城市为引领，提升城市群功能，加快工业化城镇化进程，形成高质量发展的重要区域。破除资源流动障碍，优化行政区划设置，提高中心城市综合承载能力和资源优化配置能力，强化对区域发展的辐射带动作用。

以农产品主产区、重点生态功能区、能源资源富集地区和边境地区等承担战略功能的区域为支撑，切实维护国家粮食安全、生态安全、能源安全和边疆安全，与动力源地区共同打造高质量发展的动力系统。支持农产品主产区增强农业生产能力，支持生态功能区把发展重点放到保护生态环境、提供生态产品上，支持生态功能区人口逐步有序向城市化地区转移并定居落户。优化能源开发布局和运输格局，加强能源资源综合开发利用基地建设，提升国内能源供给保障水平。增强边疆地区发展能力，强化人口和经济支撑，促进民族团结和边疆稳定。健全公共资源配置机制，对重点生态功能区、农产品主产区、边境地区等提供有效转移支付。

二、国土空间规划改革进程
（一）国土空间规划的提出背景

规划类型过多：针对不同问题，我国制定了诸多不同层级、不同内容的空间性规划，组成了一个复杂的体系。

内容重叠冲突：由于规划类型过多，各部门规划自成体系，不断扩张，缺乏顶层设计；各类规划在基础数据的采集与统计、用地分类标准及空间管制分区标准等技术方面存在差异，内容的重叠冲突不可避免，且审批流程复杂、周期过长，部分地方规划朝令夕改。

规划类型 表 3-6-2.1

主管部门	规划名称	规划期限	规划层次	规划范围
国家发展改革委	经济社会发展规划	5 年	国家、省、市、县	全域
国家发展改革委	主体功能区规划	10～15 年	国家、省	全域
国土资源部	土地利用总体规划	15 年	国家、省、市、县、乡	全域
国土资源部	国土规划	15～20 年	国家、省	全域
住房城乡建设部	城乡规划	15～20 年	城镇	城镇局部
环保部	生态环境保护规划	5 年	国家、省、市（县）	局部

（二）国土空间规划的解决方案

国土空间规划的解决方案   表 3-6-2.2

问题	解决方案	说明
规划类型过多	多规合一	将主体功能区规划、土地利用规划、城乡规划等空间规划融合为统一的国土空间规划，实现"多规合一"。
内容重叠冲突	一张图	完善国土空间基础信息平台。以自然资源调查监测数据为基础，采用国家统一的测绘基准和测绘系统，整合各类空间关联数据，建立全国统一的国土空间基础信息平台。 以国土空间基础信息平台为底板，结合各级各类国土空间规划编制，同步完成县级以上国土空间基础信息平台建设，实现主体功能区战略和各类空间管控要素精准落地，逐步形成全国国土空间规划"一张图"，推进政府部门之间的数据共享以及政府与社会之间的信息交互。
审批流程复杂、周期过长	成立自然资源部	根据机构改革方案，全国陆海域空间资源管理及空间性规划编制和管理职能被整合进自然资源部。
地方规划朝令夕改	一张蓝图干到底	严格执行规划，以钉钉子精神抓好贯彻落实，久久为功，做到一张蓝图干到底。

注：依据《中共中央 国务院关于建立国土空间规划体系并监督实施的若干意见》中"二、总体要求
（二）主要目标"的内容编制。

（三）国土空间规划的政策进程

国土空间规划的政策进程   表 3-6-2.3

时间与阶段	政策进程
2012 年 11 月 首次提出	党的十八大报告 明确提出"促进生产空间集约高效、生活空间宜居适度、生态空间山清水秀"的总体要求，将优化国土空间开发格局作为生态文明建设的首要举措。
2013 年 11 月 地位初现	《中共中央关于全面深化改革若干重大问题的决定》 "加快生态文明制度建设"的要求，首次提出"建立空间规划体系，划定生产、生活、生态空间开发管制界限，落实用途管制"。从此，空间规划正式从国家引导和控制城镇化的技术工具上升为生态文明建设基本制度的组成部分，成为治国理政的重要支撑。
2015 年 9 月 编制试点	《生态文明体制改革总体方案》 整合目前各部门分头编制的各类空间性规划，编制统一的空间规划，实现规划全覆盖。空间规划是国家空间发展的指南、可持续发展的空间蓝图，是各类开发建设活动的基本依据。空间规划分为国家、省、市县（设区的市空间规划范围为市辖区）三级。研究建立统一规范的空间规划编制机制。鼓励开展省级空间规划试点。
2018 年 9 月 26 日	《乡村振兴战略规划（2018—2022 年)》

时间与阶段	政策进程
2018 年 3 月 机构改革	《深化党和国家机构改革方案》 　要求组建自然资源部，"强化国土空间规划对各专项规划的指导约束作用，推进多规合一，实现土地利用规划、城乡规划等有机融合"。 《国务院机构改革方案》 　明确组建自然资源部，统一行使所有国土空间用途管制和生态保护修复职责，"强化国土空间规划对各专项规划的指导约束作用"，推进"多规合一"；负责建立空间规划体系并监督实施。
2019 年 4 月	《关于统筹推进自然资源资产产权制度改革的指导意见》
2019 年 5 月 23 日 正式启动	《中共中央　国务院关于建立国土空间规划体系并监督实施的若干意见》 　标志着将主体功能区、土地利用规划、城乡规划等空间性规划融合为一体的"国土空间规划体系"的整体框架已经明确。这是一项重要改革成果和具有创新意义的制度建构。同时这份文件是当前国土空间规划体系构建的顶层设计，在《国土空间规划法》尚未出台的情况下，作为当前开展国土空间规划各项工作的依据。
2019 年 5 月 28 日	《自然资源部关于全面开展国土空间规划工作的通知》
2019 年 5 月	《市县国土空间规划基本分区与用途分类指南（试行）》
2019 年 5 月 29 日	《自然资源部办公厅关于加强村庄规划促进乡村振兴的通知》
2019 年 6 月	《城镇开发边界划定指南（试行）》
2019 年 6 月	《关于建立以国家公园为主体的自然保护地体系的指导意见》
2019 年 8 月 26 日	《生态保护红线勘界定标技术规程》
2019 年 9 月	《自然资源部关于以"多规合一"为基础推进规划用地"多审合一、多证合一"改革的通知》
2019 年 11 月 1 日	《关于在国土空间规划中统筹划定落实三条控制线的指导意见》
2019 年 12 月 10 日	《自然资源部关于开展全域土地综合整治试点工作的通知》
2020 年 1 月 17 日	《省级国土空间规划编制指南（试行）》
2020 年 1 月 19 日	《资源环境承载能力和国土空间开发适宜性评价指南（试行）》
2020 年 5 月	《自然资源部办公厅关于加强国土空间规划监督管理的通知》
2020 年 7 月 29 日	《自然资源部　农业农村部关于农村乱占耕地建房"八不准"的通知》
2020 年 9 月	《市级国土空间总体规划编制指南（试行）》
2020 年 11 月 17 日	《国土空间调查、规划、用途管制用地用海分类指南（试行）》
2020 年 12 月 15 日	《自然资源部办公厅关于进一步做好村庄规划工作的意见》
2021 年 1 月 28 日	《自然资源部　国家发展改革委　农业农村部关于保障和规范农村一二三产业融合发展用地的通知》
2021 年 2 月 21 日	《中共中央　国务院关于全面推进乡村振兴加快农业农村现代化的意见》
2021 年 3 月 8 日	《自然资源部　国家文物局关于在国土空间规划编制和实施中加强历史文化遗产保护管理的指导意见》
2021 年 3 月 9 日	《国土空间规划"一张图"实施监督信息系统技术规范》
2021 年 3 月 13 日	《中华人民共和国国民经济和社会发展第十四个五年规划和 2035 年远景目标纲要》
2021 年 3 月 29 日	《市级国土空间总体规划数据库规范》
2021 年 3 月 29 日	《市级国土空间总体规划制图规范》

三、国土空间规划的基本概念

相关概念来源于《省级国土空间规划编制指南（试行）》及《资源环境承载能力和国土空间开发适宜性评价指南（试行）》的部分内容。

国土空间规划的基本概念

表 3-6-3

术语	定义
国土空间	国家主权与主权权利管辖下的地域空间，包括陆地国土空间和海洋国土空间。
国土空间规划	对国土空间的保护、开发、利用、修复作出的总体部署与统筹安排。
国土空间保护	对承担生态安全、粮食安全、资源安全等国家安全的地域空间进行管护的活动。
国土空间开发	以城镇建设、农业生产和工业生产等为主的国土空间开发活动。
国土空间利用	根据国土空间特点开展的长期性或周期性使用和管理活动。
生态修复和国土综合整治	遵循自然规律和生态系统内在机理，对空间格局失衡、资源利用低效、生态功能退化、生态系统受损的国土空间，进行适度人为引导、修复或综合整治，维护生态安全、促进生态系统良性循环的活动。
国土空间用途管制	以总体规划、详细规划为依据，对陆海所有国土空间的保护、开发和利用活动，按照规划确定的区域、边界、用途和使用条件等，核发行政许可、进行行政审批等。
主体功能区	以资源环境承载能力、经济社会发展水平、生态系统特征以及人类活动形式的空间分异为依据，划分出具有某种特定主体功能、实施差别化管控的地域空间单元。
国土空间规划分区	以全域覆盖、不交叉、不重叠为基本原则，以国土空间的保护与保留、开发与利用两大管控属性为基础，根据市县主体功能区战略定位，结合国土空间规划发展策略，将市县全域国土空间划分为生态保护区、自然保留区、永久基本农田集中区、城镇发展区、农业农村发展区、海洋发展区等六类基本分区，并明确各分区的核心管控目标和政策导向。同时，还可对城镇发展区、农业农村发展区、海洋发展区等规划基本分区进行细化分类。
国土空间规划一张图	以自然资源调查监测数据为基础，采用国家统一的测绘基准和测绘系统，整合各类空间关联数据，建成全国统一的国土空间基础信息平台后，再以此平台为基础载体，结合各级各类国土空间规划编制，建设从国家到市县级、可层层叠加打开的国土空间规划"一张图"实施监督信息系统，形成覆盖全国、动态更新、权威统一的国土空间规划"一张图"。
"三区三线"	"三线"分别对应在城镇空间、农业空间、生态空间划定的城镇开发边界、永久基本农田、生态保护红线三条控制线。其中： 生态空间是指以提供生态系统服务或生态产品为主的功能空间； 农业空间是指以农业生产、农村生活为主的功能空间； 城镇空间是指以承载城镇经济、社会、政治、文化、生态等要素为主的功能空间。 "三区"是指城镇空间、农业空间、生态空间三种类型的国土空间。其中： 生态保护红线是指在生态空间范围内具有特殊重要生态功能，必须强制性严格保护的陆域、水域、海域等区域； 永久基本农田是指按照一定时期人口和经济社会发展对农产品的需求，依据国土空间规划确定的不得擅自占用或改变用途的耕地； 城镇开发边界是指在一定时期内因城镇发展需要，可以集中进行城镇开发建设，重点完善城镇功能的区域边界，涉及城市、建制镇以及各类开发区等。

术语	定义
"双评价"	"双评价"是指资源环境承载能力与国土空间开发适宜性评价。 资源环境承载能力评价，指的是基于特定发展阶段、经济技术水平、生产生活方式和生态保护目标，一定地域范围内资源环境要素能够支撑农业生产、城镇建设等人类活动的最大规模。 国土空间开发适宜性评价，指的是在维系生态系统健康和国土安全的前提下，综合考虑资源环境等要素条件，特定国土空间进行农业生产、城镇建设等人类活动的适宜程度。
"双评估"	"双评估"是指国土空间开发保护现状评估、现行空间类规划实施情况评估。 国土空间开发保护现状评估一般以安全、创新、协调、绿色、开放、共享等理念构建的指标体系为标准，从数量、质量、布局、结构、效率等角度，找出一定区域国土空间开发保护现状与高质量发展要求之间存在的差距和问题所在。同时可在现状评估基础上，结合影响国土空间开发保护因素的变动趋势，分析国土空间发展面临的潜在风险。 空间规划实施评估是指对现行土地利用总体规划、城乡总体规划、林业草业规划、海洋功能区划等空间类规划，在规划目标、规模结构、保护利用等方面的实施情况进行评估，并识别不同空间规划之间的冲突和矛盾，总结成效和问题。
生态单元	具有特定生态结构和功能的生态空间单元，体现区域（流域）生态功能系统性、完整性、多样性、关联性等基本特征。
第三次全国国土调查	第三次全国国土调查，简称"三调"。三调于2017年10月启动，以2019年12月31日为标准时点，全面查清我国陆地国土的利用现状。国土空间规划体系统一采用2000国家大地坐标系和1985国家高程基准作为空间定位基础。2021年3月，三调工作已基本完成，待上报党中央、国务院审议通过后，将为各级国土空间规划编制提供翔实的数据支撑。

四、国土空间规划体系

国土空间规划体系分为四个体系，即编制审批体系、实施监督体系、法规政策体系和技术标准体系。

（一）国土空间规划编制审批体系

国土空间规划编制体系（五级三类）　　　　　　　　表 3-6-4.1

总体规划	详细规划		相关专项规划
全国国土空间规划	—		专项规划
省国土空间规划			专项规划
市国土空间规划	（边界内） 详细规划	（边界外） 村庄规划	专项规划
县国土空间规划			
镇（乡）国土空间规划			—

注：依据《中共中央 国务院关于建立国土空间规划体系并监督实施的若干意见》中"三、总体框架（三）分级分类建立国土空间规划"的内容编制。

总体规划的编制与审批　　　　　　　　　　　　　　表 3-6-4.2

类型	编制重点	编制、审批主体
全国国土空间规划	是对全国国土空间作出的全局安排，是全国国土空间保护、开发、利用、修复的政策和总纲，侧重战略性。	由自然资源部会同相关部门组织编制，由党中央、国务院审定后印发。
省国土空间规划	是对全国国土空间规划的落实，指导市县国土空间规划编制，侧重协调性。	由省级政府组织编制，经同级人大常委会审议后报国务院审批。
市国土空间规划	市县和乡镇国土空间规划是本级政府对上级国土空间规划要求的细化落实，是对本行政区域开发保护作出的具体安排，侧重实施性。	需报国务院审批的城市国土空间总体规划，由市政府组织编制，经同级人大常委会审议后，由省级政府报国务院审批；其他市县及乡镇国土空间规划由省级政府根据当地实际，明确规划编制审批内容和程序要求。各地可因地制宜，将市县与乡镇国土空间规划合并编制，也可以几个乡镇为单元编制乡镇级国土空间规划。
县国土空间规划		
镇（乡）国土空间规划		

注：依据《中共中央 国务院关于建立国土空间规划体系并监督实施的若干意见》"三、总体框架"中部分内容编制。

专项规划与详细规划的编制与审批　　　　　　　　表 3-6-4.3

规划类型	编制、审批主体
海岸带、自然保护地等专项规划及跨行政区域或流域的国土空间规划	由所在区域或上一级自然资源主管部门牵头组织编制，报同级政府审批
涉及空间利用的某一领域专项规划，如交通、能源、水利、农业、信息、市政等基础设施，公共服务设施，军事设施，以及生态环境保护、文物保护、林业草原等专项规划	由相关主管部门组织编制。
相关专项规划	可在国家、省和市县层级编制。
在城镇开发边界内的详细规划	由市县自然资源主管部门组织编制，报同级政府审批。
在城镇开发边界外的乡村地区的详细规划	以一个或几个行政村为单元，由乡镇政府组织编制"多规合一"的实用性村庄规划，作为详细规划，报上一级政府审批。

注：依据《中共中央 国务院关于建立国土空间规划体系并监督实施的若干意见》中"三、总体框架"中部分内容编制。

2019 年 5 月，自然资源部印发《关于全面开展国土空间规划工作的通知》，全面部署开展各级国土空间规划编制，并要求各地加强衔接和上下联动，基于国土空间基础信息平台，搭建从国家到市县级的国土空间规划"一张图"实施监督信息系统，形成覆盖全国、动态更新、权威统一的国土空间规划"一张图"，明确国土空间规划报批审查的要点。

明确各地不再新编和报批主体功能区规划、土地利用总体规划、城镇体系规划、城市（镇）总体规划、海洋功能区划等。已批准的规划期至 2020 年后的省级国土规划、城镇体系规划、主体功能区规划，城市（镇）总体规划，以及原省级空间规划试点和市县"多规合一"试点等，要按照新的规划编制要求，将既有规划成果融入新编制的同级国土空间规划中。

对现行土地利用总体规划、城市（镇）总体规划实施中存在矛盾的图斑，要结合国土空间基础信息平台的建设，按照国土空间规划"一张图"要求，作一致性处理，作为国土空间用途管制的基础。一致性处理不得突破土地利用总体规划确定的 2020 年建设用地和

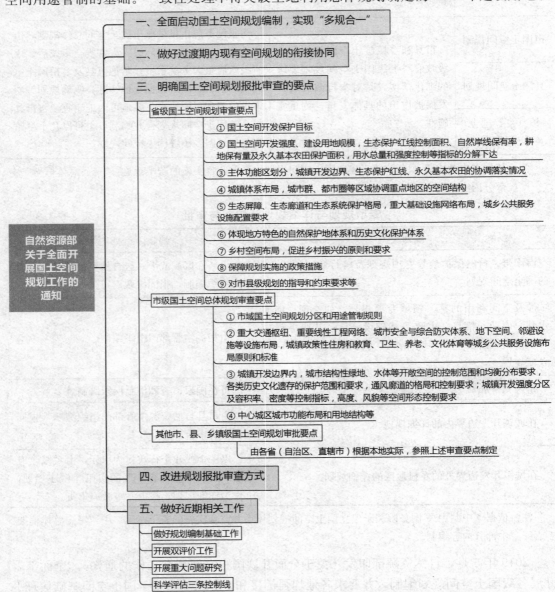

图 3-6-4.1　《自然资源部关于全面开展国土空间规划工作的通知》内容框架

耕地保有量等约束性指标，不得突破生态保护红线和永久基本农田保护红线，不得突破土地利用总体规划和城市（镇）总体规划确定的禁止建设区和强制性内容，不得与新的国土空间规划管理要求矛盾冲突。今后工作中，主体功能区规划、土地利用总体规划、城乡规划、海洋功能区划等统称为"国土空间规划"。

（二）国土空间规划实施监督体系

国土空间规划实施与监管 表 3-6-4.4

内容	说明
强化规划权威	规划一经批复，任何部门和个人不得随意修改、违规变更，防止出现换一届党委和政府改一次规划。 下级国土空间规划要服从上级国土空间规划，相关专项规划、详细规划要服从总体规划；坚持先规划、后实施，不得违反国土空间规划进行各类开发建设活动；坚持"多规合一"，不在国土空间规划体系之外另设其他空间规划。 相关专项规划的有关技术标准应与国土空间规划衔接。 因国家重大战略调整、重大项目建设或行政区划调整等确需修改规划的，须先经规划审批机关同意后，方可按法定程序进行修改。 对国土空间规划编制和实施过程中的违规违纪违法行为，要严肃追究责任。
改进规划审批	按照谁审批、谁监管的原则，分级建立国土空间规划审查备案制度。 精简规划审批内容，管什么就批什么，大幅缩减审批时间。 减少需报国务院审批的城市数量，直辖市、计划单列市、省会城市及国务院指定城市的国土空间总体规划由国务院审批。 相关专项规划在编制和审查过程中应加强与有关国土空间规划的衔接及"一张图"的核对，批复后纳入同级国土空间基础信息平台，叠加到国土空间规划"一张图"上。
健全用途管制制度	以国土空间规划为依据，对所有国土空间分区分类实施用途管制。 在城镇开发边界内的建设，实行"详细规划＋规划许可"的管制方式；在城镇开发边界外的建设，按照主导用途分区，实行"详细规划＋规划许可"和"约束指标＋分区准入"的管制方式。 对以国家公园为主体的自然保护地、重要海域和海岛、重要水源地、文物等实行特殊保护制度。因地制宜制定用途管制制度，为地方管理和创新活动留有空间。
监督规划实施	依托国土空间基础信息平台，建立健全国土空间规划动态监测评估预警和实施监管机制。 上级自然资源主管部门要会同有关部门组织对下级国土空间规划中各类管控边界、约束性指标等管控要求的落实情况进行监督检查，将国土空间规划执行情况纳入自然资源执法督察内容。 健全资源环境承载能力监测预警长效机制，建立国土空间规划定期评估制度，结合国民经济社会发展实际和规划定期评估结果，对国土空间规划进行动态调整完善。

内容	说明
推进"放管服"改革	以"多规合一"为基础，统筹规划、建设、管理三大环节，推动"多审合一""多证合一"。 优化现行建设项目用地（海）预审、规划选址以及建设用地规划许可、建设工程规划许可等审批流程，提高审批效能和监管服务水平。

注：依据《中共中央 国务院关于建立国土空间规划体系并监督实施的若干意见》中"五、实施与监管"的内容编制。

（三）国土空间规划法规政策体系

国土空间规划的法规政策　　　　　　　　　　　　　　表 3-6-4.5

内容	说明
完善法规政策体系	研究制定国土空间开发保护法，加快国土空间规划相关法律法规建设。梳理与国土空间规划相关的现行法律法规和部门规章，对"多规合一"改革涉及突破现行法律法规规定的内容和条款，按程序报批，取得授权后施行，并做好过渡时期的法律法规衔接。 完善适应主体功能区要求的配套政策，保障国土空间规划有效实施。

注：依据《中共中央 国务院关于建立国土空间规划体系并监督实施的若干意见》中"六、法规政策与技术保障"的内容编制。

（四）国土空间规划技术标准体系

国土空间规划技术保障　　　　　　　　　　　　　　表 3-6-4.6

内容	说明
完善技术标准体系	按照"多规合一"要求，由自然资源部会同相关部门负责构建统一的国土空间规划技术标准体系，修订完善国土资源现状调查和国土空间规划用地分类标准，制定各级各类国土空间规划编制办法和技术规程。
完善国土空间基础信息平台	以自然资源调查监测数据为基础，采用国家统一的测绘基准和测绘系统，整合各类空间关联数据，建立全国统一的国土空间基础信息平台。以国土空间基础信息平台为底板，结合各级各类国土空间规划编制，同步完成县级以上国土空间基础信息平台建设，实现主体功能区战略和各类空间管控要素精准落地，逐步形成全国国土空间规划"一张图"，推进政府部门之间的数据共享以及政府与社会之间的信息交互。

注：依据《中共中央 国务院关于建立国土空间规划体系并监督实施的若干意见》中"六、法规政策与技术保障"的内容编制。

（五）国土空间基础信息平台的建设

同步构建国土空间规划"一张图"实施监督信息系统。基于国土空间基础信息平台，整合各类空间关联数据，着手搭建从国家到市县级的国土空间规划"一张图"实施监督信息系统，形成覆盖全国、动态更新、权威统一的国土空间规划"一张图"。《关于开展国土空间规划"一张图"建设和现状评估工作的通知》明确依托国土空间基础信息平台，开展工作；并强调规划"一张图"实施监督信息系统建设要和规划编制同步进行，未完成系统建设的不得报批规划。2021 年 3 月 9 日，国家标准《国土空间规划"一张图"实施监督信息系统技术规范》GB/T 39972—2021 发布，2021 年 10 月 1 日起实施。

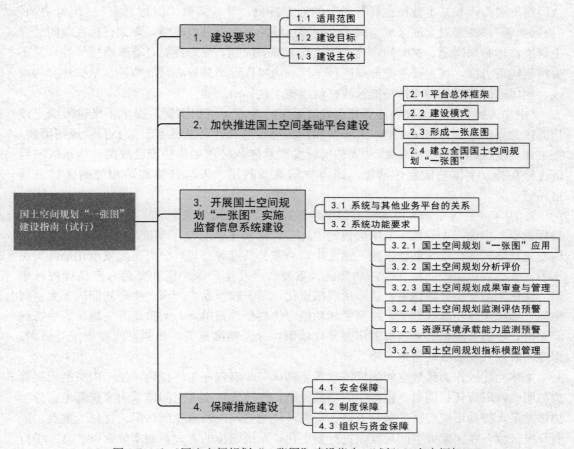

图 3-6-4.2《国土空间规划"一张图"建设指南（试行）》内容框架

五、国土空间规划编制体系

在生态文明建设与资源紧约束条件下，在新型城镇化与高品质人居环境要求下，我国国土空间规划改革对规划目标协同、自然资源管理、空间品质提升都提出了新的要求。为解决我国规划管理、资源保护和城乡建设中涌现的各类问题，技术标准体系需要突破现有技术瓶颈，实现规划目标传导以及关键要素配置优化，构建一套空间优化和控制的技术方案，起到战略引领和刚性管控双重作用，实现一定范围区域国土空间规划、建设管理的统一，体现生态文明导向下高质量发展的国土空间格局和结构性控制要求。

因此，在规划编制中需要实现战略引领与刚性管控在各级国土空间总体规划编制中耦合联动，形成系统性、整体性的功能管控与参数管控体系，有效实现下级规划服从上级规划，国家和区域战略有效传导，同时实现各类空间内和区域整体的生产—生活—生态"三生"结构均衡、有序、协调规划与布局，促进形成高质量、可持续的国土空间开发保护格局。

（一）主体功能区制度

主体功能区是宏观大尺度空间区域治理的政策工具，我国拥有 960 万 km² 的陆域国土，自然地理环境和资源基础的区域差异很大，区位条件和区域间相互关系极其复杂，社会经济发展阶段和基本特征也具有鲜明的地方特色，非常需要"因地制宜""统筹协调""长远部署"。在宏观大度区域空间上，急需这样的一个规划或战略，规划目标在空间尺度上解决总体布局问题、在时间序列上解决长远部署问题，规划性质具有战略指导性，又不失控制约束力度，规划要求充分兼顾科学性和可操作性。其核心是战略性、基础性和约束性，主体功能区规划和主体功能区战略就承担了这样的功能。

《中华人民共和国国民经济和社会发展第十一个五年规划纲要》提出了推进形成主体功能区的要求。2011 年，《中华人民共和国国民经济和社会发展第十二个五年规划纲要》把主体功能区提升到战略高度。"实施区域发展总体战略和主体功能区战略，构筑区域经济优势互补、主体功能定位清晰、国土空间高效利用、人与自然和谐相处的区域发展格局。"

2021 年 3 月《中华人民共和国国民经济和社会发展第十四个五年规划和 2035 年远景目标纲要》中第三十章第一节明确提到"完善和落实主体功能区制度"，强调顺应空间结构变化趋势，优化重大基础设施、重大生产力和公共资源布局，分类提高城市化地区发展水平，推动农业生产向粮食生产功能区、重要农产品生产保护区和特色农产品优势区集聚，优化生态安全屏障体系，逐步形成城市化地区、农产品主产区、生态功能区三大空间格局。细化主体功能区划分，按照主体功能定位划分政策单元，对重点开发地区、生态脆弱地区、能源资源富集地区等制定差异化政策，分类精准施策。加强空间发展统筹协调，保障国家重大发展战略落地实施。

主体功能区作为区域空间治理的政策工具，与政府责任主体挂钩，便于中央的宏观管理与明确政府责任，同时，依据空间均衡原则，在较大尺度的空间体系内来统筹考虑分工协作关系，推动形成经济发展与人口、资源环境相协调的区域发展格局。优化、重点、限制开发区域，在国家大空间尺度上进行扁平化、越级定位的方式，基本采取以"县"级行政单位辖区为基本单元，属于典型的"区域"型国土空间。

为保障国土空间管制的有效实施，全国主体功能区规划及各省规划中均提出多样化的配套政策。为实行分类管理的区域政策，形成经济社会发展符合各区域主体功能定位的导向机制，主体功能区规划中确定了适应主体功能区定位的区域政策体系，包含了财政、投资、产业、土地、农业、人口、民族、环境、应对气候变化等多个方面，针对不同类型主体功能区分别提出。

（二）省级国土空间规划

省级国土空间规划是对全国国土空间规划的落实，指导市县国土空间规划编制，侧重协调性，由省级政府组织编制，经同级人大常委会审议后报国务院审批。从发展要求的层面上看，省级空间规划要落实国家和省重大发展战略。从规划的功能发挥层面上看，省级国土空间规划要成为引领"三生空间"科学布局、推动高质量发展和高品质生活的重要手段，必须落实好重大发展战略，提高规划实施的权威和效应。

省级国土空间规划是对全国国土空间规划纲要的落实和深化，是一定时期内省域国土空间保护、开发、利用、修复的政策和总纲，是编制省级相关专项规划、市县等下位国土空间规划的基本依据，在国土空间规划体系中发挥承上启下、统筹协调作用，具有战略性、协调性、综合性和约束性。

省级国土空间规划目标年为 2035 年，近期目标年为 2025 年，远景展望至 2050 年。编制主体为省级人民政府，由省级自然资源主管部门会同相关部门开展具体编制工作。编制程序包括准备工作、专题研究、规划编制、规划多方案论证、规划公示、成果报批及规划公告等。规划成果则包括规划文本、附表、图件、说明和专题研究报告，以及基于国土空间规划基础信息平台的国土空间规划"一张图"等。

《省级国土空间规划编制指南（试行）》（本部分简称《指南》）提出了国土空间规划的重点管控性内容，包括目标与战略、开发保护格局、资源要素保护与利用、基础支撑体系、区域协调与规划传导等六方面内容。自然资源部对规划编制给出了指导性要求。包括探索绿水青山就是金山银山的实现路径，完善生态产品价值实现机制，提升自然资源资产的经济、社会和生态价值。

《指南》特别指出，在进行规划论证和审批时，面对存在重大分歧和颠覆性意见的意见建议，行政层面不要轻易拍板，要经过充分论证后形成决策方案。

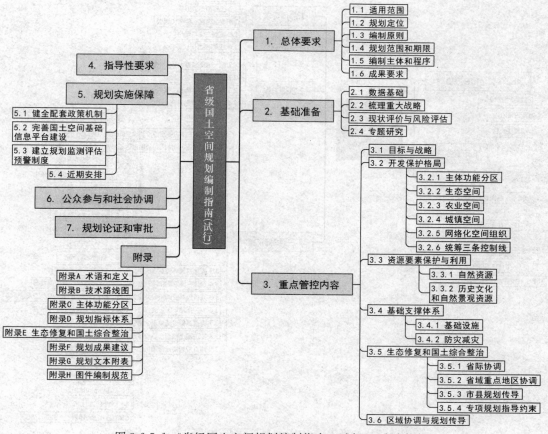

图 3-6-5.1 《省级国土空间规划编制指南（试行）》内容框架

（三）市级国土空间规划

自然资源部办公厅印发《市级国土空间总体规划编制指南（试行）》（本部分简称《指南》），指导和规范市级国土空间总体规划编制工作。本轮规划目标年为 2035 年，近期至 2025 年，远景展望至 2050 年。

《指南》旨在贯彻落实《中共中央 国务院关于建立国土空间规划体系并监督实施的若干意见》《自然资源部关于全面开展国土空间规划工作的通知》，突出体现"多规合一"要求，强调市级国土空间总体规划的战略引领、底线管控作用，从总体要求、基础工作、主要编制内容、公众参与和多方协同、审查要求等 5 个方面，提出了市级国土空间总体规划编制的原则性、导向性要求。

《指南》明确了市级国土空间总体规划的定位、工作原则、规划范围、期限和层次等，并对编制主体与程序、成果形式作出了规定。《指南》强调，市级国土空间总体规划是市域国土空间保护、开发、利用、修复和指导各类建设的行动纲领，应注重体现综合性、战略性、协调性、基础性和约束性。编制市级国土空间总体规划，要坚持以人民为中心、坚持底线思维、坚持一切从实际出发，做好陆海统筹、区域协同、城乡融合，体现市级国土空间总体规划的公共政策属性，注重创新规划工作方法。

《指南》要求，编制市级国土空间总体规划必须建立在扎实的工作基础上：以第三次

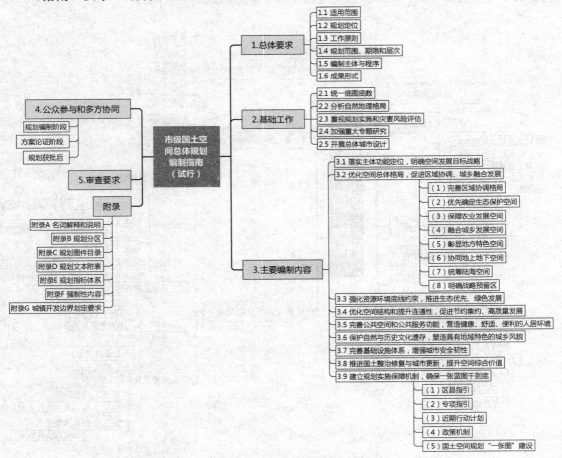

图 3-6-5.2 《市级国土空间总体规划编制指南（试行）》内容框架

全国国土调查为基础，统一工作底图底数；分析当地自然地理格局，开展资源环境承载能力和国土空间开发适宜性评价；对现行城市总体规划、土地利用总体规划等空间类规划和相关政策实施进行评估，开展灾害和风险评估；根据实际需要，加强重大专题研究；开展总体城市设计研究，将城市设计贯穿规划全过程。

《指南》明确了市级国土空间总体规划的主要编制内容：一是落实主体功能定位，明确空间发展目标战略；二是优化空间总体格局，促进区域协调、城乡融合发展；三是强化资源环境底线约束，推进生态优先、绿色发展；四是优化空间结构，提升连通性，促进节约集约、高质量发展；五是完善公共空间和公共服务功能，营造健康、舒适、便利的人居环境；六是保护自然与历史文化，塑造具有地域特色的城乡风貌；七是完善基础设施体系，增强城市安全韧性；八是推进国土整治修复与城市更新，提升空间综合价值；九是建立规划实施保障机制，确保一张蓝图干到底。以上内容体现了新时代国土空间规划鲜明的价值导向。同时，《指南》还明确了市级国土空间总体规划的强制性内容，聚焦底线、民生、安全等，是上级政府审查的重点。《指南》强调，市级国土空间总体规划编制过程中要加强公众参与和多方协同，在规划编制审批全过程中贯彻落实"人民城市人民建，人民城市为人民"理念。

（四）村庄规划与乡村振兴

2019年5月，自然资源部办公厅发布《关于加强村庄规划促进乡村振兴的通知》，明确村庄规划是法定规划，是国土空间规划体系中乡村地区的详细规划，是开展国土空间开

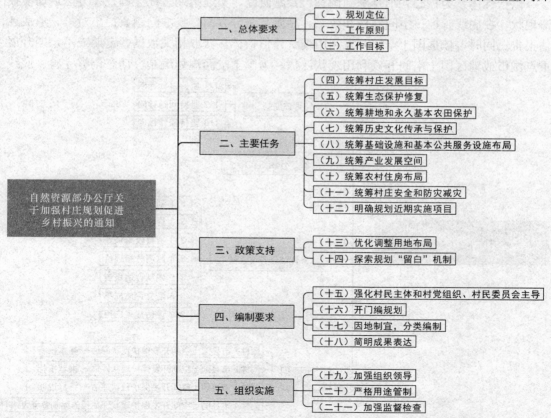

图 3-6-5.3 《自然资源部办公厅关于加强村庄规划促进乡村振兴的通知》内容框架

发保护活动、实施国土空间用途管制、核发乡村建设项目规划许可、进行各项建设等的法定依据。要整合村土地利用规划、村庄建设规划等乡村规划，实现土地利用规划、城乡规划等有机融合，编制"多规合一"的实用性村庄规划。村庄规划范围为村域全部国土空间，可以一个或几个行政村为单元编制。

六、国土空间规划技术支撑

（一）双评估

2019年7月18日，自然资源部办公厅印发《关于开展国土空间规划"一张图"建设和现状评估工作的通知》，指出国土空间开发保护现状评估工作将贯彻落实《中共中央 国务院关于建立国土空间规划体系并监督实施的若干意见》的重大部署，成为提升国土空间治理体系和治理能力现代化的重要抓手。评估工作将及时发现国土空间治理问题，有效传导国土空间规划重要战略目标，开展国土空间规划编制和动态维护，做好规划实施工作。

评估工作要体现底线要求，反映对生态文明的贡献；要科学评估规划实施现状与规划约束性目标的关系；要客观反映国土空间开发保护结构、效率和宜居水平；要着力发现规划实施中存在的空间维度"重量轻质"、时间维度"重静轻动"、政策维度"重地轻人"等突出矛盾和问题；要结合技术指南要求，统筹兼顾，构建科学有效、便于操作、符合当地实际的评估指标体系。

以指标体系为核心，结合基础调查、专题研究、实地踏勘、社会调查等方法，切实摸清现状，在底线管控、空间结构和效率、品质宜居等方面，找准问题，提出对策，形成评估报告。同时，依据国土空间开发利用现状评估指标，获取相关数据，定期或不定期开展重点城市或地区国土空间开发利用现状评估，为国土空间规划编制、动态调整完善、底线

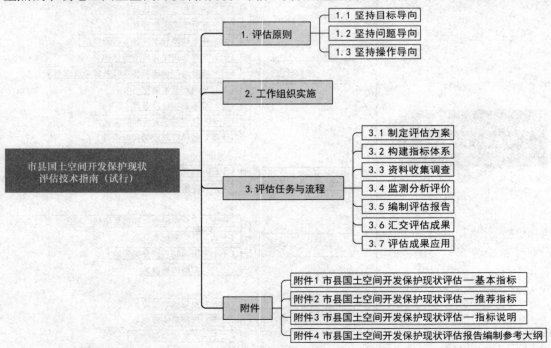

图 3-6-6.1 《市县国土空间开发保护现状评估技术指南（试行）》内容框架

管控和政策供给等提供依据。

文件中"市县国土空间开发保护现状评估—基本指标"及基本指标释义为 2020 年原理考试考点。

（二）双评价

2020 年 1 月，自然资源部办公厅印发了《资源环境承载能力和国土空间开发适宜性评价指南（试行）》，将"双评价"作为编制国土空间规划的前提，强化资源禀赋本底约束，将水、土地、气候、生态、环境、灾害等作为评价指标，研判生态保护极重要区域，以及农业发展和城镇建设适宜区域与规模，为统筹划定三条控制线，优化国土空间开发保护格局提供支撑。

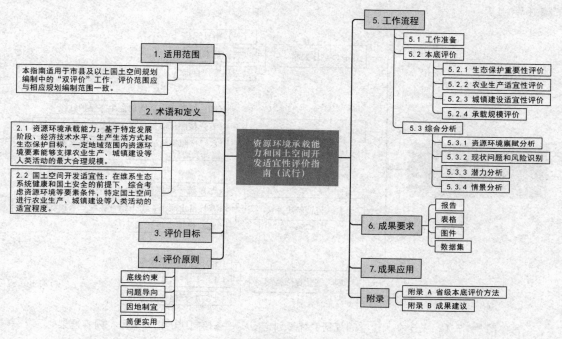

图 3-6-6.2 《资源环境承载能力和国土空间开发适宜性评价指南（试行)》内容框架

七、用途管制与资源总量管理

（一）三条控制线

2019 年 11 月，中共中央办公厅、国务院办公厅印发《关于在国土空间规划中统筹划定落实三条控制线的指导意见》，明确随着国土空间规划体系的逐步建立，三条控制线划定工作逐渐深入，三条控制线作为国土空间规划的核心要素和强制性内容，作为统一实施国土空间用途管制和生态保护修复的重要基础，已经成为共识，同时是考试中的重点文件。同时需要结合规划编制指南，熟悉在省级和市级国土空间规划中如何通过编制和实施国土空间规划对三条控制线进行统筹优化，通过分级传导、分类管控，实现对三条控制线的落实落地。

对于生态保护红线、永久基本农田、城镇开发边界"三条控制线"在基础数据、划定标准、管理规定等方面存在的统筹协调不足、交叉冲突难落地的现实问题，明确统筹协调"三条控制线"的基本原则、协调规则、落实路径和保障措施。生态保护红线、永久基本农田、城镇开发边界"三条控制线"，是调整经济结构、规划产业发展、推进城镇化不可逾越的红线。

文件中明确了划定生态保护红线、永久基本农田、城镇开发边界的主要依据。其中，优先将具有重要水源涵养、生物多样性维护、水土保持等功能的生态功能极重要区域和生态极敏感脆弱的水土流失、沙漠化、石漠化等区域划入生态保护红线；依据耕地现状分布，根据耕地质量、粮食作物种植情况、土壤污染状况等要素，划定永久基本农田；综合考虑资源承载能力、人口分布、经济布局、城乡统筹等要素，划定城镇开发边界。

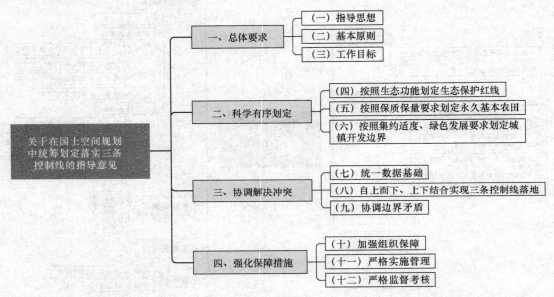

图 3-6-7.1 《关于在国土空间规划中统筹划定落实三条控制线的指导意见》内容框架

（二）用地用海分类

《国土空间调查、规划和用途管制用地用海分类指南（试行）》（本部分简称《分类指南》）是实施国家自然资源统一管理、建立国土空间开发保护制度的一项重要基础性标准，为建立统一的国土空间用地用海分类，实施全国自然资源统一管理、合理利用和保护自然资源提供了基础。

《分类指南》体现生态优先、绿色发展理念，对国土空间用地用海类型进行归纳、划分，采用三级分类体系，共设置24种一级类、106种二级类及39种三级类，反映国土空间配置与利用的基本功能，并满足自然资源管理需要。

《分类指南》适用于自然资源管理全过程，按照"统一底图、统一标准、统一规划、统一平台"要求，适用于国土调查、国土空间规划和用途管制，并延伸到土地审批、不动产登记等工作。实现国土空间全域全要素覆盖，首次将海洋资源利用的相关用途纳入用地用海分类体系，实现陆域、海域全覆盖。设置了"湿地"，并对耕地、园地、林地、草地等含义进行了修改完善，在陆域实现生产、生活、生态等各类用地全覆盖。适应农业农村发展新特点，切实防止耕地"非农化""非粮化"，设置了"农业设施建设用地"，实现建设用地的全覆盖。为满足空间差异化与精细化管理需求，设置了"城镇社区服务设施用地""农村社区服务设施用地""物流仓储用地"。为应对城市未来发展的不确定性，设置了"留白用地"。在使用原则中鼓励土地混合使用和空间复合利用，在细分规定中为制定差别化细则留下空间。

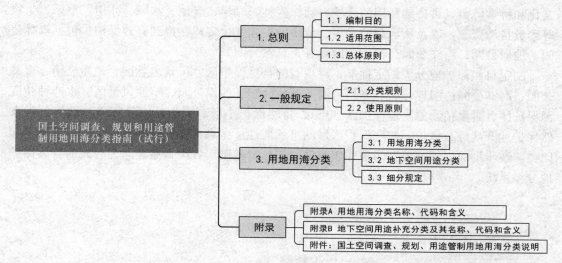

图 3-6-7.2 《国土空间调查、规划和用途管制用地用海分类指南（试行）》内容框架

（三）自然生态空间管制

1. 建立以国家公园为主体的自然保护地体系

2019年6月，中共中央办公厅、国务院办公厅印发了《关于建立以国家公园为主体的自然保护地体系的指导意见》，建成中国特色的以国家公园为主体的自然保护地体系，推动各类自然保护地科学设置，建立自然生态系统保护的新体制新机制新模式，建设健康稳定高效的自然生态系统，为维护国家生态安全和实现经济社会可持续发展筑牢基石，为建设富强民主文明和谐美丽的社会主义现代化强国奠定生态根基。

明确自然保护地功能定位。自然保护地是由各级政府依法划定或确认，对重要的自然生态系统、自然遗迹、自然景观及其所承载的自然资源、生态功能和文化价值实施长期保护的陆域或海域。建立自然保护地目的是守护自然生态，保育自然资源，保护生物多样性与地质地貌景观多样性，维护自然生态系统健康稳定，提高生态系统服务功能；服务社会，为人民提供优质生态产品，为全社会提供科研、教育、体验、游憩等公共服务；维持人与自然和谐共生并永续发展。要将生态功能重要、生态环境敏感脆弱以及其他有必要严格保护的各类自然保护地纳入生态保护红线管控范围。

科学划定自然保护地类型。按照自然生态系统原真性、整体性、系统性及其内在规律，依据管理目标与效能并借鉴国际经验，将自然保护地按生态价值和保护强度高低依次分为三类。

国家公园：是指以保护具有国家代表性的自然生态系统为主要目的，实现自然资源科学保护和合理利用的特定陆域或海域，是我国自然生态系统中最重要、自然景观最独特、自然遗产最精华、生物多样性最富集的部分，保护范围大，生态过程完整，具有全球价值、国家象征，国民认同度高。

自然保护区：是指保护典型的自然生态系统、珍稀濒危野生动植物种的天然集中分布区、有特殊意义的自然遗迹的区域。具有较大面积，确保主要保护对象安全，维持和恢复珍稀濒危野生动植物种群数量及赖以生存的栖息环境。

自然公园：是指保护重要的自然生态系统、自然遗迹和自然景观，具有生态、观赏、文化和科学价值，可持续利用的区域。确保森林、海洋、湿地、水域、冰川、草原、生物等珍贵自然资源，以及所承载的景观、地质地貌和文化多样性得到有效保护。包括森林公园、地质公园、海洋公园、湿地公园等各类自然公园。

制定自然保护地分类划定标准，对现有的自然保护区、风景名胜区、地质公园、森林公园、海洋公园、湿地公园、冰川公园、草原公园、沙漠公园、草原风景区、水产种质资源保护区、野生植物原生境保护区（点）、自然保护小区、野生动物重要栖息地等各类自然保护地开展综合评价，按照保护区域的自然属性、生态价值和管理目标进行梳理调整和归类，逐步形成以国家公园为主体、自然保护区为基础、各类自然公园为补充的自然保护地分类系统。

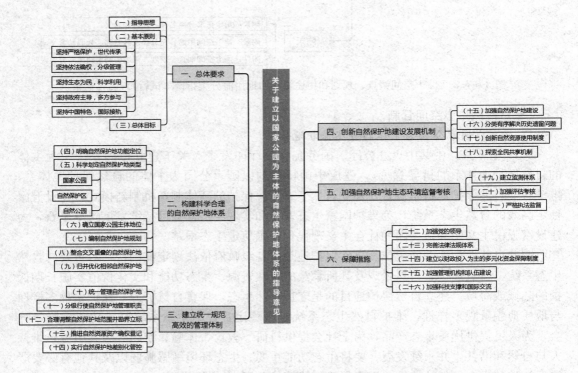

图 3-6-7.3 《关于建立以国家公园为主体的自然保护地体系的指导意见》内容框架

2. 湿地、草原、森林等生态空间管制要求

自然资源部组建后，推进自然资源生态空间用途管制试点，深入探索构建差别化、分级分类的自然生态空间用途管制规则。试点地区将自然生态空间区分为生态保护红线和一般生态空间，统筹森林、草原、河流、湖泊、湿地、海洋等自然要素，实行分级分类用途管制；按照"区域准入＋正负面清单＋用途转用"的模式，探索构建了差别化的

自然生态空间用途管制规则；积极探索了流域综合治理、生态空间复合利用等生态空间保护新举措。2019年6月，试点基本完成。当前《自然生态空间用途管制办法》仍在修订完善中，需要关注自然资源生态空间管制现行的法律法规和政策文件中相应的管控要求。

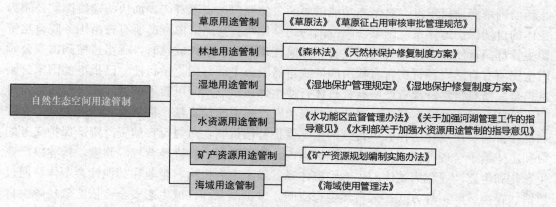

图 3-6-7.4　自然资源生态空间用途管制内容框架

（四）自然资源产权改革

2019年4月，中共中央办公厅、国务院办公厅印发了《关于统筹推进自然资源资产产权制度改革的指导意见》，指出自然资源资产产权制度是加强生态保护、促进生态文明建设的重要基础性制度。改革开放以来，我国自然资源资产产权制度逐步建立，在促进自然资源节约集约利用和有效保护方面发挥了积极作用，但也存在自然资源资产底数不清、所有者不到位、权责不明晰、权益不落实、监管保护制度不健全等问题，导致产权纠纷多发、资源保护乏力、开发利用粗放、生态退化严重。为加快健全自然资源资产产权制度，进一步推动生态文明建设，提出了相关意见。

其中强调健全自然资源资产产权体系。适应自然资源多种属性以及国民经济和社会发展需求，与国土空间规划和用途管制相衔接，推动自然资源资产所有权与使用权分离，加快构建分类科学的自然资源资产产权体系，着力解决权利交叉、缺位等问题。处理好自然资源资产所有权与使用权的关系，创新自然资源资产全民所有权和集体所有权的实现形式。落实承包土地所有权、承包权、经营权"三权分置"，开展经营权入股、抵押。探索宅基地所有权、资格权、使用权"三权分置"。加快推进建设用地地上、地表和地下分别设立使用权，促进空间合理开发利用。探索研究油气探采合一权利制度，加强探矿权、采矿权授予与相关规划的衔接。依据不同矿种、不同勘查阶段地质工作规律，合理延长探矿权有效期及延续、保留期限。根据矿产资源储量规模，分类设定采矿权有效期及延续期限。依法明确采矿权抵押权能，完善探矿权、采矿权与土地使用权、海域使用权衔接机制。探索海域使用权立体分层设权，加快完善海域使用权出让、转让、抵押、出租、作价出资（入股）等权能。构建无居民海岛产权体系，试点探索无居民海岛使用权转让、出租等权能。完善水域滩涂养殖权利体系，依法明确权能，允许流转和抵押。理顺水域滩涂养殖的权利与海域使用权、土地承包经营权，取水权与地下水、地热水、矿泉水采矿权的关系。

强调强化自然资源整体保护。编制实施国土空间规划，划定并严守生态保护红线、永久基本农田、城镇开发边界等控制线，建立健全国土空间用途管制制度、管理规范和技术标准，对国土空间实施统一管控，强化山水林田湖草整体保护。加强陆海统筹，以海岸线为基础，统筹编制海岸带开发保护规划，强化用途管制，除国家重大战略项目外，全面停止新增围填海项目审批。对生态功能重要的公益性自然资源资产，加快构建以国家公园为主体的自然保护地体系。国家公园范围内的全民所有自然资源资产所有权由国务院自然资源主管部门行使或委托相关部门、省级政府代理行使。条件成熟时，逐步过渡到国家公园内全民所有自然资源资产所有权由国务院自然资源主管部门直接行使。已批准的国家公园试点全民所有自然资源资产所有权具体行使主体在试点期间可暂不调整。积极预防、及时制止破坏自然资源资产行为，强化自然资源资产损害赔偿责任。探索建立政府主导、企业和社会参与、市场化运作、可持续的生态保护补偿机制，对履行自然资源资产保护义务的权利主体给予合理补偿。健全自然保护地内自然资源资产特许经营权等制度，构建以产业生态化和生态产业化为主体的生态经济体系。鼓励政府机构、企业和其他社会主体，通过租赁、置换、赎买等方式扩大自然生态空间，维护国家和区域生态安全。依法依规解决自然保护地内的探矿权、采矿权、取水权、水域滩涂养殖捕捞的权利、特许经营权等合理退出问题。

八、规划实施与监督监管

（一）规划用地"多审合一、多证合一"改革

2019 年 9 月 17 日，自然资源部发布《关于以"多规合一"为基础推进规划用地"多审合一、多证合一"改革的通知》，明确为落实党中央、国务院推进政府职能转变、深化"放管服"改革和优化营商环境的要求，就以"多规合一"为基础推进规划用地"多审合一、多证合一"改革的有关事项进行通知。

1. 合并规划选址和用地预审

将建设项目选址意见书、建设项目用地预审意见合并，自然资源主管部门统一核发建设项目用地预审与选址意见书，不再单独核发建设项目选址意见书、建设项目用地预审意见。

涉及新增建设用地，用地预审权限在自然资源部的，建设单位向地方自然资源主管部门提出用地预审与选址申请，由地方自然资源主管部门受理；经省级自然资源主管部门报自然资源部通过用地预审后，地方自然资源主管部门向建设单位核发建设项目用地预审与选址意见书。用地预审权限在省级以下自然资源主管部门的，由省级自然资源主管部门确定建设项目用地预审与选址意见书办理的层级和权限。

使用已经依法批准的建设用地进行建设的项目，不再办理用地预审；需要办理规划选址的，由地方自然资源主管部门对规划选址情况进行审查，核发建设项目用地预审与选址意见书。

建设项目用地预审与选址意见书有效期为三年，自批准之日起计算。

2. 合并建设用地规划许可和用地批准

将建设用地规划许可证、建设用地批准书合并，自然资源主管部门统一核发新的建设用地规划许可证，不再单独核发建设用地批准书。

以划拨方式取得国有土地使用权的，建设单位向所在地的市、县自然资源主管部门提出建设用地规划许可申请，经有建设用地批准权的人民政府批准后，市、县自然资源主管部门向建设单位同步核发建设用地规划许可证、国有土地划拨决定书。

以出让方式取得国有土地使用权的，市、县自然资源主管部门依据规划条件编制土地出让方案，经依法批准后组织土地供应，将规划条件纳入国有建设用地使用权出让合同。建设单位在签订国有建设用地使用权出让合同后，市、县自然资源主管部门向建设单位核发建设用地规划许可证。

3. 推进多测整合、多验合一

以统一规范标准、强化成果共享为重点，将建设用地审批、城乡规划许可、规划核实、竣工验收和不动产登记等多项测绘业务整合，归口成果管理，推进"多测合并、联合测绘、成果共享"。不得重复审核和要求建设单位或者个人多次提交对同一标的物的测绘成果；确有需要的，可以进行核实更新和补充测绘。在建设项目竣工验收阶段，将自然资源主管部门负责的规划核实、土地核验、不动产测绘等合并为一个验收事项。

4. 简化报件审批材料

各地要依据"多审合一、多证合一"改革要求，核发新版证书。对现有建设用地审批和城乡规划许可的办事指南、申请表单和申报材料清单进行清理，进一步简化和规范申报材料。除法定的批准文件和证书以外，地方自行设立的各类通知书、审查意见等一律取消。加快信息化建设，可以通过政府内部信息共享获得的有关文件、证书等材料，不得要求行政相对人提交；对行政相对人前期已提供且无变化的材料，不得要求重复提交。支持各地探索以互联网、手机 APP 等方式，为行政相对人提供在线办理、进度查询和文书下载打印等服务。

图 3-6-8.1 《关于以"多规合一"为基础推进规划用地"多审合一、
多证合一"改革的通知》内容框架

（二）加强国土空间规划监督管理

2020 年 5 月，自然资源部办公厅发布《关于加强国土空间规划监督管理的通知》，明确建立健全国土空间规划"编""审"分离机制，建立规划编制、审批、修改和实施监督全程留痕制度。同时要求，规划审查应充分发挥规划委员会的作用，实行参编单位专家回避制度，推动开展第三方独立技术审查；规划修改必须严格落实法定程序要求，深入调查研究，征求利害关系人意见，组织专家论证，实行集体决策。

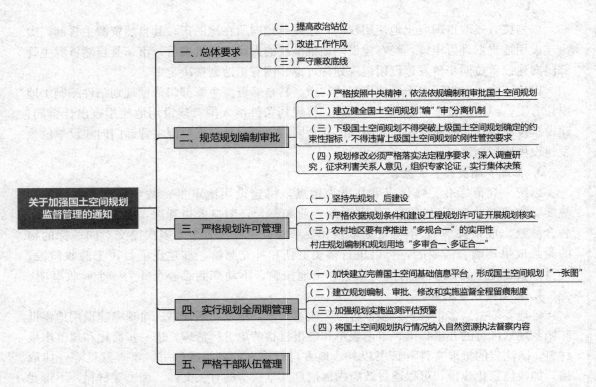

图 3-6-8.2 《关于加强国土空间规划监督管理的通知》内容框架

为方便考生把握历年来管理与法规考试中与国土空间规划相关知识的考察的趋势，表 3-6-8 将与国土空间规划相关的法规文件及历年考题对应列出，供考生参考。

国土空间规划相关法规文件与历年考题对应 表 3-6-8

类别		文件名称	历年考题
目标与战略		《生态文明体制改革总体方案》（2015 年）	2019-003
		★《中华人民共和国国民经济和社会发展第十四个五年规划和 2035 年远景目标纲要》	2021-006 2021-081
顶层设计与 全面通知		★《中共中央 国务院关于建立国土空间规划体系并监督实施的若干意见》	2019-081 2020-001 2020-002 2021-001 2021-002
		★《自然资源部关于全面开展国土空间规划工作的通知》	2019-002 2020-005
编制 体系	省级	★《省级国土空间规划编制指南（试行）》	2020-014 2020-015 2021-014

类别		文件名称	历年考题
编制 体系	市级	★《市级国土空间总体规划编制指南（试行）》	2021-015 2021-091 2021-100
		《市级国土空间总体规划数据库规范》	2021-078
		《市级国土空间总体规划制图规范》	2021-079 2021-080
	村庄规划	★《自然资源部办公厅关于加强村庄规划促进乡村振兴的通知》	2020-012
		《自然资源部 国家发展改革委 农业农村部关于保障和规范农村一二三产业融合发展用地的通知》	2021-082
		《自然资源部办公厅关于进一步做好村庄规划工作的意见》	2021-012
		《中共中央 国务院关于全面推进乡村振兴加快农业农村现代化的意见》	2021-003
技术 支撑	"双评估"	《市县国土空间开发保护现状评估技术指南（试行）》	—
	"双评价"	★《资源环境承载能力和国土空间开发适宜性评价指南（试行）》	2020-016 2020-017
	"一张图"	《国土空间规划"一张图"建设指南（试行）》	—
用途 管制 与资 源总 量管 理	"三线"	★《关于在国土空间规划中统筹划定落实三条控制线的指导意见》	2020-003 2020-004 2021-004 2021-005
	永久基本农田	《自然资源部 农业农村部关于加强和改进永久基本农田保护工作的通知》	—
	城镇开发边界	《城镇开发边界划定指南（试行）》	—
	生态保护红线	《关于划定并严守生态保护红线的若干意见》	—
	自然保护地	《关于建立以国家公园为主体的自然保护地体系的指导意见》	—
	历史文化 遗产保护	《自然资源部 国家文物局关于在国土空间规划编制和实施中加强历史文化遗产保护管理的指导意见》	2021-010
	土地用途管制	★《国务院关于授权和委托用地审批权的决定》	—
		《自然资源部 农业农村部关于保障农村村民住宅建设合理用地的通知》	2021-009
	用地用海分类	★《国土空间调查、规划、用途管制用地用海分类指南（试行）》	2021-016 2021-099
	产权改革	《关于统筹推进自然资源资产产权制度改革的指导意见》	2019-082

类别		文件名称	历年考题
实施监督	规划许可制度	★《自然资源部关于以"多规合一"为基础推进规划用地"多审合一、多证合一"改革的通知》	2020-006 2020-007 2021-011
	监督管理	★《自然资源部办公厅关于加强国土空间规划监督管理的通知》	2020-009 2020-010 2021-013
		★《国土空间规划"一张图"实施监督信息系统技术规范》	2021-076 2021-077 2021-098

注：表中带★的国土空间规划相关法规文件是需要重点复习的篇目，相关的法规文件可以在"中华人民共和国自然资源部"及"中华人民共和国中央人民政府"的官网中找到。

增值服务说明

　　购买正版图书可免费获取网上增值服务，增值服务包含注册城乡规划师各科目导学课和中国工程建设标准知识服务网（简称"建标知网"）6个月的标准会员以及在线课程、在线题库、资料等。

　　各科目导学课时长分别为1～2小时，内容涵盖行业形势、证书市场需求、证书价值、考试题型分布、章节重难点分布、如何高效通过本科目考试等共性内容，并为考生提供科目重难点及学习规划手册、备考指导（电子版）、2022考试新大纲（电子版）等。

　　标准会员可享标准在线阅读、智能检索、历史版本对比、部分附件下载等服务；在线课程、在线题库、资料等可与书籍配套使用，提升学习效果。不同书籍增值服务不同，详情请关注公众号并按兑换引导进行操作。

　　"建标知网"依托中国建筑出版传媒有限公司（中国建筑工业出版社）近70年来的建筑出版资源，以数字化形式收录了工程建设领域近万余种标准规范（涵盖国标、行标、地标、团标、产标、技术导则、标准英文版等）、两千余种建筑图书；邀请了数百名标准主要起草人、工程建设领域精英律师团队录制了六千余集标准音频、视频课程；提供超万份标准配套资料、标准附件下载等功能。

　　标准会员、导学课等增值服务内容兑换与使用方法如下：

　　1. PC端用户

　　2. 移动端用户

扫码关注兑换增值服务

　　注：标准会员自激活成功之日起生效，使用时间为6个月，提供形式为在线阅读标准。如果输入激活码或扫码后无法使用，请及时与我社联系。

　　客服电话：4008-188-688（周一至周五9:00—17:00）

　　Email：biaozhun@cabp.com.cn

　　防盗版举报电话：010-58337026